U0227674

主编　金涌

执行主编　杨基础

探索
化学化工
未来世界

**Chemistry and Chemical
Engineering:
A Career of Discovery**

值得为之付出一生 ①

清华大学出版社
北京

1

内 容 简 介

本书是化学化工领域的专家学者为青年学生专门编写的一套科普书，反映了当今世界最前沿的化学化工科技成果。化学和化学工程在人类社会中一直起着重要作用，也对人类生活产生了重要影响。现代文明离不开化学与化学工程，同时，化学和化学工程一直在不断进步、推陈出新，为人们的想象力发展和创造力实践提供充分广阔的空间。这本书以及和它配合的视频短片，可以让读者从科学和工程前沿的全新视角，看到不一样的美丽化学和美丽化工。

本书是中国工程院化工、冶金与材料工程学部、中国科协青少年科技中心、中国科学技术协会科学普及部重点资助项目。其内容经过了几年时间的策划、创作和打磨，尽量做到前沿性、科学性、科普性、趣味性、艺术性、传播性的统一，力求深入浅出，图文并茂。

图书在版编目 (CIP) 数据

探索化学化工未来世界：值得为之付出一生 . 1 / 金涌主编 . —— 北京：清华大学出版社，2016（2024.10重印）

　　ISBN 978-7-302-43736-9

　　Ⅰ . ①探… 　Ⅱ . ①金… 　Ⅲ . ①化学 – 青少年读物②化学工业 – 青少年读物 Ⅳ . ① O6-49 ② TQ-49

　　中国版本图书馆 CIP 数据核字（2016）第 089088 号

责任编辑：宋成斌
封面设计：岳小玲
责任校对：赵丽敏
责任印制：杨　艳

出版发行：清华大学出版社
　　　　　网　　　址：https://www.tup.com.cn, https://www.wqxuetang.com
　　　　　地　　　址：北京清华大学学研大厦 A 座　　邮　　编：100084
　　　　　社 总 机：010-83470000　　　　　　　　邮　　购：010-62786544
　　　　　投稿与读者服务：010-62776969, c-service@tup.tsinghua.edu.cn
　　　　　质量反馈：010-62772015, zhiliang@tup.tsinghua.edu.cn
印 装 者：涿州汇美亿浓印刷有限公司
经　　销：全国新华书店
开　　本：165mm × 235mm　　印　张：15.5　　字　数：324 千字
版　　次：2016 年 5 月第 1 版　　　　　　印　次：2024 年 10 月第 5 次印刷
定　　价：60.00 元

产品编号：066174–03

序

——化学与化学工程铸造未来世纪

回顾人类在这个星球上的发展历程，我们看到，人类文明已经极大地改变了这个星球的面貌和人类的生存状态，而人类文明的发展离不开科学与技术。本套化学化工前沿视频短片集和配套科普书要特别强调的是，现代文明离不开化学与化学工程，它们支撑着人们吃穿用度的日常生活，为眼花缭乱的高科技产品提供了各种先进材料，也在维护人类生命健康、应对全球气候变化等重大挑战方面发挥着重要作用。

现代社会的经济发展和全人类的衣、食、住、行，都离不开化学和化工产品。以中国为例，衣的方面，每年生产的合成纤维占世界份额的 60% 左右，可为世界上每个人制作 4 套衣服。食的方面，生产的农用化学品，例如化肥、薄膜、农药等，在大致相同的耕地面积上，使粮食产量从 1 亿 t（1950 年）提高到 6.5 亿 t（2013 年）。住的方面，每年新增建筑面积 16~20 亿 m^2，占世界每年新增建筑面积总量的一半，泛化学工业（也称流程工业，包括石油与化工、冶金、建材、轻工等）为此提供了大量的水泥、钢筋、涂料等各式建筑和装修材料。行的方面，中国已经是第一大汽车产销国，汽车生产和使用所需的汽油、柴油、电池、钢材、塑料、橡胶都来自泛化学工业。这些产品的生产过程，其核心离不开化学反应，化学对此提供了独特的分子层面的视角、思路和方法。

毫无疑问，化学与化学工程所支撑的泛化学工业，是国民经济的脊梁。离开了化学与化学工程，现代社会将有很多人衣不暖、食不饱、居无所、行不远，生活水平和质量大幅下降。本套化学化工前沿视频短片集和配套科普书，虽然对这些相对传统的内容并无太多着墨，但提请读者注意化学和化学工程被社会大众"日用而不知"的这一事实。

化学和化学工程更是高新科技的发端和支撑。先进制造业的发展需要各种高性能材料，包括高强度、高耐热、高耐寒、高耐磨、高气密封、高耐腐蚀、高催化活性、高纯度、高磁、超导、超细、超含能、超结构和自组装材料，等等，无一不需要化学与化学工程技术来发明和制造。高性能新材料是先进制造业的先导和根本，也是我国制造业落后的根源之一，需要奋起直追。

泛化学工业在食品、制药、医用材料等人类健康支撑产业方面发挥着重大作用。此外，环境和生态改善也是化学化工的重要领域。

化学和化学工程一直在不断进步、推陈出新，为人们的想像力发展和创造力实践提供着充分广阔的空间。

随着科学与技术的指数式演进，可以预期我们现代社会所处的"今天"，会被认为是属于人类历史上相当原始的时期。再设想 100 年、500 年、1000 年以后，现在地球上常用的矿产资源、化石能源可能已经所剩无几，只有依靠化学和化工过程对可再生资源和清洁能源进行转化利用，才能使社会经济循环和永续发展。所以，强大而先进的化学与化学工程也是人类未来的依托。

人类文明发展到今天，绝大多数的人绝不可能愿意去过那种原始的、生产力低下的"自然"生活，只有依靠先进的科学与技术，人类才能更健康、更长寿、更幸福。那种认为应该停止科技发展去过田园牧歌式生活的想法，只能是少数人的乌托邦，是一种回避现实的幼稚病。人们对科技给人类社会带来的负面影响已经有了深刻认识，也具有足够的智慧和手段来减少和避免这些负面影响，现在和未来都需要依靠科技自身的发展和进步，发挥科技的正能量。

月球行走第一人、美国工程院院士尼尔·阿姆斯特朗曾呼吁说："美国有许多人不相信逻辑，对专家们的努力持批评态度，而且往往感情用事，这些人所记得的全是桥梁塌陷、储油罐泄漏、核辐射散发污染等的报道。工程师们其实能言善辩，之所以没有取信于人，是因为人们把工程师们看成技术的奴隶，看成丝毫不注意环境保护、不注重安全、不注重人生价值的技术老爷。"目前对化学和化学工业的报道又何尝不是如此呢？阿姆斯特朗接着说道："我拒绝接受这些批评，工程师其实像社会上的其他人一样有爱心、同情心和责任感。事实上，将他们马失前蹄之例毫无保留地公诸于世，足以证明他们的卓越不凡。"

　　坦言化学和化学工程还不完美，直面其所遭遇到的重大挑战，正是因为它们的无可替代，因为它们对人类已经做出的巨大贡献并且还将做出的更大贡献。我们呼唤年轻一代为此去建功立业，不为浮云遮望眼，去为人类追求更幸福的生活。

　　编辑出版这套化学化工前沿视频短片集和配套科普图书的目的，是把世界著名大学和研究机构近期进行的化学与化学工程方面的研究工作介绍给年轻朋友。出版物力求体现前沿性、科学性、科普性和趣味性，以飨读者，也希望吸引优秀的青年学生投身化学与化学工程事业中。出版物中肯定有局限和不足之处，望不吝指正。

金　涌

于清华园

2015 年 12 月

组织化学化工领域的专家学者为青年学生如高中生、大学一年级新生，专门编写一套化学化工视频短片集并配科普书的初衷，是为了反映现代化学化工科技进步在人类社会中的重要作用，以及对人类生活的重要影响。力求化学和化工的重大作用被社会公众公正认知，扭转公众尤其是青年学生对化学化工的恐惧和偏见，让他们从科学和工程前沿的全新视角，看到不一样的美丽化学和美丽化工，吸引更多的青年投身化学化工的学习和研究，并能立志终生从事化学化工事业。

在43位中国工程院和中国科学院院士的共同倡议下，这项工作于2010年在中国工程院化工、冶金与材料工程学部立项。2012年此项目分别被列为中国工程院化工、冶金与材料工程学部、中国科协青少年科技中心、中国科学技术协会科学普及部重点资助项目。

中国工程院金涌院士担任总策划，多位院士和几十位目前在高校及研究机构一线从事教学和科研的专家，在繁重的教学和科研工作之余，担任顾问、参与选题策划、编写视频短片脚本、指导制作公司制作视频短片、撰写书稿等。

由于手头几乎没有可供借鉴的音像资料，制作团队耗时几年，仅召开的研讨会就有上百次之多，有关细节修改的会商更是不计其数。在大家的共同努力下，从无到有，使这套凝聚了许多人的心血、得到众多专家学者的支持、反映化学化工前沿的视频短片集及配套的科普书终于面世，得以奉献给大家。

在2015年清华大学夏季中学生化工学科营上，这些视频短片曾经为全国100多所中学的高中学生做了试映，效果很好，学生在轻松愉快的氛围中接受了化学化工的前沿知识。现在看来，利用几年时间制作、打磨化学化工视频短片集和配套科普书，是值得的。当然，由于各方面条件的制约，也深感此项工作尚未做到完美，但愿我们未辱使命。

本套视频短片集及配套科普书编写的内容选题，力争以当今世界最前沿的化学化工科技成果为首选，尽量做到前沿性、科学性、科普性、趣味性、艺术性、传播性的统一。视频短片制作以小见大，力求准确、新奇、美观。配套科普书力求深入浅出，图文并茂。

短片和文章"桌面工厂"介绍了微化工系统的基本原理，涉及微小空间内多相体系的混合分散、传递过程强化以及微化工设备的制造与放大。通过实例，展示了微化工系统在精细化学品开发和制造中的应用潜力。微化工系统的出现变革了数百年来化工装置大型化的发展策略，微化工系统是化学工业未来的重要方向之一。

"电力银行"重点介绍了一种全新的大规模储能技术——全钒液流电池储能，内容涉及多价态金属元素钒和膜技术等在储能领域的特殊应用，将储能设备建成储能工厂，为克服分布式能源密度低、随机、不连续的缺点，有效利用太阳能、风能等可再生清洁能源，提供了可调可控新手段。

"智能释药"重点介绍了如何应用化学和化学工程的基本原理，开发先进的药物递送技术，实现药物的定时、定量和定向释放，与靶向药物相协同，提高药物的生物利用度，使药物的使用更加精确和便利；通过实例展示化学与化学工程是如何在药物传输过程中发挥重要作用的。

"神奇的碳"以碳的三种同素异形体为主线，介绍了当今广受关注的碳材料，如石墨、金刚石、碳纤维、碳纳米管、石墨烯等的相互转化关系，展示了碳元素的神奇。并从碳的特殊原子结构、丰富的轨道杂化方式和卓越的成键能力等角度，揭示了碳元素神奇的原因之所在。旨在让读者与观众认识到，化学化工可以改造分子，更可以创造未来。

"分子机器"介绍了化学家如何颠覆传统制造行业"由上至下"的思路，提出了"由下至上"的制造新方法，从分子水平构建能行使某种功能的"分子机器"。通过介绍法国化学家研制的分子轮、日本东京大学教授制造的分子剪刀和其他研究者构建的分子开关、分子马达、分子车、分子大脑等实例，向年轻学子展示未来化学制造复杂分子机器的无限可能，也提出了使这一可能成为现实所面临的挑战。

"OLED之梦"首先介绍了用于制备新一代梦幻显示器——OLED（有机发光二极管）的有机材料，展示了化学化工在电子行业的重要作用。然后简单而形象地介绍了OLED发光与显示的原理，以及OLED在显示和照明领域的应用。最后简要介绍了有机电子学，包括有机太阳能电池、有机场效应晶体管、有机传感器、有机存储器等前沿的科学技术，以激发年轻学生的好奇心和探求欲。

"复合材料"介绍了什么是复合材料，复合材料的基本构成，重点介绍了材料为什么要复合、如何复合，以及如何模仿动植物伤口自愈合功能，实现受损复合材料自愈合。还介绍了复合材料在各个领域里丰富多彩的应用，并展望了21世纪亟待创新性开发和应用的各种新型复合材料。

"病毒制造"介绍了如何利用病毒的自我复制和自组装能力，通过基因改造，使得让人感到恐怖的纳米级病毒颗粒反过来为人所用。具体介绍了基因改造后的M13噬菌体病毒，用作电池材料可以提高锂电池电量和功率；用作生物模板制备纳米铁颗粒，可以处理重金属废水，还可以介导制备锌卟啉-

氧化铱光催化剂分解水制氢。

"生物炼制"介绍了以地球上可再生的生物质为资源，通过化工与生物技术相结合的加工过程，将其转变为能源、化学品、原材料等的基本概念、原理和典型过程，使读者和观众认识到，生物炼制能够部分或者全部替代石化炼制；生物炼制是一个可循环的生态工业过程，是解决能源与环境危机的重要发展方向。

"细胞工厂"介绍了如何依据合成生物学和代谢工程的原理，以工程设计的思路，改造并优化已存在的代谢通路，提高目标产品的产量，或者设计自然界不存在的、全新的生物合成途径，实现大宗化学品、精细化学品和药物化学品的合成，生动地揭示了细胞工厂技术将对解决人类面临的能源、资源和环境问题产生的深远影响。

倡议编写本套视频短片集及配套科普书的两院院士如下。

中国工程院院士（排名不分先后）：

曹湘洪、陈丙珍、高从堦、关兴亚、侯芙生、胡永康、金涌、李大东、李龙土、李正名、毛炳权、欧阳平凯、沈德忠、桑凤亭、沈寅初、舒兴田、汪燮卿、王静康、魏可镁、吴慰祖、谢克昌、徐承恩、杨启业、袁晴棠、袁渭康、朱永（贝睿）、薛群基。

中国科学院院士（排名不分先后）：

白春礼、陈凯先、费维扬、冯守华、高松、李灿、何鸣元、侯建国、洪茂椿、林国强、万惠霖、杨玉良、张玉奎、赵玉芬、郑兰荪、周其凤。

另有许多两院院士通过不同途径，表达了对本项工作的支持。在此，谨对这些院士表示衷心的感谢！

本套化学化工前沿视频短片集由清华大学杨基础教授、张立平副教授担任全程策划，并会同孙海英秘书全程协调、运作；配套科普书的主编为中国工程院金涌院士，执行主编为清华大学杨基础教授。

谨对参与第 1 册制作的清华大学、华东理工大学、南京工业大学、太原理工大学有关人员及其他为视频短片集和配套科普书出版付出努力的全体有关人员、制作公司和清华大学出版社表示衷心的感谢。

本套视频短片集和配套科普书可用于高中生课内外观看和阅读，扩大眼界，拓展知识，也可用于大学一年级新生的化学化工前沿研讨课，还可用于对大众进行化学化工科普教育。

化学化工前沿科普视频短片集
及配套科普书编制组
2016 年 3 月

目录

01 桌面工厂
Desktop Factory 1
通向未来化工世界桥梁的微化工系统 / 王凯 吕阳成 骆广生

02 电力银行
Electricity Bank 25
电化学能量转化与储能 / 王保国

03 智能释药
Smart Drug Delivery 49
让药物的使用更加精确、安全和方便 / 蒋国强

04 神奇的碳
Miraculous Carbon 71
需要重新认识的元素 / 庞先勇

05 分子机器
Molecular Machines 97
化工制造业中越来越清晰的一场革命 / 沈旋

06 OLED 之梦
OLED Dream 113
奇幻的显示及照明技术 / 段炼 刘嵩

07 复合材料
Composite Materials ·················· 139
把优点发挥到极致 / 倪礼忠

08 病毒制造
Virus Manufacturing ·················· 157
从负到正的大变革 / 于慧敏 张帅 杨继

09 生物炼制
Biorefinery ·················· 177
解决资源和环境问题的金钥匙 / 陈振

10 细胞工厂
Cell Factory ·················· 197
化学品绿色制造的生力军 / 张翀 王天民 李刚 吴亦楠 郑翔 季洋 刘树德

图片来源 ·················· 225

参考文献 ·················· 228

北京静远嘲风动漫传媒科技中心创作

01 桌面工厂
Desktop Factory

通向未来化工世界桥梁的微化工系统

王凯 吕阳成 骆广生

宽阔的厂房,高耸的烟囱,巨大的储罐,轰鸣的机器;化工厂在人们心目中总是与这些场景分不开,但科学家除了在建设这样的庞然大物上下功夫之外,其实还为化工过程打造了一个袖珍王国。

桌面工厂
Desktop Factory

通向未来化工世界桥梁的微化工系统

Bridge to the Future of the World of Chemical Engineering: Microstructured Chemical System

王凯 副教授，吕阳成 副教授，骆广生 教授（清华大学）

　　微化工系统是由小型化的、高度集成化的化工装置构成的系统，它的出现变革了数百年来化工装置大型化发展的策略，展示了化学工业的未来。微化工系统是基于化工最基本的传递强化原理，在精密加工技术的促进下发展而成。在实验室里，利用微化工器件可以组装"桌面上的化工厂"，在工业化的发展道路上微化工系统已经开展了初步的尝试。本文将介绍微化工系统的基本原理、制造方法、内部奇特的物理化学现象和几个典型的应用实例，展示微化工系统在精细化学品开发和生产中的应用潜力，指出其未来的发展方向。

1.1 引言

世界是由物质组成的。为了满足生产生活的需要，人类祖先从自然界直接获取各种天然物质。随着社会的发展，特别是现代文明的出现，人类对物质的需求量越来越大，对于物质的性质和功能也提出了越来越高的要求，这种社会需求极大地推动了加工技术的不断创新与发展，化学工业就是其中的典型代表。化学工业通过对自然资源进行一系列物理和化学转化，实现各种功能和规格的化学产品的大规模生产，在现代社会中具有举足轻重的地位。从化纤到轮胎，从水泥到涂料，从汽柴油到化学药物，从宇宙飞船到超级集成电路，我们身边到处都有化学产品的身影，可以毫不夸张地说：没有化学工业就没有现代文明。

当我们在日常生活中享受化工产品给我们的生活带来便利的时候，也不禁要问这些产品是如何生产出来的？我们都知道，若仅需要少量的化学品，化学家们在实验室就可以完成，他们使用试管、烧杯、量筒、水浴等仪器，经过一系列反应和纯化操作，就可以合成出所需的化学品。但若产品的需求量巨大，如几万吨甚至上百万吨的产品，就需要建设专门的化工厂。这些化工厂与实验室的显著差异在于生产工具发生了巨大的变化，在实验室用于化学反应的试管、烧瓶变成了以立方米来计量的搅拌釜，提纯用的分液漏斗、蒸馏烧瓶变成了数十立方米的塔设备，储存化学品的试剂瓶变成了数百至数千立方米的储槽，用于计量的量筒、天平变成了数字化的仪表，用于加热的水浴变成了兆瓦级换热器，步骤繁琐的人工操作被自动化的连续生产线所代替。可以说，化学工业是将化学带出实验室，将分子转化为"钱"，不断创新经济和社会效益的产业。

古代的酿造业可以说是化学工业的雏形，酿酒用的发酵釜和酒精的蒸馏过程就是原始的化工反应和分离过程。现代化学工业起源于工业革命时期，随着机械加工、自动控制以及信息化技术的发展，上百年来无数的化工科学家将化学家在实验室的成果通过工程科学的运用实现了产业化。时至今日，化学工业的发展已经相当迅速，现代化工装备已经实现高度的精细化和自动化，很多技术工艺也逐渐趋于成熟，可是数百年来化工装备大型化的发展理念却几乎一成不变。为了不断扩大产量，化工装备逐渐向着大型化发展，化工设备的体积越来越大，化工厂的规模、占地面积也越来越大，高耸林立的塔设备、密密麻麻的物料管线、如繁星般灯火密布的生产车间……在我们为这些伟大的生产建设而感到兴奋的时候，也会发现化工似乎又常与污染、危险等关键词联系在一起。因此，人们不禁要问：化学工业能否找到收获福音的可持续发展模式呢？

　　现代文明不可能离开化学工业，而且随着人口的增加，资源、能源以及环境压力的增大，社会的发展对于化学产品的依赖也在不断增加，图 1.1 就是现代大型化工企业的一个场景。早在上个世纪，科学家们就已经意识到单一大型化的发展模式已严重制约了化工技术的创新，化学品产量和品质的提高应该源于生产效率和产品收率的提高。为了达到这一目标，化工专家们指出，新的发展模式和不断深入的化工基本规律认识，是化工设备和工艺创新发展的重要基础。微结构化工系统就是这种模式的代表之一。

图 1.1　大型化工生产企业

1.2 无处不在的传递现象

"天之道，损有余而补不足"这句话出自老子的《道德经》，意思是大自然的规律，遵循的是减少多余的，补给不足的。事实上，我们的先贤早在 2500 年前就道出了自然界一个普遍真理，也就是传递现象遵循的基本原则。

简单来讲，**传递现象**是指某物理量从高强度区域自动地向低强度区域转移的过程，这是自然界和工业生产过程中普遍存在的物理现象。例如，气球中的高压气体向周边低压环境的释放；烧开水时高温的火焰会向低温的水提供热量；水中的糖分会从较甜的高浓度区域扩散到较淡的低浓度区域，等等。发生这些传递现象的根本原因是物理量的空间位置存在差异，造成了物质或者能量沿着一定的方向发生迁移，即传递过程。物质或能量的传递速率主要取决于相应物理量（比如温度、浓度）差异的大小以及这种差异存在的空间距离（比如高浓度或高温区域与低浓度或低温区域之间的距离）。试想，烧开水时火焰温度越高，加热的速率就越快，水开得也越快；火焰离水的距离越远，加热的速率就越慢，水开得也越慢。物理量的差异与空间距离的比值，即所谓的"**梯度**"，它会直接决定传递速率的大小。

传递一词源于对英文单词 transport 的翻译，主要指物质和能量在空间和时间上的迁移，故名传递，有关传递科学的经典著作是 R. Byron Bird, Warren E. Stewart, Edwin N. Lightfoot 编写的 *Transport Phenomena*，John Wiley & Sons 出版。

梯度是一个矢量，它的方向指物理量增长最快的方向，大小是其单位距离上的最大变化量。物理量梯度是引发物理量传递的"推动力"。

日常的传递现象主要分为动量传递、热量传递和质量传递。下面让我们结合生活中的实例来认识它们。想象在静止的水面上漂浮着的一只小船，小船突然向前开动，船与静止的水之间便会产生速度差，于是小船的运动会带动船体周围的水向同一个方向运动，而最靠近船的水的运动又会带动外围的水一起运动，这样一个运动不断向远离小船传递的过程就是动量传递过程。自然界中的动量传递现象很多，如风吹草动，河道变迁等。人类巧妙地利用动量传递的原理发展了许多技术来为生产和生活服务，如古代的水车、帆船，现代的风力、水力发电等。热量传递也有很多典型的例子，如冬天暖气里的热水温度高，而室内的空气温度低，两者之间存在温度差，因此热量便由热水向暖气片进而向室内的空气进行传递，又比如我们冬天感到寒冷，其实感受到的是热量正在由体表向周围环境传递，我们穿上厚厚的衣服来御寒，是利用衣服在身体与外界之间形成一个保温层，从而降低向外界传递热量的速率。质量传递也是随处可见的，如将牛奶加入到咖啡中，咖啡中高浓度的牛奶与周边的水形成质量浓度梯度，随后牛奶不断向相邻的水体扩散，直至整杯咖啡都发生颜色改变（图 1.2）。

在大多数情况下，动量、热量和质量的传递并不相互独立，而是相互影响，甚至同时进行的。例如暖气在向外传热量的同时也会制造流动，这是由于暖气周围的空气温度较高，密度较小，从而在暖气上方会产生上升的气流，并与周围的空气一同形成环流，

图 1.2　物质扩散现象

滴入咖啡中的白色牛奶起先聚集在一起，形成一个高浓度区域，这一区域与周围流体产生浓度梯度，在扩散的作用下牛奶逐渐散开，最后形成均匀的溶液。

分子扩散，通常简称为扩散，是指分子通过随机运动从高浓度区域向低浓度区域的传播。扩散的结果是缓慢地将物质混合起来，在温度恒定的空间中，扩散的结果是完全均匀混合，从而达到热力学平衡状态。

这是一个动量传递的过程，同时，由于这种动量传递产生的空气流动又加速了整个房间内热量的传递，因此它是一个动量与热量相互促进共同进行的例子。而在牛奶咖啡的例子中，摇晃杯子，动量由杯子壁向水体内部传递，引起水的运动，而这种运动将会促进牛奶的扩散，加快达到浓度均匀的衡状态。由此可以看出自然界的传递现象十分复杂，掌握传递过程的基本规律对于人类认识自然十分重要。

　　了解了生活中的传递现象，再让我们来认识化工生产中的传递现象，从而切身体会其在化工生产中的重要性。与大自然类似，化工生产中动量传递的宏观表现形式主要是流体的流动，只要涉及流体流动的过程就有动量传递现象。在化工生产过程中流体（比如空气和水）无处不在，动量传递现象也无处不在，因此流体输送设备是化工生产中的常见设备。例如，水泵对管路中液体的输送，反应器中的搅拌对流体混合都是典型的动量传递过程；在化工中几乎每一个反应和分离过程都涉及热量传递，如在蒸馏乙醇时的加热，氧化反应中的降温，冬季管道的保温等；物质组成的改变和化学转化是化工过程和主要目的，因此质量传递（简称"传质"过程）也是化工过程的重要特征，化工生产中物质提纯、反应物混合都是传质过程，任何化学反应同样都离不开传质过程。在设计存在缺陷的化学反应器内，反应放热的速度可能比热量传递的速度快得多，这会导致反应器内不同位置的温度存在很大差异，这种差异反过来会影响局部的反应过程，使初始差异的影响被不断放大，这是造成很多化学反应在大型反应器内难以控制，甚至出现事故的重要原因。

　　动量、热量和质量三种传递现象在化工生产中有不同的表现，但它们都遵循一些相同的基本规律。例如，传递速率随着传递面积和对应物理量梯度的增大而增大，加强流动对热量和质量传递都有促进作用。对于一个存在化学反应的过程，传递速率会直接影响反应的进程以及产物的形态。如果我们仔细观察自然界，我们也可以发现这样的现象。例如，热水壶中的水垢和溶洞中的钟乳石的主要成分都是碳酸钙，但任何人都能发现它们形态不同。我们可以从传递的角度来理解这种不同。在热水壶中，持续不断的加热一方面促进生成碳酸钙的反应快速进行，另一方面加快了水向空气中的传递，使得碳酸钙迅速析出沉淀，在几分钟内就可以形成水垢。而在溶洞中，低温下碳酸钙只能缓慢地析出，钟乳石的生长需要至少上万年的时间。因此，传质速度不同使得相同的产物具有不同的固体形态（图1.3）。

图1.3 　碳酸钙的不同形态

左图为钟乳石型的碳酸钙，由于水中的碳酸钙含量很低，它的形成需要数万年的时间。右图为一般的水垢，它是在加热过程中碳酸钙迅速沉淀形成的。

在某种程度上，传递现象就像最富创意的艺术家，刻画了自然界的面貌。有效地控制传递现象，我们也就有了"造物主"的力量。从自然界获得的这一启示中也可以看出，对于化学反应过程来讲，其内部仍然蕴藏着以传递为代表的物理问题，因此处理实际化工生产过程需要综合运用物理、化学、生物等基本知识，化工科学家擅长通过传递过程，实现对于化学反应和分离过程的精确调控。

1.3 微尺度传递与化工过程强化

传递现象在化工生产过程中广泛存在，如结晶、萃取、蒸馏等物质的分离纯化过程。依靠物质和能量的传递来提纯的最简单的例子，就是碘单质萃取实验（图 1.4）。这个简单的化学实验依据了有机溶剂对于碘的溶解能力比水强这一基本原理。实验首先在分液漏斗中进行油水两相的混合，进而碘单质

图 1.4 碘单质萃取实验

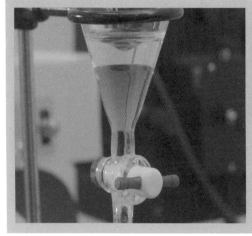

左图为传统分液漏斗萃取，完成时间在 5min 左右；右图为微通道萃取，完成时间在 10s 以内。

从水相传递进入油相，完成碘在油相中的富集。对于化学反应来讲，因为只有反应物与反应物或者反应物与催化剂达到分子水平的接触时，反应才会发生，因此反应物的传递会先于反应本身发生。实际化工过程中很多化学反应速率受限于传递的速率，科学家称之为传递控制的反应过程。例如二氧化碳与氢氧化钙之间的反应本质上可以瞬间完成，但是由于二氧化碳首先要溶解在水中，再经过质量传递到达钙离子和氢氧根离子周围才能发生反应，因此反应完成的快慢主要取决于二氧化碳在水中传递的快慢。可以看出，对于很多化工过程，提高传递速率是提高生产效率、实现过程强化的关键。

从传递的基本原理可以知道，物质和能量的传递速率与传递系数、传递面积和传递推动力有关，可以用公式 (1.1) 简单表示。

$$N_t = k \cdot a \cdot \Delta X \qquad (1.1)$$

其中，N_t 表示传递速率，即单位时间、单位体积内的传递量；k 是传递系数，它与传递量的自身性质、所处的环境性质和体系的运动状态等因素有关；a 表示单位体积内的传递面积，增加传递面积是提高传递速率的重要手段；ΔX 是物理量的梯度，也被称为传递推动力。那么如何才能提高传递速率呢？科学规律指出，传递系数与化工对象的物性及其内部物质流动状态相关，其变化规律较为复杂，通过对操作条件的科学研究，可以有效地提升传递系数。传递面积与设备结构或者设备内部流体的混合状态直接相关，在一定情况下，提高化工设备内部流体的比表面积可以显著提高

化工过程所指的**传递或反应速率**，主要指单位时间、单位空间的物质的传递量或者反应量，单位一般为 mol/(m³·s)，并非单位时间物质的运动距离。

过程强化是指在生产和加工过程中运用新技术和新设备，极大地减小设备体积，极大地增加设备生产能力，显著地提高能量效率，大量地减少废物排放的手段。过程强化是在 1995 年第一届化工过程强化国际会议上由 Ramshaw 首先提出。

传递过程速率。质量和热量传递过程中的推动力就是物质的浓度或温度梯度，在相同浓度差或温度差的情况下，如果传递距离更短，梯度就更大，也就更有利于传递速率的提高。

从以上分析可以看出，化工过程的生产效率与生产对象所处的空间状态直接相关。假设有直径和高度都是 1m 和 1mm 的两个圆柱体反应器 A 和 B，在同样的物理量差异下（例如反应器中心与壁面之间具有相同的浓度差），不管这个物理量是温度、浓度还是速度，B 中的物理量梯度都将比 A 中大 1000 倍。同时，比较这两个圆柱状反应器的比表面积，B 也比 A 大接近 1000 倍。正如前面提到的，传递速率随着物理量梯度和传递面积的增大而增大，不考虑其他因素的作用，这两方面的影响使得在处理相同体积物料时，B 中物理量的传递速率可以比 A 中高近 100 万倍，这就是所谓的化工过程的尺度效应。这个例子只是一个理想的化工过程，实际化工过程的尺度与设备、物质体系、流动状态等多种因素有关。一般化工过程的尺度主要指决定其传递和反应速率的尺度，简称特征尺度，例如换热器中列管的直径是它的特征尺度，萃取塔中油滴或水滴直径是它

的特征尺度等。

　　基于化工过程特征尺度的基本原理，可以清楚地认识到，将传统化工过程中毫米到米级的特征尺度降低到微米级，可以大幅提高设备的生产效率，降低设备体积和化工厂的占地规模，这也就是科学家心目中的现代化工的发展方向。科学家将特征尺度在微米量级的化工过程称为微化工过程，而微化工过程的实现主要依靠先进加工技术制造出的微结构化工装备，简称微化工装备。由微结构化工装备组成的用于生产的反应和分离系统被称为微结构化工系统，简称微化工系统。由于具有微米级的特征尺度，这就意味着在微结构反应器、混合器、换热器等化工设备中，传递速率将得到极大地提高。

　　以微结构换热器（图1.5）为例，研究结果表明，虽然流体在数十微米特征尺度的流动通道内的传热系数略有下降，但是由于通道比表面积大幅度提高，总传热速率比传统换热器仍有 1~2 个数量级的提升。对于特征尺度（液滴平均直径）在数百微米的油水两相传热性能的研究结果表明，其传热系数可以达到 $MW/(m^3 \cdot K)$ 的水平，比传统过程的传热速率高一个数量级，在小于 1s 的物料接触时间里就能完成 90% 的传热过程。与传热规律类似，微尺度下的两相间传质性能也较传统化工装置有了大幅度提升。例如微尺度下油水两相间的传质速率较毫米尺度下的体系高 2~3 个数量级，微尺度下油气两相的传质速率较毫米尺度体系高 1 个数量级，很多传质过程在数厘米长的微通道内就可以完成。因此，微尺度条件下优异的传递性能为实现化工过程微型化提供了科学基础。

　　随着研究的不断深入，科学家们发现减

小特征尺度带来的变化不仅限于此。在以流动为代表的动量传递方面，特征尺寸减小后，设备比表面积大幅度增加。由于与设备表面接触的流体占反应器内流体总量的比例显著

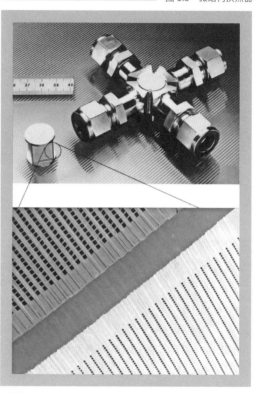

图 1.5　微结构换热器

微结构换热器简称微换热器，其内部没有使用传统的管道换热，而将这些管道以长宽数十微米的微通道的阵列的形式构成，冷热两股流体分别流经相邻的微通道，通道之间通过金属导热完成热量交换，这种微通道换热器的换热能力远高于常规换热器，并且体积大幅缩小。

　　比表面积指单位体积内物质表面积，单位是 m^2/m^3。

　　数量级是科学常用概念，一个数量级代表 10 倍，两个数量级代表 100 倍，以此类推。

增大，反应器表面性质对流体流动的影响十分显著。这种表面作用与流体的惯性运动相比，更容易被控制，这为人们按照自己的想法去引导流体流动，进而为利用特定的流动完成特定的任务创造了条件。例如，在数十微米至数百微米的通道内，在保证稳定的流体输送的前提下可形成柱状流、滴状流等丰富的多相流型，利用特殊设计的微分散结构还可以构造出水包油包气、水包油包水等复杂的多重乳液结构（图 1.6）。

此外，在微尺度条件下化学反应过程的可控性、安全性等难题也有望得到解决。例如，随着反应器效率的提高，反应器内滞存的化学物料量将减少，由化学品滞存带来的安全隐患将被抑制，就好比一个只含 1g 火药的爆竹和一只装满爆炸性物质的火药桶相比，前者的安全性显然要好得多。同时物料在反应器内的停留时间大大减少，对反应器内危险性因素的监测将更加及时甚至实时化，现代信息和自动控制技术可以更好地实现保证化工生产安全的作用。

通过上面的分析，我们知道，利用微结构化工设备可以有效地强化和传递过程，进而使化学反应的历程和反应器内的温度、压力等得到更加精细和及时的控制，提高化学品生产过程的安全性和效率，减少不必要的能源、资源消耗和因反应条件偏离优化条件而产生的副产物。将一系列微结构反应器按化学品生产的流程整合在一起构成一个系统，就可以将微结构反应器的优势移植到完整的化学品生产过程中去，开创既能更好地造福人类又能保证人类安全的、可持续的化学工业新纪元，而微结构化工系统将是支撑这个梦想的重要基石。

图 1.6　微通道与其内部多相流动过程

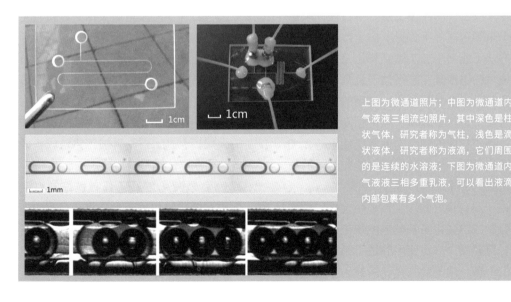

上图为微通道照片；中图为微通道内气液液三相流动照片，其中深色是柱状气体，研究者称为气柱，浅色是滴状气体，研究者称为液滴，它们周围的是连续的水溶液；下图为微通道内气液液三相多重乳液，可以看出液滴内部包裹有多个气泡。

在物理化学中，相是指一个宏观物理系统所具有的一组状态。处于一个相中的物质拥有相同的化学组成，而其物理特性（如密度、晶体结构、折射率等）在本质上是均匀的，不随位置而变化。简单来讲，日常生活中的气、液、固就是不同的三相。

乳液，严格名称为乳浊液，是指一相液体以微小液滴状态分散于另一相中形成的非均相液体分散体系。由油和水混合组成的乳液根据连续相和分散相不同，分成油包水型乳液和水包油型乳液，而多重乳液则是指液滴内部还包含液滴的多重结构乳浊液。

1.4 精密制造与微化工设备

从学术意义上讲，微结构一般是指典型尺寸小于 1mm 的结构。与之相比，我们日常看到的水管、水杯等，它们的典型尺寸一般在厘米以上，而在化工生产中直径几米甚至几十米的容器并不少见。由于传统的机械加工方法不能用于加工微结构化工装备，微化工技术的进步其实是得益于近几十年来微加工和微机电技术的发展。常用的微化工设备由金属、塑料、玻璃、硅片和陶瓷等材质制成，不同材质的微结构设备所使用的微加工技术也不同，下面我们将对这些主要的加工方法做一个简单的介绍。

由于具有良好的加工性和稳定性，由金属材料制成的微化工装备是微化工系统的主力军，目前最为广泛使用的是不锈钢材质的微化工设备。由于金属具有良好的导电性、导热性和易于形变等特点，作为微反应器、微混合器核心部件的微结构，主要是通过冲压、压花、电火花刻蚀、激光刻蚀等方法完成加工过程。在实验室里电火花刻蚀和激光刻蚀是较好的加工方法，因为它们不需要专用的模具或者切割刀具，适合自动化操作，能够根据研究者的需要制造各种微结构设备，图 1.7 是激光器在切割金属微通道时的场景。机械冲压和压花等方法适用于微结构设备的大规模制造，这两种加工方法成本低廉，但需要专用的精密机械。

尽管金属微化工设备具有良好的稳定性，但是不透明的材质不利于直接观察内部的流动、混合与传递的实时状态。为了能够实现微尺度下多相流动的直接观察，以有机玻璃（PMMA）、聚甲基硅氧烷（PDMS）

为代表的微流动芯片应运而生。通常使用塑料作为壁面材质，使用数控机床的精密雕刻，3D 打印（图 1.8）或精密铸造技术是制作透明微芯片的主要方法。PDMS 微芯片是目前最广为使用的微通道设备，大致的加工流程是首先制备光刻胶或者硅片等阳模（凸结构）作为微通道的模板，再将 PDMS 溶液浇筑在阳模上形成微通道阴模（凹结构），最后通过等离子体辅助键合的方法将微通道和另一片 PDMS 板或玻璃板封装。

透明的微通道设备尽管有利于显微观察，但是这种设备既不耐腐蚀也不能用于高温高压过程，因此一般只能用于温和体系的研究工作中。为了解决强度的问题，人们发明了玻璃微芯片设备。玻璃微芯片的制作过程相对复杂，需要选择特种玻璃材料，通过碱溶液或者氟化氢将玻璃表面刻蚀出微结构。由于使用的是刻蚀法，这些微结构的深度有限，一般低于 50μm。同时对于玻璃微通道的密封和管道连接工作也需要专门的处理过程。除了玻璃微芯片之外，

使用硅片为基板制作微通道也是一种加工微化工设备的好方法。相对于玻璃，硅片更为稳定，而且在电子工业的带动下，硅片的加工技术较为成熟，使用硅片制作的微通道其深度也可以超过玻璃微通道，通过化学刻蚀获得的硅片再与特种玻璃键合形成的微通道能够承受 300° C 的高温和数百个大气压的压力。美国麻省理工学院化工系是硅片微通道设备的主要研究单位之

■ 图 1.7　微通道的激光加工过程

该图展示了激光器在切割金属微通道时的场景

■ 图 1.8　用透明塑料材质制成的各种微通道

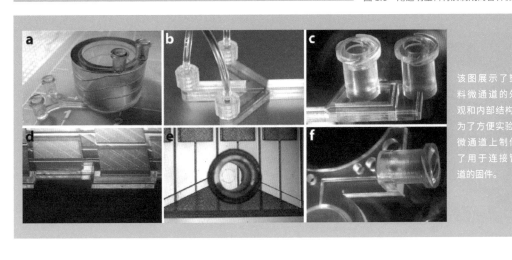

该图展示了塑料微通道的外观和内部结构，为了方便实验，微通道上制作了用于连接管道的固件。

一。硅片微通道芯片的刻蚀和封装如图 1.9 所示。

对于更高温度的化学反应来讲（一些气相的化学反应温度可达 400 ~600°C），无论是金属还是硅片制作的微化工设备都将不能满足其要求，唯一可以使用的材质就是陶瓷材料。由于陶瓷是烧制而成，因此在烧制前将毛坯表面制作出微结构就可以用于制造微化工设备（图 1.10），但由于陶瓷微反应器的烧制工艺十分复杂，要将不同烧制过程制作出的微结构零件拼装成完整的微化工设备仍然困难，目前这种微反应器的研究比较少，主要也是受限于其苛刻的制造工艺。

图 1.9　硅片微通道芯片

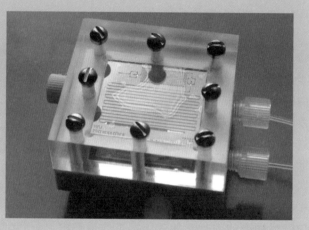

左图展示了刻蚀在硅片上的微结构，为了便于观察，研究者一般也将硅片微通道用玻璃封装，这样可以使用常规的显微设备观察其内部的流动和反应状态；右图为封装好的微通道设备。

图 1.10　陶瓷微通道反应器

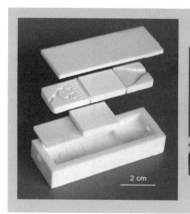
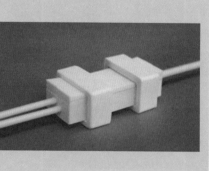

该反应器由多个零件拼装而成，整个设备都由陶瓷烧制而成。

1.5 桌面工厂——神奇的微化工系统

2003 年 6 月 16 日 和 2005 年 5 月 30 日，美国化学会权威杂志 *Chemical & Engineering News* 在不到两年的时间内，先后发表了两篇评述微化工技术进展的封面报道，足见微化工技术自 20 世纪 90 年代出现以来，已迅速成为国际化工领域的一个热点。随着研究和应用的深入，科学家对微反应器、微混合器、微换热器等微化工设备的优势有了越来越清晰的认识。研究者和产业界普遍认同微结构设备可以提供比常规设备大若干个数量级的比表面积，极大地强化传热过程，抑制在强放热或强吸热反应体系中局部温度和压力的剧烈变化，使化学反应在接近等温的条件下进行。除传热外，微结构反应器的混合和物质传递也可以被强化，混合时间可以缩短至几个毫秒，传质对反应的影响也可以大大减少。由于微小的体积，微结构反应器内的压力和温度比常规反应器更容易控制，这使很多化学反应可以在更接近甚至超出以往认识的安全极限条件下进行，特别适合放热剧烈的反应、反应物或产物不稳定的反应、对反应物配比要求严格的快速反应、危险化学反应，以及高温高压反应、纳米材料及需要产物均匀分布的颗粒形成的反应或聚合反应等，为追求高效率和环境安全的化工生产打开新的窗口。

在深入认识微化工设备独特性能的基础上，科学家还发现微化工装备的小体积和高效率为在实验室建造小型的生产车间或者小型工厂成为可能。按照生产工艺将微反应器、微混合器、微换热器等设备通过微管道连接起来，结合输送泵、控温系统、压力仪表等过程控制手段，就可以构建一个个具有生产能力的"化工车间"。因为这些微化工装备主要布置在桌面上，所以又被科学家形象地称为"桌面工厂"。为了深入认识桌面工厂的构建和运行，下面我们将以实验室中合成过氧化氢为例，了解微化工设备的设计原理以及什么是神奇的桌面工厂。

过氧化氢（H_2O_2）在 1818 年由法国科学家 Thenard 发现，其分子结构如图 1.11 所示。由于它在大多数情况下都具有比氧更强的氧化性，且反应后转化成水，因此常常作为一种高效、清洁、应用面广的氧化剂而受到人们的重视和青睐。在纸张、纺织品、食品的氧化、漂白及消毒，废水中有机和生物污染物的氧化降解等一系列既涉及氧化，又对环境和人体安全有严格要求的生产过程中，人们首先想到和使用的就是过氧化氢。那么过氧化氢是如何生产出来的呢？

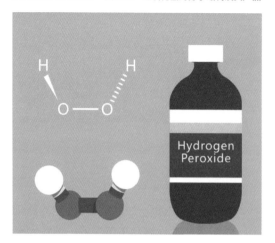

图 1.11 过氧化氢的分子结构及其产品

过氧化氢，俗称双氧水，是除水外的另一种氢的氧化物。纯净的过氧化氢是淡蓝色的黏稠液体，粘性比水稍高，化学性质不稳定，一般以 30% 或 60% 的水溶液形式存放。过氧化氢有很强的氧化性，且具弱酸性，在医疗、印染、化纤合成等多个领域被广泛使用。

如果直观地看过氧化氢的分子结构，我们很容易想到让氢气（H_2）和氧气（O_2）直接结合获得，在生成过氧化氢的过程中似乎可以利用所有的氢元素和氧元素，而且没有任何副产物。事实上，在有催化剂存在的条件下，氢氧直接合成只能得到少量过氧化氢，更多的产物则是水（图 1.12）。这是因为氢气部分氧化生成过氧化氢会放出大量热量，足以使温度达到氢气在氧气中自燃的温度，从而引发氢气和氧气生成水的燃烧反应。这一燃烧反应不需要催化剂，而且随着温度的升高，反应加快，热量释放会加快，使得温度升高也加快，最终使该反应过程不可控。为避免燃烧现象的发生，必须在反应一开始

将反应热及时移走，而这在我们所熟悉的常规化学实验中是无法做到的。随之而来的另一个严重问题是，当人们试图把燃烧反应限制在一定体积的反应器内时（这对于每一个实际得到产品的生产过程来说都是必要的），不可控的温度升高所引起的气体膨胀还将极有可能导致灾难性的后果——氢气爆炸。化学家现在已经知道，在我们所熟知的毫升级的容器或更大的空间内，氢气在与氧气的混合气体中体积含量为 4.0%~74.2% 时就可以发生爆炸。因此，很久以来，人们都认为"不能采用氢气和氧气直接合成过氧化氢"。

为了挑战氢氧直接合成过氧化氢反应过程的可控性和安全性，科学家发明了间接法来解决过氧化氢的生产问题。间接法的设想是，找到一种载体分子依次与氢气和氧气接触发生反应，避免氢气与氧气直接接触，载体的存在及其与活泼氢原子的相互作用，可使反应物质浓度和氧气反应的强度大大降低，从而安全地完成过氧化氢的生产过程。在目前工业上最成熟的过氧化氢生产方法为蒽醌法，它是以蒽醌类化合物（通常为 2- 乙基蒽醌）作为载体间接完成过氧化氢的合成。

在蒽醌法中，溶解有蒽醌类化合物的溶液称为工作液。在生产过程中，首先对工作液进行加氢反应，使蒽醌和氢气在金属催化剂（通常是金属钯）的催化作用下反应生成氢化蒽醌；然后对加氢后的工作液进行空气氧化，使氢化蒽醌和空气中的氧气接触反应，重新生成蒽醌并得到过氧化氢；最后使工作液和水接触，过氧化氢溶解在水中得到过氧化氢水溶液，并使工作液恢复到加氢前的状

图 1.12　过氧化氢直接合成过程中所涉及的反应

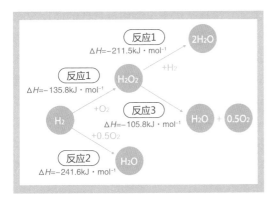

图中一个箭头表示一个反应步骤，△H 是该反应的反应焓，可以将这一数值简单理解为反应放出的热量，由于放出热量使体系自身能量降低，因此放热反应的反应焓为负值。

图 1.13　工业上合成过氧化氢的生产设备

工业上过氧化氢的生产分为加氢、氧化、萃取三步，它们在三个不同的塔设备中完成。

态，进而可以反复循环使用，图 1.13 为工业上合成过氧化氢的生产设备。

在上述生产过程中，为保证安全，工作液中有效载体蒽醌的浓度较低，工作液的循环量可以达到过氧化氢生产量的数百倍。采用这种方法，在一个工厂里每年可以生产数十万吨的过氧化氢水溶液。然而，使用如此大量的工作液仍存在一定的风险。原因在于，工作液是由挥发性的有机物组成的，其本身在一定条件下是可燃和易爆的。另外，工作液的循环不仅需要大量电能，而且容易在与空气等气体接触反应时被带到环境中而造成污染。同时，蒽醌法仍需要小心操作，因为使如此大量的工作液升温和降温仍然是相当困难的，一旦发现工作液中的热量开始积累，其带来的潜在危机将在很长一段时间内存在并且难以被及时地控制。蒽醌法过氧化氢生

产装置至今仍是工业事故最为频发的化学品生产装置之一。

针对这个危险的化工过程，20 世纪末，德国的研究者加工了一个有趣的装置。他们采用电子工业中常用的方法，即在一个硅片上刻出了一条深约 500μm、宽约 300μm、长 20mm 的划痕，在其中埋入铂丝，然后用另一个硅片把划痕封闭成一个微小的通道。他们从微通道的外部给铂丝通电加热，并向其中通入氢气和氧气。此时，氢气并没有像他们之前预料的那样在常温条件下被点燃；直到两种气体通过铂丝加热到 100℃以上时，他们才在微通道内观察到燃烧生成水的反应，而且反应过程非常平稳，没有发生爆炸现象。这个简单的实验给我们一个启示：在微通道内，氢气氧化反应的温度是可以控制的，利用氢气部分氧化直接生产过氧化氢

在操作上是可能的。之后，有一系列报道指出，利用具有类似微通道的微小结构及其阵列作为工作空间，过氧化氢的直接合成过程在实验室或者更大装置内都是可以实施的。

那么，是什么造就了微通道反应器在过氧化氢生产中的神奇表现呢？反应器有了微结构，为什么就能把氢氧相遇发生爆炸的危险化于无形呢？答案就是与前面说的微结构有关。实际上爆炸是一种瞬间的能量释放过程，在化工过程中，这种形式的释放往往源于剧烈放热的化学反应中，压力的累积达到一定限度而产生的瞬间能量释放。化学反应的发生与否和发生强度大小都与物质组成、温度、压力状态有关，控制好其中所有环节就可使化学反应处于可控的条件下。在反应过程中，整个体系中任一时刻的物质组成、温度和压力状态，除了受反应影响外，还都受传递现象的控制，在微通道内能够可控地完成氢气与氧气的反应，这主要得益于微通道极强的散热能力。可以简单地说，当微通道的散热速率强于反应的放热速率时，反应系统就不会产生热量的累积，也就不会引发爆炸。

微结构反应器与常规设备的区别，不在于反应本身，而是在于对传递过程能够有效强化和控制。想象一下，我们节日中常用作装饰的气球，当我们用针刺它的时候，它会在内外压力差的作用下在微小的针孔处破裂；当我们把吹气口解开时，它却可以安全地将气体释放出来。如果我们将气球视为反应器，将气体从气球中的排出视为气体的传递，显然传递越快反应器越安全，微结构反应器从某种意义上就是利用了这个

原理。基于微通道反应过程的基本原理，科学家们设计了用于过氧化氢合成的微反应器（图1.14），它直接使用氢气和氧气作为反应物，通过负载在微通道壁面的催化剂实现过氧化氢的制备，整个微通道设备可以通过微加工的方法制作在一个手掌大小的芯片上面。目前利用氢气（同位素氚）和氧气直接合成过氧化氢的研究主要停留在实验室阶段，科学家们正努力改进催化剂以提高过氧化氢的收率。

对于过氧化氢的合成来说，由于把原来的加氢、氧化、萃取三步反应用一步反应代替，因此整个合成过程变得更为简洁。而对于更为复杂的反应过程则需要将微反应器、微萃取器、微换热器集成在一起（图1.15）。为了构建小型的桌面工厂，工程师们将微反应器制成模块化的装置，这些小型的装置可以像积木一样拼接在一起，构成名副其实的

图1.14　合成过氧化氢的微通道反应器

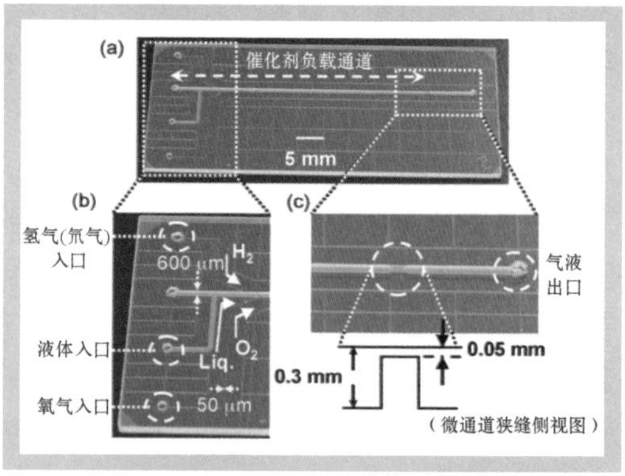

和德国科学家的实验相比，这是一个改进的微通道反应器，其内部通道高度在300μm，填充有球状的催化剂颗粒。反应原料是氢气和氧气，它们分别由不同的位置进入含有催化剂的通道，为了收集反应产物，水被作为助剂也加入到反应系统中。

图 1.15 实验室里的"桌面工厂"

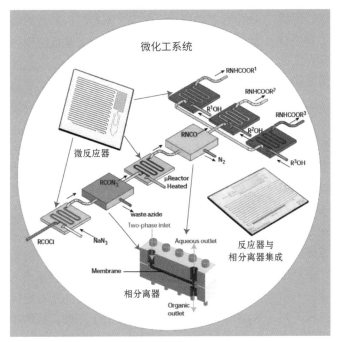

微化工系统

微反应器

μReactor
Heated

RNCO

RCON

waste azide

Two-phase inlet

RCOCI   NaN₃

Membrane

RNHCOOR¹

RNHCOOR²

RNHCOOR³

R¹OH

R²OH

R³OH

N₂

Aqueous outlet

反应器与
相分离器集成

相分离器

Organic
outlet

桌面工厂。这些桌面工厂的工作效率无疑要远高于化学实验所使用的试管烧杯等手工装置。利用这样的桌面工厂，化工科学家们已经对于加氢、氧化、磺化、卤化、硝化等众多化学反应的基本规律进行了深入的研究，为微化工技术的工业化奠定了基础。

一个带有微反应器、微换热器和温度压力检测系统，可以看出其外部结构完全不同于传统化工装置。

1.6 微化工系统在工业生产中的应用初探

化工新技术的产业化应用是其关键价值所在。尽管微化工技术的出现已经超过了 20 年，但是大多数研究还主要停留在实验室阶段，例如前面介绍的氢氧直接合成过氧化氢技术，其距离工业生产还有很长的距离。要将实验室内的微化工系统的产能进行放大，就需要对微化工设备本身进行放大。微化工设备的放大主要采取数量放大的模式，即将微结构的数量增加以提高整个设备的生产能力。随着研究工作不断深入，众多研究者也发现简单地采用数量放大并不一定能够完全满足微化工设备的工业应用要求，综合运用结构调整、结构优化等更为复杂的放大策略也是微化工系统研究的重点内容。在有关放大策略研究的基础上，一些工业级微结构设备的雏形已经诞生，并在工业应用过程中得到了测试。目前少量的微化工过程达到了百吨级乃至千吨级的年产能，具备了实现工业生产的初步能力，下面我们将通过两个实例来讲述微结构化工系统是如何推动化工生产变革的。

第一个例子是微结构化工系统在化纤单体合成中的应用。己内酰胺是一种重要的化纤单体，在纺织、汽车、电子、机械等领域有着广泛的应用。其聚合产品尼龙6，具有良好的机械强度和耐腐蚀性，能够被进一步加工成为树脂和薄膜等功能材料，也被广泛制成服装、丝线和地毯等生活用品。正是由于己内酰胺的性能优异，到目前为止，人们还没有发现一种可以真正替代己内酰胺的材料。但遗憾的是，己内酰胺生产过程的核心反应基本都涉及多个反应物的混合，具有反应速度快、放热量大和副产物多等特点，如果对反应过程控制不当，将不可避免地造成废弃物排放量大、分离纯化产品成本高、生产过程的安全性差等后果。以甲苯法生产己内酰胺为例，其核心反应之一的"预混合反应"在釜式的反应装置中进行，采用物料循环的方式对物料进行混合。由于反应物不完全互溶，总会有一些体积较大的液滴无法与周围反应物充分接触，这就如同向盛有清水的碗中滴入食用油并用筷子不断搅拌的过程一样。另外生产过程是连续进行的，反应器在进料的同时也在向外排出物料，有些反应

己内酰胺是 6- 氨基己酸（ε- 氨基己酸）的内酰胺，也可看作己酸的环状酰胺，分子式为 。

物刚被加入反应器不久便被搅拌到靠近出口的位置而被排出反应器，不能获得有效的接触机会和充足的反应时间，而有些反应物则会在反应器中停留很长时间，导致反应过度而转化为副产物。工业装置上该反应的总选择性不足 90%，意味着大量的原料直接变成了副产物，并且成为严重的环境隐患。

造成该反应选择性和效率低下的原因主要是由于传质速度慢、反应时间无法精确控制等。据此，化工科学家们利用微结构化工系统的设计思想，发展了新型、高效的反应装备。通过微结构反应器的使用，研究者使得反应物液滴尺寸从传统的毫米级降到微米级，大幅度增加了反应物之间的接触面积，加快了传质速度。同时反应器内的所有物料的停留时间可以达到几乎完全一致，从而实现反应时间的准确调控。利用微反应系统在不足 1s 的时间内就可以完成预混合反应，并且可以实现 97% 以上的高选择性。对于己内酰胺生产企业来讲，选择性提高 1% 就意味着企业增加了上千万元的收益，并且减少排放了数百吨的废水、废气等污染物。而相比于物料在传统反应器中平均需要停留 5min，微反应系统不足 1s 的停留时间，使得反应器所需的体积显著缩小，从而减少了工厂的占地面积甚至设备投资等投入。目前利用微反应技术实现预混合反应，已经进入每年百吨级产能的工厂试验阶段，图 1.16 是年产 500t 的己内酰胺的预混合反应器。相信在不久的将来，这一新技术就能取代现有的工艺过程，向实现"绿色的己内酰胺合成过程"迈出重要的一步。

第二个例子是微结构化工系统用于超细颗粒材料的制备。超细颗粒（纳米颗粒）一

图 1.16   500t/a 产能己内酰胺预混合反应微反应器

用于完成甲苯为原料的己内酰胺生产中"预混合反应"的微反应器，仅有两个手掌大小。

般是指尺寸在 1~100nm 的微小固体颗粒，包括金属、非金属、有机和无机等多种粉体材料。由于颗粒尺寸小，使得颗粒中包含的原子、分子的数目为有限多个，这样颗粒的表面分子、原子所占的体积比明显增大，表面电子结构、晶体结构发生变化，由此产生了超细颗粒的一些特殊效应：小尺寸效应、表面与界面效应、量子尺寸效应和宏观量子隧道效应等。这些效应导致超细颗粒的电学、磁学、热学、光学、化学和力学等方面的性能明显不同于块状材料，从而具有重要的应用价值。在人们不断地研究和关注下，超细颗粒在磁性材料、感光材料、催化材料、陶瓷材料、半导体材料、生物医学材料等方面有着广泛的应用，在宇航、电子、冶金、化学、生物、医学等领域也有着广阔的应用前景。

针对超细颗粒材料的制备，人们开展了大量的研究工作，寻找可以较好控制颗粒尺度、尺寸分布以及分散性能的制备方法。其中，通过在液相进行沉淀反应的液相沉淀法

因具有操作条件易于控制、反应活性高、提纯手段多、易于控制颗粒的粒度和形状、工业化生产成本低等优势，得到的研究和应用最多。液相中超细颗粒的制备过程从本质上讲，是颗粒的成核与生长过程。体系中高的**过饱和度**利于成核，低的过饱和度利于颗粒的生长。因此，平衡颗粒的成核生长关系，是得到所需尺寸颗粒的关键。在制备尺寸小的颗粒时，要求参与沉淀反应的反应物快速均匀混合，迅速达到高的过饱和度，满足颗粒的成核条件，实现大量成核，减少颗粒的生长量。在实际生产过程中就要使不同组成的原料在加入反应器后即刻达到空间上的完全混合，以保证沉淀反应条件的均匀，得到尺寸可控而且分布窄的超细颗粒。因此混合性能的好坏将直接决定所制备超细颗粒材料的品质。而混合性能往往受到反应器种类、操作条件、流体流动状况等众多因素的影响，如传统的搅拌式反应器往往由于不能提供与沉淀反应相匹配的快速混合，使得反应器内不同位置的过饱和度差异很大，常常会出现所制备的纳米颗粒尺寸不均匀且容易团聚的问题。

微结构反应器的出现为强化混合、提供均匀反应环境带来了可能。在微结构反应器中，流体可以被分割成流体微团，混合速度快、传质效率高，从而较好地实现了高过饱

过饱和度就是指超过饱和溶解度的那一部分溶质的质量与饱和溶解度的摩尔比，它表示了溶解的溶质超过饱和状态的程度。一般溶液在饱和情况下不会立刻析出溶质，只有当溶液中溶解的溶质多于饱和溶解度的时候，溶质才会从溶液中析出。

和度和反应环境均匀等要求。因此，将微结构反应器用于超细颗粒的制备，实现颗粒尺寸和分布的可控，不仅成为人们关注和研究的热点，未来还可以用于大规模工业生产多种纳米颗粒。例如，在微反应器内合成**纳米二氧化硅**，用磷肥生产的副产物氟硅渣和氨气为原料，通过设计以微结构反应器为主体的化工过程，充分发挥微结构设备易于调控、换热面积大等的优势，成功制备了品质较好的纳米二氧化硅颗粒；在合适的温度和 pH 条件下，通过简单调节反应物的浓度和流量，可以在 20~140nm 范围内调节颗粒的粒径和形貌，使产品的比表面积达到 400m^2/g。

目前在工厂实验阶段，微反应器的处理能力已经达到每年 3000t 的纳米二氧化硅产量。又如纳米碳酸钙的合成，相信大多数人在学生时代都亲自做过石灰水溶液中的碳酸钙沉淀反应的实验。但是通过此沉淀反应制备纳米级的碳酸钙颗粒并不是一件容易的事，这是因为纳米碳酸钙颗粒的合成速度主要受到二氧化碳在两相间传质的影响，即二氧化碳分子从气体进入液体的过程，如果不能快速完成此过程，则碳酸钙大多以微米级的颗粒沉淀出来，也就是我们在向试管中通入二氧化碳气体时常见的现象。研究结果表明，利用微结构设备获得二氧化碳和石灰乳的气液微分散体系，可以增大气液接触面积，加快二氧化碳与氢氧化钙的反应，进而快速实现碳酸钙的沉淀。目前工业化的微反应器已经成功制备出高品质的纳米碳酸钙颗粒（图 1.17）。

图 1.17　万吨级微反应系统及其制备出的碳酸钙颗粒

上图为微反应系统照片，这个反应系统由 6 台相同的微反应器构成，每个反应器内包含 1000 个反应单元，下图为制备出的 30nm 碳酸钙颗粒电镜照片。

纳米二氧化硅俗称白炭黑，是一种多功能的添加剂，广泛应用于硅橡胶、涂料、造纸、食品、化妆品等行业，可起到触变、消光、增稠、补强等作用。工业用的白炭黑常为水合二氧化硅，分子通式为 $SiO_2 \cdot xH_2O$，其最大用途是作橡胶的补强填料，以米其林为代表的高级汽车轮胎都以高品级白炭黑作为补强剂使用。

纳米碳酸钙是一种高档填充材料，它具有普通碳酸钙所不具有的量子尺寸效应、小尺寸效应、表面效应和宏观量子效应。与普通产品相比，纳米碳酸钙在补强性、透明性、分散性、触变性等方面都显示出了优势，因此其广泛地应用在橡胶、塑料、造纸、油墨、胶粘剂等领域。

微化工技术的未来

图 1.18   未来的桌面工厂

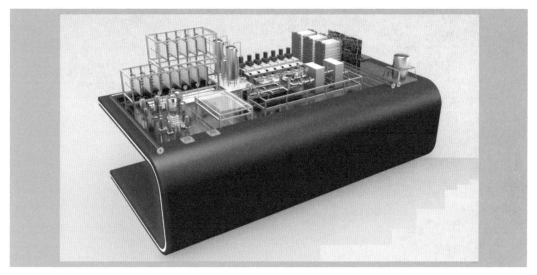

　　读到这里，你心目中的化工厂还只是巍峨耸立的烟囱和高塔，以及楼房一样大的油罐吗？你心目中的化工还是危险和污染的代名词吗？今天，微结构化工系统的出现，正在改变化工厂和化学工业的面貌，过去动辄几百上千公顷占地面积的工厂、动辄几十上百个塔和罐子才能完成的生产，可能只需一张写字台大小的微化工系统即可安全高效地完成（图 1.18）。将来有一天，当我们可以像操作平板电脑一样操作我们的桌面化工厂时，化工将会被打上绿色和安全的标签。从理性的角度讲，化工技术的发展实际是一个漫长的过程，这也是科学认知和技术进步的客观规律，由于化工技术的复杂性和在工业生产中方方面面的考虑，一项新的化工技术的大规模工业应用一般都需要数十年的时间。在我们眼前，微化工系统正在为我们铺设一座通往崭新化工世界的桥梁，相信你也可以成为设计者和建设者。

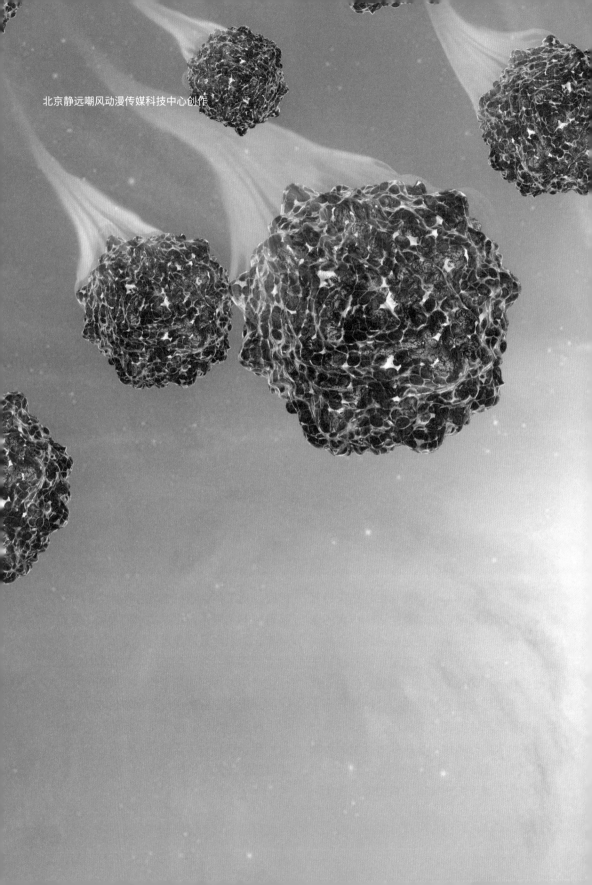
北京静远嘲风动漫传媒科技中心创作

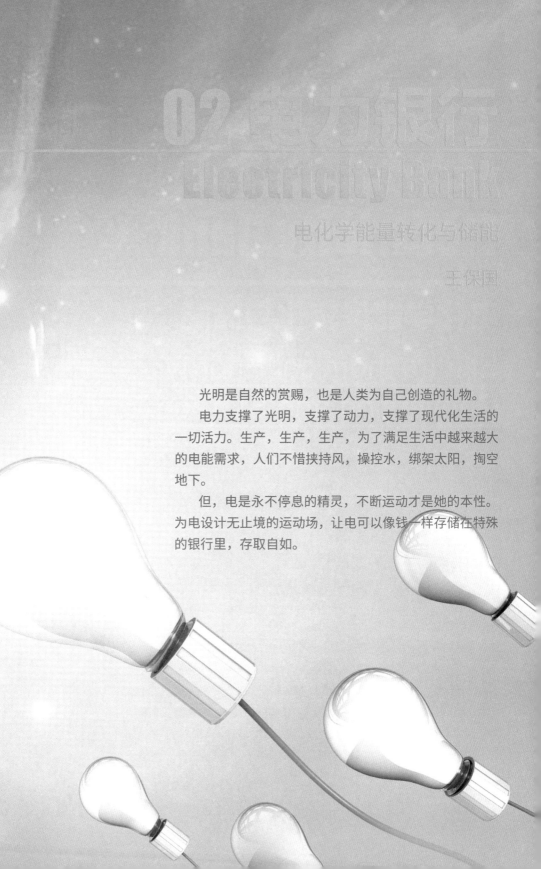

02 电力银行
Electricity Bank

电化学能量转化与储能

王保国

光明是自然的赏赐，也是人类为自己创造的礼物。

电力支撑了光明，支撑了动力，支撑了现代化生活的一切活力。生产，生产，生产，为了满足生活中越来越大的电能需求，人们不惜挟持风，操控水，绑架太阳，掏空地下。

但，电是永不停息的精灵，不断运动才是她的本性。为电设计无止境的运动场，让电可以像钱一样存储在特殊的银行里，存取自如。

电力银行
Electricity Bank

电化学能量转化与储能
Electrochemical Energy Conversion and Storage

王保国 教授（清华大学）

　　本文从社会发展的客观需要出发，在回顾铅酸电池历史和技术进步历程的基础上，介绍了几种代表未来方向的电化学储能技术与研发现状，包括全钒液流电池、锌溴液流电池、钠硫电池、金属空气电池，普及了电化学储能科学知识。事实上，电化学储能产业与新能源开发、电动汽车发展和智能电网都紧密相连。通过电化学储能，可以实现电能和化学能的相互转化与储存，类似于把电储存在银行里，根据需要随时存取。所以，给人类送来光明和温暖的阳光，不仅能够照亮白昼，也必将照亮夜空，真正成为人类社会持续发展的"永动机"。

我们即将步入一个"后碳"时代。人类能否可持续发展，能否避免灾难性的气候变化，第三次工业革命将是未来的希望。第三次工业革命将会把每一栋楼房转变成住房和微型发电厂。

摘自《第三次工业革命》 杰里米·里夫金 (Jeremy Rifkin)

2.1 引言

从古至今，人类生活的地球，围绕太阳进行年复一年的公转，与此同时，日复一日地进行着自转。生活在地球上的人们，坐地日行八万里，每天看着太阳从东方升起，向西方落下，已经习以为常。由于地球的自转运动，当阳光无法直射到人们的生活区域时，黑夜便降临，人们不得不利用化石能源产生的电力来照明、取暖，驱走黑夜和寒冷。从远古时代开始，人们就幻想能够追逐着太阳生活，不再有漫漫长夜和寒风冷雨，人们能一直生活在阳光明媚、鸟语花香的乐园中。

太阳内部通过连续不断的核聚变产生能量，并且以光的形式传播到地球，成为太阳能。按照地球轨道上的平均太阳辐射强度 1367W/m² 估算，地球赤道周长为 40000km，地球获得的能量可达173000TW。图 2.1 是我国陆地表面太阳辐射能分布。正是如此大规模的能量输入，

形成地球上的风云变幻，万千气象；支撑着地球上生物圈和生态系统生生不息的运动，构成人类赖以生存的能量基础。一年内到达地球表面的太阳能总量折合标准煤

图 2.1　我国陆地表面太阳辐射能分布

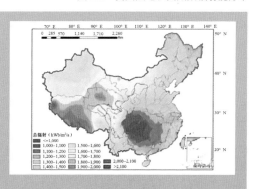

我国陆地表面每年接受的太阳辐射能约为 5.6×10^{17} MJ，相当于 17000×10^8 t 标准煤的能量；三分之二国土的年日照时数大于 2000h，辐射总量高达 5860MJ/m²。

1.39×10^{16} 亿 t，是目前已探明世界化石能源储量的一万倍。随着科学技术的高速发展，利用阳光来照亮夜空，不再仅仅是神话故事和科学幻想，它正在变为现实。人类将逐渐摆脱产生大量污染、行将枯竭的化石能源；利用太阳光、太阳热发电，以及风力、海洋波浪发电，正在成为未来人类获取电力能源的主要途径。

然而，这些发电方式受到许多因素的影响，例如，黑夜与白昼的交替、风力大小的波动、云起云落的变幻，结果使得电力输出很难稳定。只有克服这些巨大障碍后，才能使可再生的清洁能源利用变成现实。

2.2 夜晚还能利用太阳照明吗？

利用太阳能照亮夜空有多种方法，最直接的途径是将太阳能储存起来，就像人们准备夜间燃烧篝火的柴禾一样，白天多存一些，夜晚需要时拿来用。如图 2.2 所示是通过光电转化装置，将阳光中光子所携带的能量，转化为电能，继而利用系统调控器对蓄电池充电，把电能转化为化学能储存在蓄电池中。夜间需要时，可以随时随刻使电池放电，点亮灯具照耀黑夜，相当于使用阳光来照亮夜空。当然，如果蓄电池存有多余的电量，还可以通过直流 / 交流变换器和电网相连，把能量送到电网，惠及千家万户。

尽管可以使用蓄电池把电能转化为化学能储存起来，但是，电化学能量储存和转化过程需要遵从以下基本科学规律。

热力学第一定律——能量守恒原理：在一个热力学系统内，能量可转换，即可从一种形式转变成另一种形式，但不能凭空产生，也不能凭空消失。

热力学第二定律——熵增原理：不可能从单一热源吸收热量，使之完全变为有用功而不产生其他影响。

■■■ 图 2.2　太阳能发电、供电系统原理图

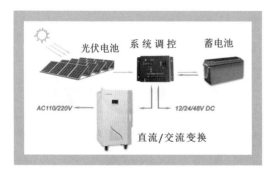

图 2.3　储能过程的能量转换原理示意图

如图 2.3 所示，如果使用 E_1 表示可再生能源发电装置送来的能量，使用 E_2 表示从储能装置返回到电力系统的能量，那么，从能量储存到返回能量系统，会构成一个封闭的储能循环。由于过程进行的非自发性，从储能到能量释放的循环过程本身需要消耗部分能量。这里所说的非自发性是指储能过程往往需要消耗外部的功，通过输入能量方式推动储能循环过程进行。为了进行定量表示，人们把储能设备输出的能量 E_2 和输入能量 E_1 之比，定义为系统的能量效率。通过过程优化和材料科学技术进步，能够增大

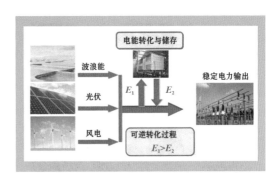

输出能量和输入能量之比，最大限度提高储能效率，但永远不可能赶上和超过输入能量。

2.3 把电储存在哪里？

半个多世纪以前，原子物理学家揭开了物质结构的奥秘，将存在于原子核内部的能量进行可控释放，形成了今天规模庞大的原子能工业，核能开发与利用在国家能源结构中正在占据越来越重要的地位。在原子核间的强相互作用，以及分子间范德华力所代表的弱相互作用以外，普遍存在于物质间，使离子相结合或原子相结合的化学键作用力，成为大规模储能科学研究的聚焦点。该相互作用属于分子层次或离子团范畴。例如，通过电解水产生氢气和氧气，将电能转化为化

学能储存在载能物质 H_2 和 O_2 分子的共价键中，如图 2.4 所示，需要时通过燃料电池再将其变成电能，或者通过燃烧以热能的形式释放出来。

为了将太阳光能产生的电力能源有效储存，人们寄希望于可逆化学反应。利用化学键的形成与断裂，将电能转化为化学能储存在化学键中，需要的时候定量释放出来，让化学键成为能量的载体。然而，要实现这样的过程，必须满足以下几方面条件：

（1）化学反应的可逆性；

图 2.4　存在于化学物质中的化学键和键能

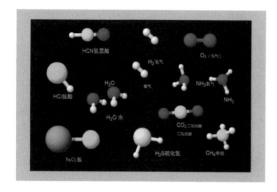

（2）化学反应的可控性；

（3）化学反应物质和产物（或者称能源载体）安全、环保、价廉，易于大量获取。

例如：可以将氧化还原反应中的氧化过程和还原过程分别在两个不同的电极上进行，由此构成得失电子过程，再将其组合成电化学池（电池），完成电能与化学能的相互转化与储存。将这种科学原理进行工程化放大，形成一门崭新的学科——电化学储能科学与工程。

一般来讲，电化学储能科学与工程可以认为是利用可逆的电化学反应原理，完成电能和化学能的相互转化，进行能量高效管理和利用的学科。所涉及的主要科学领域包括：电化学、电池材料学、化学工程等科学与工程技术。为了大幅度提高电力能源的利用效率，大力发展可再生清洁能源发电技术，迫切需要发展大规模电能储存与管理技术，在这样的背景下，电化学储能科学与工程应运而生（图 2.5），并且得到越来越多的科学家关注，世界主要发达国家纷纷制定国家战略发展计划，投入巨资进行科研开发。

图 2.5　通过电化学技术实现的能量转化过程

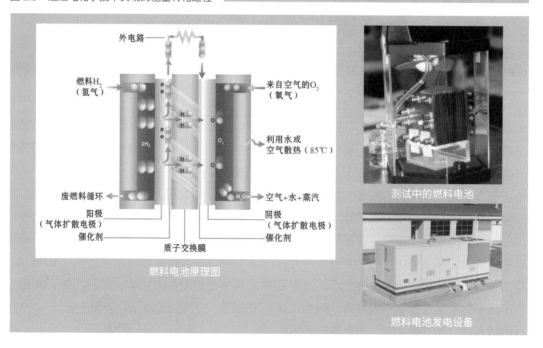

2.4 储能电池会给生活带来哪些变化？

电化学储能科学与工程的发展，将会极大地改变现有的工业面貌和人们的生活方式，引起能源技术的革命性进步。众所周知，汽车支撑了现代社会的交通，汽车制造业是国家经济的支柱性产业。早在 1899 年，大发明家托马斯·爱迪生就认为电力将驱动未来的汽车，并着手开发一款能持久放电、动力强大的电池用于商业汽车。虽然他的研究改善了碱性电池性能，由于当时技术条件的种种限制，该项目在持续十年后不得不忍痛放弃。

然而，人类追求电动汽车的梦想却没有止步，1975 年美国的第六大汽车制造商先

锋。赛百灵研发成功 CitiCar 电动汽车，并在华盛顿特区的电动车研讨会上亮相，其最高时速达到 40 英里（约 64km），续航里程 30 英里（约 48km）。长期以来，由于储能技术的限制，电动汽车的时速与续航里程远低于汽油内燃机驱动的汽车。直到 2008 年，美国特斯拉汽车公司的超动感 S-Model 赛车在当年 11 月的旧金山国际车展亮相，随后宣布批量上市，标志人类逐渐进入电动汽车时代（图 2.6）。

实际上，电化学储能科学与工程将在现代社会的方方面面发挥作用，包括交通、通信、可再生能源发电、智能电网等，例：

图 2.6　历史上具有标志意义的电动汽车

托马斯·爱迪生发明的电动汽车（1899 年）

先锋·赛百灵公司的 CitiCar 电动汽车（1974 年）

美国特斯拉公司的 S-Model 纯电动跑车（2008 年）

（1）可再生能源系统：风能发电、太阳能发电和蓄电储能装备共同组成微型电网系统，提高电网的稳定性，形成基于可再生能源的分布式能源供给系统。

（2）交通运输工业、汽车工业的变革：利用电池来代替现有内燃机为车辆提供动力的电动车工业，将会构成未来交通运输的主要方式。

（3）电力能源管理与调度：通过蓄电储能技术实现电网"削峰填谷"，能够缓和电力供需矛盾，进行高效调度，提高输配电网的"柔性"。

（4）火电厂节能减排：把夜间用电低谷的电储存起来，白天再释放出来，以此减少火电机组低负荷运行时间，提高发电设备利用率，降低火力发电能耗。

（5）用于重要军事设施、政府要害部门的应急电源和动力电源。

（6）现代通信行业和大型用电企业的应急电源和动力电源。

图 2.7 是这种技术给生活带来变化的实例。

电化学储能科学与工程研究，将会帮助人们发展清洁高效电池技术，作为电动车的动力来源，代替现有的以内燃机为动力的汽车。使用可再生能源的电力为汽车充电，逐渐摆脱人类交通运输活动对化石能源的依赖。由于没有汽车尾气排放，城市污染的环境问题会迎刃而解，天空会变得更蓝，环境会更美好。欧洲国家联合制定规划，计划 2050 年使欧洲的电力 50% 直接来源于太阳能发电，极大改变现存的能源结构；我国计划在 2020 年将风能发电装机容量提高到 2×10^8 kW。这种大规模的能源结构变化，客观上催生了电化学储能科学与工程技术的快速进步。在不久的将来，大规模蓄电储能技术将会快速发展，成为下一代朝阳产业。

图 2.7　储能与电化学能量转化技术给生活带来的变化

纯电动汽车　　　　现代通信系统　　　　绿色的智能电网

2.5 历史悠久的铅酸电池储能技术

电化学储能的历史，可以追溯到 1799 年，意大利物理学家伏特（A. Volta）将锌片与铜片置于盐水浸湿的纸片两侧组装成原电池；1836 年，丹尼尔（J. F. Daniell）利用该原理制成了第一个实用电池，这标志着化学电池进入社会生活，但铜锌体系的电池用完后不能进行充电再重复使用，阻碍了其更广泛的应用。

1801 年，戈特洛（N. Gautherot）在实验中用伏特电池和两根铂丝电解盐水产生氢气和氧气。当移去电源并将两根铂丝直接接触时，出现了短时间的反向电流（当时也被称为二次电流），但电流维持的时间太短，没有实用价值。1802 年里特（J.W. Ritter）将伏特电池的两端分别和金属铜片相连，并在铜片中间放置盐水浸湿的纸片。在撤去电源后，发现金属片之间存在 0.3V 的电压。此后使用金属铅、锡替代铜片进行了实验，均测到了不同的电压值。遗憾的是，里特没有采用硫酸作为电解液，否则或许铅酸电池的发明将提前半个多世纪。当时已有其他

科学家通过浸没在硫酸中的铅电极制得了 PbO_2，可以说离铅酸电池的最终发明已经近在咫尺。1854 年德国科学家辛斯特登（W. J. Sinsteden）在使用多种电池进行研究时，认识到浸没在硫酸中的铅电极具有一定的储能容量，即对电极充电之后可以向负载供电，并报道了其能量密度，但当时，人们仍未意识到这一发现的重要价值。

直到 1859 年，普兰特（R. G. Planté）独立于辛斯特登发现并报道了从浸在硫酸溶液中并充电的一对铅板（图 2.8），在撤去充电电流并加上负载后可以得到有效的放电电流，这个体系的放电电流在诸多电极 - 电解液体系中维持的时间最长，并且电压也最高。根据这一原理普兰特设计了具有实用价值的铅酸蓄电池，并在 1860 年向法国科学院展示了这一可充电电池，该发明标志着第一个可以重复使用的蓄电池问世，如图 2.8 所示，当加上反向电流就可以对电池进行充电，充电之后电池就可以继续使用。

铅酸电池利用不同价态铅的固相反应实

现充电 / 放电过程，其原理如下：

负极反应：$Pb + HSO_4^- \underset{充电}{\overset{放电}{\rightleftharpoons}} PbSO_4 + H^+ + 2e^-$

正极反应：$PbO_2 + 4H^+ + SO_4^{2-} + 2e^- \underset{充电}{\overset{放电}{\rightleftharpoons}} PbSO_4 + 2H_2O$

总反应：$Pb + PbO_2 + 2H_2SO_4 \underset{充电}{\overset{放电}{\rightleftharpoons}} 2PbSO_4 + 2H_2O$ ·················· $E^0 = 2.1V$

图 2.8　铅酸电池的诞生（1860 年）

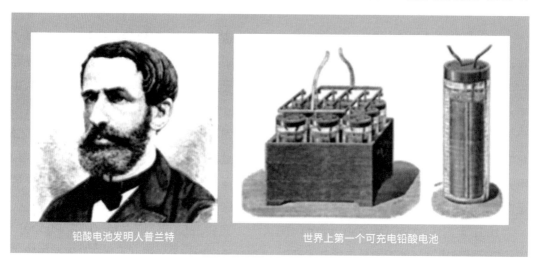

铅酸电池发明人普兰特　　　　　　世界上第一个可充电铅酸电池

在铅酸电池发明之前的电池只能放电，也就是对用电器放电，被称作原电池，随着电化学反应，原电池随活性物质消耗殆尽而不得不废弃。而铅酸电池可以进行反复充电 / 放电过程，被称作二次电池，成为真正的储电装置。由于后者使用起来更方便、价格更低廉，被人们更广泛所接受，因而在人类利用电能历史上具有重大意义。1879 年爱迪生发明了白炽灯，让电力走进千家万户，同时激发了用户在输电线架设不到的地方，或者在移动设备上使用电池储能，他所使用的正是铅酸电池。然而限于制造工艺，那时铅酸电池还无法大规模生产，但越来越多研究者已开始参与铅酸电池的研究。此后，市场需求对储电装置的持续扩大，人们对铅酸电池进行不断的研究和改进，使铅酸电池技术得到极大发展。可以说铅酸电池是迄今发展时间最长，技术最成熟的电池技术。与铅酸电池有关的重要发现与进展如图 2.9 所示。

1881 年，富莱（C. A. Faure）和布鲁希（C. F. Brush）二人制成涂膏式极板，即用铅的氧化物和硫酸水溶液混合制成铅膏涂在铅板

图 2.9　与铅酸电池有关的重要技术发展

上，较好地防止了活性物质的脱落，使铅酸电池的制造工艺有了很大进步。

1882 年赛隆（J. S. Se-llon）采用 Pb-Sb 合金制造板栅，减小充电 / 放电过程电化学活性物质体积变化，解决了板栅变形问题，显著提高电池极板的强度，使铅酸电池的寿命得到大幅度提高。

长期以来，铅酸电池的极板需浸在可流动的硫酸中使用，在电池充电后期和过充电时，会发生电解水的副反应，氢气和氧气可能释放出来，带来电解液失水、电池需定期维护的问题。研究人员一直试图研制"密封式"铅酸电池，以此克服电池维护问题。1957 年德国阳光公司发明了 SiO$_2$ 胶体密封铅酸蓄电池，即阀控式密封铅酸电池（Valve-Regulated Lead/Acid Batteries，VRLA）的胶体电池技术。1971 年美国盖茨（Gates）公司发明了吸液式超细玻璃棉隔板（Absorbed Glass Mat）即阀控式密封铅酸蓄电池的 AGM 技术，解决了电

1799年伏打电堆问世。

1854年辛斯特登报道了浸没在硫酸中的铅电极的储能容量。

1859年普兰特发明可充电的铅酸电池。

1870年代直流发电机发明，方便了铅酸电池充电并参与电网调峰。

1881年涂膏式极板发明，铅酸电池制造工艺有了很大进步。

1882年合金板栅发明，大大提高了铅酸电池的寿命。

1957年德国阳光发明胶体密封铅酸电池，即VRLA-Gel。

1971年美国盖茨发明吸液式超细玻璃棉隔板铅酸电池，即VRLA-AGM。

1980年代开始铅碳电池的研究。

2004年报道了第一个超级电池的专利。

池内部氧气的复合循环问题，使电池运行及安全性能大幅度提高。

从 1973 年开始，小型 VRLA 电池实现商业化生产，铅酸电池在外形尺寸和循环寿命上均有了较大的进步，能够适用于众多领域，成为蓄电池产品中的重要组成部分。铅酸电池由于原材料来源丰富，价格低廉，性能优良，是目前工业、通信、交通、电力系统最为广泛使用的二次电池。

目前铅酸电池的能量密度为 35~45 W·h/kg，能量效率超过 80%，在 80% 的深度放电

条件下，循环寿命 400 多次，价格为 0.6~0.8 元 /（W·h）。

2.6 利用水溶液来储电的全钒液流电池

液流电池 (redox flow battery) 是一种利用流动的电解液储存能量的装置，这种将电能转化为化学能储存在电解质溶液中的方法，适合在大容量储存电能场合使用。世界上最早的液流电池是由法国科学家雷纳（C. Renard）在 1884 年发明的，他使用锌和氯作为液流电池的电化学活性物质，重量达到 435kg。该液流电池产生的电能用于驱动军用飞艇的螺旋桨，成功完成了 8km 飞行，用时 23min，最后降落回到起飞点，使该飞艇在空中完成一个往返行程（图 2.10）。此

后，雷纳的发明被遗忘多年，直到 1954 年德国专利文献报道可采用氯化钛和盐酸水溶液储存电能。

现代意义上的液流电池出现在 1973 年，美国航空航天局的科学家塞勒（L.H. Thaller）试图寻找用于月球基地上储存太阳能的方法，提出将铁和铬作为液流电池的电化学活性物质，组成氧化还原液流电池。该电池将原先储存在固体电极上的活性物质溶解进入电解液中，通过电解液循环流动给电池供给电化学反应所需的活性物质。因此，

图 2.10　人类早期的液流电池探索

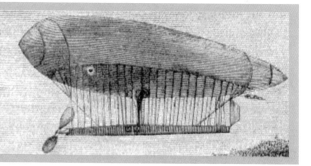

在 1884 年，人类首次使用 435kg 液流电池驱动飞艇，23min 飞行 8km。

图 2.11　全钒液流电池技术原理

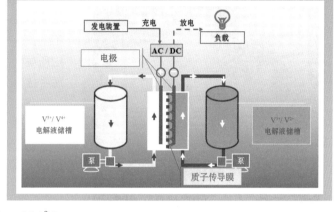

储能容量不再受有限的电极体积限制，而是可以根据实际需要独立设计所需储能活性物质的数量，特别适合于大规模电能储存场合使用。迄今为止，人们已经研究多种双液流电池体系，包括铁铬体系 (Fe^{3+}/Fe^{2+} vs Cr^{3+}/Cr^{2+}, 1.18V)、全钒体系 (V^{5+}/V^{4+} vs V^{3+}/V^{2+}, 1.26V)、钒溴体系 (V^{3+}/V^{2+} vs $Br^-/ClBr^{2-}$, 1.85V)、多硫化钠溴 (Br_2/Br^- vs S/S^{2-}, 1.35V) 等电化学体系。

在众多的液流电池中，目前，只有全钒液流电池（Vanadium Flow Battery, VFB）、锌溴液流电池进入实用化示范运行阶段。1986 年，澳大利亚新南威尔士大学的玛利亚（S.K.Maria）等人提出全钒液流电池技术原理，使用不同价态钒离子 V(II)/V(III) 和 V(IV)/V(V) 构成氧化还原电对；以石墨毡为电极，石墨-塑料板栅为集流体；质子交换膜作为电池隔膜；正、负极电解液在充放电过程中流过电极表面发生电化学反应，可在 5 ~ 50℃ 温度范围运行。

全钒液流电池利用不同价态的钒离子相互转化实现电能的储存与释放。由于使用同种元素组成电池系统，从原理上避免了正极半电池和负极半电池间不同种类活性物质相互渗透产生的交叉污染，以及因此引起的电池性能劣化。

全钒液流电池原理如图 2.11 所示，分别以含有 VO^{2+}/VO_2^+ 和 V^{2+}/V^{3+} 混合价态钒离子的硫酸水溶液作为正极、负极电解液，充电/放电过程电解液在储槽与电堆之间循环流动。电解液流动过程中，钒离子会不断扩散并吸附到石墨毡电极的纤维表面，与它发生电子交换。反应后的钒离子经过脱附，离开原来的石墨毡电极纤维表面，再次回到流动的电解液中。通过以下电化学反应，实现电能和化学能相互转化，完成储能与能量释放循环过程。

将一定数量单电池串联成电池组，可以输出额定功率的电流和电压。当风能、太阳能发电装置的功率超过额定输出功率时，通过对全钒液流电池充电，将电能转化为化学

正极反应：$VO^{2+} + H_2O - e^- \underset{放电}{\overset{充电}{\rightleftharpoons}} VO_2^+ + 2H^+$

负极反应：$V^{3+} + e^- \underset{放电}{\overset{充电}{\rightleftharpoons}} V^{2+}$

电池总反应：$VO^{2+} + V^{3+} + H_2O \underset{放电}{\overset{充电}{\rightleftharpoons}} VO_2^+ + V^{2+} + 2H^+ \cdots\cdots E^0 = 1.26V$

图 2.12 全钒液流电池工业装置

能储存在不同价态的钒离子中；当发电装置不能满足额定输出功率时，液流电池开始放电，把储存的化学能转化为电能，保证稳定电功率输出。

在钒电池制造过程中，首先，将这些不同价态的钒离子，溶解在硫酸水溶液中制备出电解液；然后，用多孔的石墨毡作为电极，将含有 +4 价、+5 价钒离子的溶液置于正极，含有 +2 价、+3 价钒离子的溶液置于负极；最后，通过泵和管道，将电解液和电极进行连接。这样，一个全钒液流电池系统便组建起来了。在电池充电或者放电过程中，电解液会流过石墨毡电极。在电解液流动过程中，钒离子会不断扩散并吸附到石墨毡电极的纤维表面，与它发生电子交换。反应后的钒离子经过脱附，离开原来的石墨毡电极纤维表面，再次回到流动的电解液中。

由于全钒液流电池的正极、负极电解液中含有不同价态的钒离子，正极电解液中的 +4 价、+5 价钒离子电对，和负极电解液中的 +2 价、+3 价钒离子电对一旦混合，会使

电池发生自放电现象，从而大大降低电池的效率。所以，人们利用质子传导膜把流经电堆的正极、负极电解液隔开，避免电解液中不同价态钒离子直接接触发生自氧化还原反应所导致的能量损耗。全钒液流电池所需的质子传导膜应具有如下特点：

（1）导电性：氢质子透过率高，膜电阻小，提高电压效率。

（2）阻钒性：钒离子透过率低，交叉污染小，降低电池自放电，提高能量效率。

（3）稳定性：具有所需的机械强度，耐化学腐蚀、耐电化学氧化，保证较长循环寿命。

（4）限制水渗透性：电池充放电时水渗透量小，保持正极和负极电解液的水平衡。

（5）合理的成本与价格。

全钒液流电池具有储能容量和输出功率相独立的特点，可以对二者进行分别设计。一般来讲，通过增加电解液的体积，可以增加储电的容量；通过增加单电池的数量，能够增加电池的电压；通过增大石墨毡电极的面积，可以增大电池的电流。图 2.12 所示为全钒液流电池的工业装置。

为了从根本上提升电池性能，人们努力寻找大比表面积的材料，比表面积是指材料的外表面积除以材料的体积，也就是说，希望在同样的体积中希望获取更大的电化学反应所需要的活性表面积。目前，除了这种石墨毡电极外，还有许多新型的电极材料正待开发使用，如碳气凝胶、碳纳米管、石墨烯等材料，如图 2.13 所示。

和其他种类的化学电源相比，全钒液流电池具有规模大、寿命长、成本低、效率高、安全可靠等技术特征，同时，可以超深度放

电（100%）而不引起电池的不可逆损伤；系统选址自由，占地少，不受设置场地限制；电解液系统全封闭运行，没有环境污染和噪声。全钒液流电池正在成为可再生清洁能源发电过程的重要储能方案。

图 2.13 种类繁多的新型碳素电极材料

碳气凝胶 碳纳米管 石墨烯

2.7 能存更多电量的锌溴液流电池

尽管全钒液流电池有很多优点，但是，它所存的电量还不尽如人意。建成的储能系统往往体积庞大，给实际应用带来不少困难。那么，能否找到一种存电量更多的水溶液呢？锌溴液流电池刚好具备这种能力。因为水溶液中的锌离子（或者溴）在一次充电过程，可以储存 2 个电子，不像钒离子那样每次只有 1 个电子转移。这样，同样体积的水溶液，锌溴液流电池就比全钒液流电池储存的电量多 2 倍。可以用以下反应式描述锌溴液流电池的电极反应过程：

负极反应：$Zn^{2+} + 2e^- \underset{\text{放电}}{\overset{\text{充电}}{\rightleftharpoons}} Zn$

正极反应：$2Br^- \underset{\text{放电}}{\overset{\text{充电}}{\rightleftharpoons}} Br_2 + 2e^-$

电池总反应：$ZnBr_2 \underset{\text{放电}}{\overset{\text{充电}}{\rightleftharpoons}} Zn + Br_2$

图 2.14　锌溴液流电池示意图

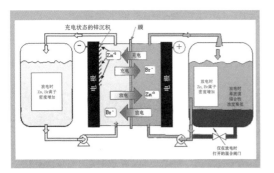

图 2.15　锌溴液流电池模块

图 2.16　小型锌溴液流电池

锌溴液流电池的正 / 负极电解液同为 $ZnBr_2$ 水溶液，电解液通过泵循环流过正 / 负电极表面（如图 2.14 所示）。充电时锌沉积在负极上，正极生成的单质溴很快被电解液中的溴络合剂络合，成为油状络合物，使水溶液中的溴浓度迅速降低；由于溴络合物密度高于电解液密度，随着电解液循环，逐渐沉积在储罐底部，显著降低电解液中溴单质的挥发性，提高了系统的安全性。在放电时，负极表面的锌溶解，同时溴络合物被重新泵入循环回路分散，失去电子后成为溴离子，电解液变回溴化锌状态，也就是说，该反应完全可逆。

锌溴液流电池主要包括三部分：电解液循环系统、电解液和电堆。电堆由若干单电池叠合组成，每个单电池通过双极板连接成为串联结构。电解液流过主管路后，平均分配到每个单电池中，在提高电堆功率的同时，并联流动为单电池的一致性提供条件。电解液循环系统主要由储罐、管件、普通阀门、单向阀及传感器构成。在电解液循环流动过程，传感器实时反馈电堆工况，例如：液位，温度等。

锌溴液流电池的电堆由以下几部分构成：端板为电堆的紧固提供刚性支撑，通过两端的电极与外部设备相连，实现对电池的充放电。双极板和隔膜与具有流道设计的边框连接，在极板框和隔膜框中加入隔网，提供电池内部支撑，一组极板框和膜框构成锌溴液流电池的单电池，多组单电池叠合在一起组成电堆。图 2.15 和图 2.16 是常见的锌溴液流电池模块和产品。

目前,澳大利亚某电池制造商已开发出锌溴液流电池的大型储能系统,并完成工程验证工作。它将 48 组电池分四组进行了充放电测试,接入电网中的 14kW 逆变器与直流母线相连,产生 50~720V 电压。它的储能系统在 440~750V 的标定电压下,能够储存 0.6MW·h 电量。该储能系统包含装入 20 英尺集装箱内的 60 块电池。它所研制开发的 3kW×8kW·h 的锌溴电池储能模块适于多种固定型应用场合,并且每天可进行深度充放电。它能够将可再生能源产生的间歇性电能存储下来待用,调节电网峰谷负荷,以及在微电网中进行储能供电,其应用市场相当可观。

2.8 利用金属钠和硫磺做成的电池

金属钠在海水中大量存在,地球上硫磺矿产资源丰富,利用这两种物质可以制造一种高温型电池——钠硫电池。这种电池由美国福特公司于 1967 年公布最早的发明,至今已有 40 多年的历史。

不同于常规的二次电池,如铅酸电池、镉镍电池等都是由固体电极与液体电解质构成,钠硫电池与之相反,它是由熔融液态电极与固体电解质组成,其负极的活性物质是熔融金属钠,正极的活性物质是硫与多硫化钠熔盐,用能传导钠离子的 β-Al_2O_3 陶瓷材料作电解质兼隔膜,外壳则一般用不锈钢等金属材料。在放电时钠被电离,电子通过外电路流向正极,钠离子通过电解质扩散到液态硫正极并与硫发生化学反应生成多硫化钠。图 2.17 是钠硫电池的原理及示意图。

钠硫电池的操作温度为 300℃,输出电压 2V 左右,具有较高的储能效率,同时还具有输出脉冲功率的能力。输出的脉冲功率可在 30s 内达到连续额定功率值的 6 倍,这一特性使钠硫电池可以同时用于电能质量调节和负荷的"削峰填谷",从而提高整体设备的经济性。钠硫电池的比能量是铅酸蓄电池的 3 倍,电池系统体积小,开路电压高,内阻小,能量效率高,循环寿命长(可完成 2000 次以上的充放电循环)。但是钠硫储能电池不能过充与过放,需要严格控制电池的充放电状态。

钠硫电池中的陶瓷隔膜比较脆,在电池受外力冲击或者机械应力时容易损坏,从

图 2.17　钠硫电池原理与电池组

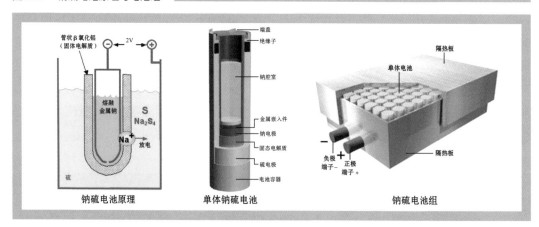

而影响电池的寿命，容易发生安全事故。此外，高温操作会带来结构、材料、安全等方面诸多问题。日本某公司利用其在陶瓷领域独特的技术优势，开发成功比能量密度高达 160kW·h/m³ 的钠硫电池。从 1992—2004 年期间，已经建成 100 多个工程实例，其中 500kW 以上的有 59 项。

2.9 会"呼吸"的锌空气电池

　　锌 - 空气电池使用空气中的氧气作为正极电化学反应活性物质（如图 2.18 所示），金属锌作为负极电化学反应活性物。由于使用锌和空气中的氧气作为工作介质，成本远低于现有锂离子电池、全钒液流电池、燃料电池等化学电源，适合于几十千瓦～数兆瓦规模的场合使用。在电池运行过程锌电极发生溶解或沉积，放电产物 Zn(OH)₂ 溶解在碱性电解液中；利用空气中的氧气在双功能空气电极（Bifunctional Air Electrode, BAE）上进行氧还原或氧析出电化学反应，完成电能与化学能相互转化。单电池理论电压 1.65V, 多个单电池串联后可提供所需的功率。图 2.19 是测试中的锌 - 空气电池。

　　和全钒液流电池相似，当风能、太阳能发电装置的功率超过额定输出功率时，通过

图 2.18 利用空气作为正极的锌 - 空气电池

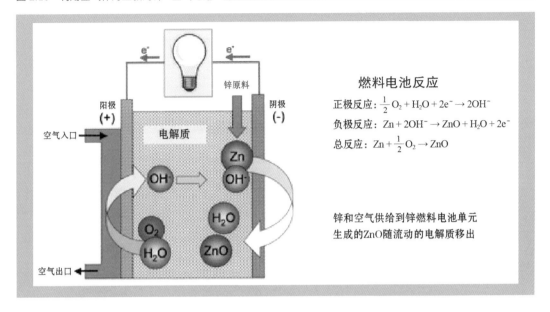

燃料电池反应

正极反应：$\frac{1}{2}O_2 + H_2O + 2e^- \rightarrow 2OH^-$

负极反应：$Zn + 2OH^- \rightarrow ZnO + H_2O + 2e^-$

总反应：$Zn + \frac{1}{2}O_2 \rightarrow ZnO$

锌和空气供给到锌燃料电池单元
生成的ZnO随流动的电解质移出

图 2.19　测试中的锌 - 空气电池

对锌 - 空气液流电池充电，将电能转换为化学能储存在 Zn/Zn^{2+} 电对中；当发电装置不能满足额定输出功率时，电池开始放电，把储存的化学能转换为电能，保证稳定电功率输出。锌 - 空气电池特点包括：

高安全性：在室温附近以水溶液作为支持电解液进行工作，从原理上完全避免锂电池中"热失控"导致有机溶剂电解液燃烧的

可能性。金属锌无毒无害，电池"生产－使用－废弃"的全生命周期具有最低的环境负荷。

高比能量：由于该电池使用空气中的氧气作为活性物质，容量无限；电池比能量取决于负极容量。通常的锌 - 空气一次电池理论比能量达到 $1085W \cdot h/kg$, 远高于现有的锂离子电池和铅酸电池。不仅可用于新能源发电过程储能，还有望用于纯电动车等移动交通工具。

低成本：电池成本主要由锌电极、双功能空气电极、离子传导膜等电池关键材料决定，尤其是避免使用贵金属催化剂制备空气电极，有望通过国产化，实现大规模、低成本生产。

大容量：锌 - 空气液流电池的储能容量仅仅和锌电极有关，通过改变储槽中电解液

即 $Zn+Zn(OH)_2$ 混合物的数量，能够满足大规模蓄电储能需求；通过调整电堆中单电池的串联数量和电极面积，能够满足额定放电功率要求。

锌 - 空气液流电池蓄电系统性价比高，对于大规模蓄电和纯电动车储能场合，在成本和安全性方面具有突出优势，已经成为国际上电能高效转换与大规模储存的重点发展技术。

2.10 面向未来的储能科学与工程

随着我国国民经济的高速发展，能源、资源、环境之间的矛盾日益突出。我国电力能源生产结构上存在先天不足，长期以来主要依靠燃煤的火力发电厂，其比例超过74%，远远高于世界平均的29%。由此产生大量二氧化碳、二氧化硫等污染气体排放，给环境保护带来巨大压力。大力发展以太阳能、风能为代表的可再生能源发电技术，是推进国家能源结构调整，实现可持续发展的必然选择。

尽管太阳辐射到地球大气层的能量仅为其总辐射能量的二十二亿分之一，但已高达173000TW，也就是说太阳每秒钟照射到地球上的能量就相当于 $500 \times 10^5 t$ 煤。地球上的风能、水能、海洋温差能、波浪能和生物质能以及部分潮汐能都是来源于太阳。

太阳能既是一次能源，又是可再生能源。它资源丰富，既可免费使用，又无须运输，对环境无任何污染。为人类创造了一种新的生活形态，使社会及人类进入一个节约能源减少污染的时代。我国是太阳能资源相当丰富的国家，绝大多数地区年平均日辐射量在 $4kW \cdot h/m^2$ 以上，西藏最高达 $7kW \cdot h/m^2$。特别是西藏西部的太阳能资源最为丰富，最高达 $2333kW \cdot h/m^2$（日辐射量 $6.4kW \cdot h/m^2$），居世界第二位，仅次于撒哈拉大沙漠。

我国拥有近几百万平方千米的管辖海域，海岸线约为 32000 千米，其中大陆岸线为 18000 多千米，南北跨越 20 个地理纬度。近海海洋可再生能源理论装机容量的总和超过 $20 \times 10^8 kW$，与我国风能资源总量基本相当。其中，潮流能资源最为丰富，能量密度与世界上潮流能能量密度最大的地区相当；潮汐能资源较为丰富，居世界中等水平，具备极大的开发潜力。

海洋可再生能源（简称，海洋能）主要

包括潮汐能、潮流能、波浪能、温差能、盐差能等，由于海水潮汐、海流和波浪等运动周而复始，永不休止。全球可供利用的海洋能量约为 70×10^8 kW，是目前全世界发电能力的十几倍。然而，海洋能具有能量密度波动大、不稳定性强，在时间与空间上比较分散，能流密度低，难以经济、高效利用。而潮流能、潮汐能、波浪能发电，无论是海岛型独立的微网系统，还是并网系统，都需要对电力质量调控后才能使用。特别是大规模潮流能发电并网时，当海洋能所占比例超过10%以后，对局部电网产生明显冲击，严重时会引发大规模恶性事故。因此，发展电化学储能科学与工程，研发高效蓄电储能装置和配套技术设备，同样成为海洋可再生能源战略的关键，蓄电储能产业发展成为国家未来能源战略的重要组成部分。

总之，自然界为我们提供了取之不尽的能源，电化学储能有着光明的前景。图 2.20 是常见的取能于自然的壮观场景。

图 2.20　自然界取之不尽的能源

结束语

随着人类社会的高速发展，人们渴望幸福美好生活愿望不断高涨，对能源的需求持续增加，解决未来人类活动所需能源问题成为社会可持续发展的关键。自然界存在的可再生清洁能源密度低，具有随机性、不连续的特点，通过发展大规模蓄电储能技术，对清洁能源电力的可调节和控制，构建安全、高效、绿色的能源网络，正在变得越来越重要。正是来自社会发展的客观需要，催生了以化学、化学工程科学为基础的电化学储能科学与工程。大力发展太阳能及其相关产业，成为世界经济的新增长点。给人类送来光明和温暖的阳光，不仅仅照亮白昼，也必将照亮夜空，为人们驱赶寒冷和漫漫长夜，成为人类社会发展的"永动机"。

过去几年，我向全世界的读者提出，人类历史上最大的财富机会可能存在于替代能源和可再生能源，这个领域创造的财富可能比到目前为止计算机行业创造的总财富还要多。

摘自《大转折时代》戴维·霍尔 (David Houle)

北京静远嘲风动漫传媒科技中心创作

03 智能释药
Smart Drug Delivery

让药物的使用更加精确、安全和方便

32.165.216

蒋国强

人体是最精密的设计，人体有最复杂的构造，对科学家来说，维修人体这台仪器是最艰巨的任务。经过科学家的不懈努力，不断改进，终于可以用相对精准的手段，对特定故障环节和要害部位进行维修管理，避免造成对其他部位的伤害。

智能释药
Smart Drug Delivery

让药物的使用更加精确、安全和方便
Towards High Accuracy, Safety and Convenience

蒋国强 副教授（清华大学）

　　化学与化学工程正在为人类的健康创造新的奇迹。通过和医药、生物、材料相结合，化学和化学工程帮助科学家门开发智能药物输送系统，使药物治疗的过程更加精确、高效、安全和方便。药物如何进入人体内，又在人体内经历了哪些过程而最终发生作用？除了药物本身的作用机制外，又有哪些因素影响着药物的效果，科学家们如何通过控制这些因素而提升药物的效果？这一切都和药物输送系统相关。本文将从 5 个方面介绍化学与化学工程在智能药物输送的应用：什么是药物输送系统，为什么要采用智能的药物输送系统；从化学工程角度理解药物的输送；化学与化学工程提高药物的吸收；化学与化学工程帮助药物靶向输送；化学与化学工程实现药物的控制释放。

3.1 引言

当我们生病的时候，使用药品是最常见的治疗方式。药品有各种不同的形式和使用方法——口服、注射、外用，等等；有时还会接触到一些更加特殊的使用方式。而且，即使是同一种药物，往往也有不同的形式和使用方式。这是为什么？回答这个问题，我们就必须探讨药物如何在我们身体内发挥治疗作用。

在探讨这个问题之前，我们需要对药品有个初步的认识。临床使用的药品，都是以药物制剂的形式出现的。所谓药物制剂，通俗地讲，就是药物存在并应用于患者的具体形式。例如，我们常见的药片（称为片剂）、注射液（称为注射剂）、糖浆（称为口服液体制剂），等等，都是药物存在并用于患者的具体形式。在一个药物制剂中，包含有起治疗作用的化学、生物或天然组分，称为生物活性成分，也就是通常说的药物，还有一些（甚至是大部分）不直接起治疗作用，但对药物发挥治疗作用有十分重要的意义的组分，统称为辅料。

科学研究告诉我们，药物以其化学结构为基础，通过和身体内特定的作用对象发生相互作用，而产生治疗效果。我们可以通俗地理解为，药物分子和身体内某些特殊物质发生化学、生物的反应而发挥疗效。一种药物的作用对象（称为受体）并不是均匀存在于人体的所有部位，而是存在于人体的某类组织、某个器官或某类细胞中，我们称之为药物作用的靶点。治病就像射击一样，药物要击中靶点。科学家们设计、寻找并制造出对于治疗具有最佳结构和理化性质的药物分子，它们只要和受体作用，就能起到期望的疗效。然而，这些药物分子要和受体发生作用，就必须先到达靶点。事实上，当药物以某种制剂进入人体后，未必都能到达靶点；大多数情况下只有少数药物能到达靶点，而大部分则到达或停留在非靶点部位并被最终代谢，这些药物不但不能发生治疗作用，还可能产生毒副作用。

为了使药物更好地发挥治疗作用，同时最大限度地减小药物产生的毒副反应，就必须使药物更多地到达靶点，同时使其浓度保持在最佳的范围内。实现这一切，依靠的就是药物传输技术。各种药物制剂的形式，使用的手段，甚至更复杂的药物传输系统，都是为实现特定的药物体内特征而特别选择、制定和实施的。在本章，我们将为大家介绍智能药物传输系统，化学工程和药物传输的关系，并通过具体的实例来展示化学工程如何在智能药物传输过程中发挥重要作用。

3.2 什么是药物传输系统，为什么要发展智能释药系统？

大部分药物进入人体后，都是通过人体的血液循环系统而被运送到不同部位的。图 3.1 描述这种模式下，药物从制剂到人体内，并最终达到靶点的过程。

药物从制剂进入血液循环系统的过程称为吸收。以不同的给药方式用药时，就对应了不同的吸收方式和途径。例如，采用静脉注射（比如常说的输液），存在于注射液中的药物通过注射器，几乎 100% 的直接进入了血液循环系统。这种方

图 3.1　药物在体内转运的典型过程

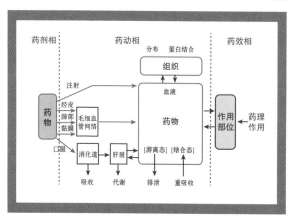

从制剂中释放出来的药物，通过吸收环节进入循环系统，并通过循环系统达到作用部位，代谢作用伴随整个转运过程。

式的吸收程度是最高的。而更常见的口服吸收过程则要复杂得多——和所有食物的吸收一样，药物在消化道（胃肠）中从制剂中释放出来，被胃肠道吸收并进入肝脏，并最终通过肝脏门静脉进入血液循环系统（图 3.2）。实际上，口服的药物中只有部分能通过上面这个复杂的过程进入血液循环系统。首先，只有一部分药物能被胃肠吸收，而这些被胃肠吸收的药物还有大部分可能在肝脏被代谢，或直接被一些特殊细胞所清除，剩下少量药物可进入血液循环系统。所谓代谢是指药物分子被分解或与其他物质结合等，从而被破坏而失去治疗作用。所以口服的吸收程度一般远远小于注射。肝脏的这种代谢作用，称为肝脏的首过效应，更科学的叫法是"循环前清除"，意思就是在还没有到达循环系统，第一次经过肝脏的时候就被清除掉了。这种作用致使大量药物被浪费而不会发生疗效。

进入血液中的药物，一部分会和血液中的细胞结合，剩下的药物在血

图 3.2 药物在消化道被吸收的过程

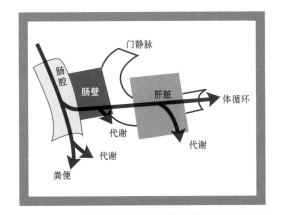

门静脉

肠腔

肠壁

肝脏

体循环

代谢

代谢

代谢

粪便

从制剂中释放出来的药物，被胃肠道吸收并进入肝脏，最终通过肝脏门静脉进入血液循环系统。

液运送下，向身体的各个组织和部位输送，这个过程称为分布。其中一部分药物在当血液流经肾和胆时被代谢清除，最终只有一少部分药物分布到靶点并和受体作用而发挥治疗作用。治疗效果是由最终达到靶点的药物的量和速度决定的。因此，我们把药物在靶点被利用的程度和速度，称作生物利用度。一个药物即使有明确和良好的药理作用，若不能在体内获得较高的生物利用度，就不能发挥其治疗作用。而药物的吸收、分布和代谢最终决定了药物的生物利用度。

实际上，长期以来人们认为只有药物的化学结构决定药物的效果，直到 20 世纪 60 年代，人们才开始认识到药物的吸收和体内传输过程对药效的影响。而随着药学研究的快速进展，药物的吸收和体内传输过程越来越引起人们的重视。药物输送系统（Drug Delivery System, DDS）的概念开始出现，并逐渐的替代传统药物制剂的概念，其核心任务就是：寻找、设计和开发药物输送的途径、方法和相应的制剂（或给药器），帮助药物吸收，将药物传输到靶点，而满足治疗的需要，提高药物的治疗效果，减小毒副作用。

上面的讨论告诉我们，必须借助其他的手段，来帮助药物吸收、传输到靶点，并获得合理的量和传输速率。科学家们通过设计和开发各种药物输送系统来实现上述目标和任务。智能药物输送技术可以将药物最大限度的传输到靶点，并通过控制药物在制剂中的释放速率来调整药物在血液中的浓度，最终调整药物在靶点的浓度和输送速率。举个例子，就像消灭敌人一样，只有炮弹是不够的，还要知道敌人的阵地，并能把炮弹准确地投掷到敌人的阵地，就像使用精确的导弹一样。药物就像是炮弹，而智能药物输送系统就是准确运送药物的导弹。

具体地讲，智能药物输送技术将解决很多药物的吸收问题，特别是口服吸收的问题，使药物的吸收利用程度提高；可以改变药物的体内分布，使血液中药物更多的集中到靶点；可以帮助药物突破一些生理屏障，被输送到一些常规手段不能到达的治疗部位，发挥治疗效果；可将药物浓度控制在合理范围内，进一步使药物动力学特征符合治疗需要；可以通过建立新的给药途径，或者改善用药方式，使得用药过程更加安全和方便。所有这些作用，我们将在下面具体介绍。

3.3 从化学工程的角度理解药物在体内的输送

讲到这里，我们不禁要问，化学工程和智能药物输送技术有什么关系？为什么智能药物输送技术成为化学工程的一个前沿研究方向？

智能药物输送技术是一个多学科交叉的研究领域，涉及药剂学、生物学、材料学、化学工程等多个学科。一项智能药物输送技术的开发，或者智能药物输送系统的研发制造，需要不同学科背景的科学家和工程师的共同努力。化学工程领域的研究者关注药物输送过程中的什么问题呢？化学工程如何和其他学科结合，解决药物输送过程中的哪些问题呢？

回答这个问题前，我们不妨先从化学工程的角度重新认识一下药物的输送过程。什么是化学工程的角度？这个概念对于中学生来说有些难以理解，不妨从大家比较容易认识的化工厂说起。一个典型的化工厂中普遍都有物质输送与交换系统、反应系统和热量交换与传递系统。人体像一个化工厂，也存在这些系统，不过它比任何化工厂更精密和复杂。

人体中存在着复杂的物质交换系统，它维系着人生存和产生各项机能的物质基础，其中最重要的就是呼吸系统、消化系统、排泄系统和表皮。肺实现人体内气体和外界气体的交换，它吸收空气中的氧气，排出人体内的 CO_2；消化系统和排泄系统共同完成人体内液体和固体营养物质与外界的交换，消化系统吸收来自食物中的营养物质，将其转化为人体可以运输的形态，送入人体的循环

图 3.3　药物分子通过膜被吸收

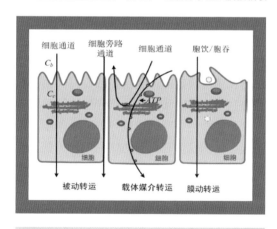

药物通过生物膜 / 细胞膜的吸收是药物在人体内最常见和最重要的吸收转运方式，药物在肠道中的吸收就是典型膜吸收过程。药物可通过细胞通道、细胞间隙通道、入胞作用，基于被动扩散、主动转运和膜动作用透过膜而被吸收。

系统；排泄系统将人体的代谢产物和一些不能被吸收利用的物质重新排到体外。人体的皮肤也参与物质交换，一些小分子的物质可能通过皮肤进入人体，而一些代谢产物也可以通过汗从表皮排出。

药物要进入人体，除了注射外，都必须通过这些人体的物质交换系统。人体的物质交换系统进行物质交换的原理和方式，在很大程度可以用化学与化学工程的知识来认识并实现。例如，外界物质通过人体的物质交换系统进入人体一般都会经历一个膜吸收的过程（图 3.3）。在肺部，这个膜在肺泡（图 3.4）；在肠道，这个膜就是肠膜，在皮肤，这个膜就是皮肤的表皮（图 3.5）。物质被吸收的一个重要机理是由于浓度差，分子从浓度高的一侧，向浓度低的一侧传输，这叫做浓差推动的扩散，这些过程在化工厂很普遍，在我们人体内也很普遍。因此，化学工程师们解决工厂中物料交换与传输的一些原理和方法，同样可用来解决人体中物质的交换。

药物在人体各个组织的分布大部分是通过循环系统完成的。循环系统就像是化工厂里无数的管道一样。但是，和化工厂里大部分物料都是分不同的管道输送的方式不同，人体内大部分营养物质都是混在一起，由血液循环系统进行输送的，那么不同物质怎样能够输送到不同的组织或部位呢？实际上，化工厂里也有类似的情况，比如在某个生产单元得到的物料并不是纯净的，而是几种混在一起的，而下一个生产单元所需要的物料可能只是混合物料中的某个组分，这时同样存在着把混合物料中的不同组分输送到不同

图 3.4　药物通过肺泡被吸收

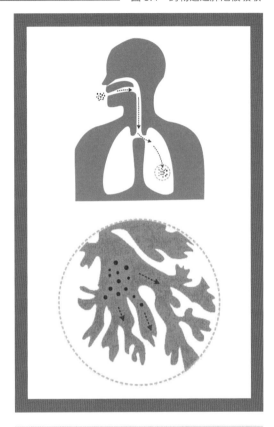

载有药物的颗粒吸入肺中，停留在肺泡的表面，释放药物并通过肺部丰富的毛细血管吸收。

地方的需要。在化工厂，工程师们建立了分离的装置来完成这些操作，这些分离的装置可能占据整个工厂的绝大分布面积。通过这些装置，混合的物料被分成不同的组分，然后根据需要再输送到不同的单元去。

人体内物质从循环系统分布到各个组织和部位的过程，也要经历这样一个分离和选择的过程。只不过这个过程是由细胞、一些特殊的器官或组织完成的，这些细胞、器官

或组织从血液中选择性地将一些物质分离出来，供自己使用或者输送给其他细胞、器官或组织。药物在体内的分布过程实际上和营养物质的传输过程类似。因此，本质上，我们也可以将药物在体内的分布过程看作是循环系统中药物以不同方式被分离的过程。

不同的物质能被分离的基础是它们的物理、化学、机械等性质的差异。药物在不同组织和部位分布的量和速率不同，也是基于药物物理、化学、机械等性质的差异。例如，有些物质能溶解在水中，有些物质则能溶解在某种有机溶剂中，那么通过不同的溶剂溶解，就能将两种物质分离。相似相溶原理告诉我们，极性物质在极性溶剂（例如水）中

溶解度高，而非极性的物质在非极性溶剂（例如大部分的有机溶剂）中溶解度高。物质的这种性质差异实际上就是构成药物分布差异的原因之一。

人体内各部位的极性存在一些差异，这些差异就可能导致药物的分布不同。根据物质粒子的大小不同，也可将物质分离，例如过滤，体积小的粒子（或分子）通过了滤纸，而体积大的被截留在了滤纸的另一侧。人体内药物的分布也存在类似的机制，后文将要提到的 ERP 效应就是一个典型的例子。人体对固体粒子的截留作用是另外一个经典的例子：由于肺部毛细管狭窄，直径大于 7μm 的固体颗粒将在经过这些毛细血管时被截留，如果我们将药物结合在这些固体颗粒上，就可以使药物更多的分布到滞留部位。通过这些实际例子，我们看到，药物的分布过程和物质分离过程，在原理和做法上都有很多相似之处，而分离过程是化学工程的重要研究领域之一，化学工程在这方面的进展会帮助我们认识药物的分布过程，并帮助我们寻找改变药物分布、使药物更多分布在靶点的方法和途径。

在化工厂里，物质通过物料交换系统进入物料输送系统，并借助特定的分离设备，将不同物质送到不同的反应器，在反应器中物质发生预期的相互作用，得到我们需要得到的物质。物料进入反应器的量、浓度以及速率都会影响化学反应的程度，从而影响产品的产量和质量；同样，药物到达靶点的量、浓度以及速率也同样影响药理作用。

尽管药物输送过程涉及大量的生理问题，从而更加复杂，但是研究和开发智能药物输送系统的科学家们，使更多的药物（物

图 3.5　药物分子通过皮肤被吸收

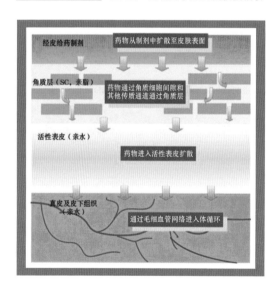

皮肤也是重要的给药途径，通过经皮给药技术，可使药物透过皮肤角质层，进入表皮，并被皮肤中丰富的毛细血管所吸收而进入血液循环系统。

料）通过物质交换系统被吸收并进入循环系统（输送系统），然后借助于对药物或者药物传输载体的物理、化学、机械等性质的改造，使更多药物以最合理的速率达到靶点，发生药理反应，以最有效和最精准的方式完成对疾病的治疗。

> 质量传递 (mass transfer)：混合物中，某一组分由于物质浓度不均匀等原因而发生的质量净转移过程称为质量传递。这种质量转移过程可以发生在一种流体内部，也可以发生在两种或多种流体之间，或者一种流体和固体之间。
>
> 分子扩散（molicule diffusion）：简称扩散，由于分子、原子等的热运动所引起的物质在空间的迁移现象，是质量传递的一种基本方式。以浓度差为推动力的扩散，即物质组分从高浓度区向低浓度区的迁移，是自然界和工程上最普遍的扩散现象。

3.4 化学与化学工程促进药物的吸收

下面我们将介绍一些智能药物输送技术，了解它们如何提高用药的精确程度和安全性，认识化学工程如何在其中发挥作用。智能药物输送技术使一些原本不能被有效吸收利用的药物，能够被有效吸收，从而生物利用度得到提高。

我们已经知道吸收是药物发挥作用的第一步，而除了静脉注射外，其他很多的给药方式都存在吸收的问题。口服是临床上最常用的给药方式，但是口服的吸收远不如注射，很多药物的口服吸收利用程度小于50%，有些药物甚至不足10%。如果没有智能药物输送技术，这些药物将很难应用于临床。口服吸收的第一步是药物通过胃肠道的膜组织被吸收，这和药物的很多理化性质相关，其中最常见的是水溶解性和透过胃肠膜的能力（膜通透性）。根据这些性质，药物可划分成四类，叫作生物药剂学分类（Biopharmaceutics Classification System, BSC），如图 3.6 所示。

在坐标系中处于第 I 象限的药物水溶解性好、膜通透性高，一般吸收特性很好；处于第 II 象限的药物水溶解性较差，但膜通透性高，一般可被吸收，但吸收速率会受溶解性差的影响而变得缓慢；处于第 IV 象限的药物水溶解性好，但膜通透性较差，一般不易被吸收，且个体差异很大；处于第 III 象限的药物水溶解性和膜通透性都较差，这些

图 3.6 药物的生物药剂学分类

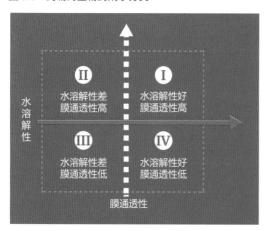

水溶解性和对消化道膜的通过性，是影响药物吸收利用的重要因素，FDA（美国食品和药品管理局）根据药物这两个性质的差异，将药物分成四类。

药物一般无法被吸收。智能药物输送技术可改变药物的水溶解性和膜通透性，从而使处于第 Ⅳ、甚至第 Ⅲ 象限中的药物有效地被胃肠吸收。下面就给大家介绍两种可以提高药物的水溶解性和膜通过性，帮助药物吸收的输送技术：环糊精包合技术和生物粘附技术。

环糊精包合技术

环糊精包合技术可改变药物的溶解性从而促进药物的吸收。环糊精是一类具有环状分子结构的化合物，其分子结构简式如图 3.7 所示，β- 环糊精是由 7 个葡萄糖单位连接成的环状结构，其分子中心形成一个空穴，空穴内因为有糖苷的氧原子，呈现亲脂性；而空穴的两端开口和外表面含有大量羟基，呈现亲水性。水难溶药物分子可结合在空穴内部，就像穿了一件亲水外衣，溶解性大大提高。一些药物经过环糊精包合后，溶解度增加非常明显，而这种增溶作用最终使药物的口服生物利用度得到提高。除增溶外，环糊精包合还具有提高药物的稳定性等作用。

图 3.7 β- 环糊精的结构及其和药物分子的结合示意图

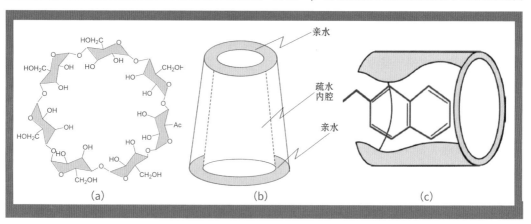

(a) 为环形结构式的环糊精分子，(b) 是内腔疏水，外表面亲水，(c) 是水难溶药物分子可结合在空穴内部，形成独特的"超微囊"结构。

生物粘附技术

另一种提高药物吸收程度的技术是生物粘附技术。前文讲到，药物通过胃肠吸收的过程，可看作分子从膜一侧传递到另一侧的过程，而实现这个过程的方式和机理非常复杂，包括浓差推动的扩散和一些主动运输的方式，但是大量的实验告诉我们，转运的量和膜两侧的浓度差、膜的表面积以及过程持续的时间相关。当药物制剂进入肠道中，药物分子从制剂中释放出来，和肠道内的其他物质混合，然后移动到肠道表面，通过肠道表面的膜被吸收，同时随着肠道的蠕动，这些药物和肠道内的其他物质一样，会逐渐地被排出。有几种情况会影响药物的吸收（如图 3.8(a)），第一种情况是一些药物还没有移动到肠道表面就被排出了；第二种情况是那些已经移动到肠道表面的药物还没有完全被吸收（吸收是一个比较缓慢的过程），就随着肠道的蠕动被排出了；第三种情况是由于药物分子和肠膜没有很好的吸附作用，例如药物分子是亲水性很强的分子，很难在脂性的肠膜表面被吸附，这就像水很难粘在塑料表面（通常是脂性的），而油则很容易粘在塑料表面一样，这时膜表面药物分子的浓度可能是很低的。

前两种情况实际就是减少了转运过程进行的时间（即吸收的时间），后者减小了膜两侧的浓度差，这将使吸收的药物量减少。生物粘附技术可解决这三个问题。将药物分散在生物粘附性的材料（一种能在胃肠表面粘附的材料，如壳聚糖）中，制成口服的片剂或者其他剂型，这种制剂在胃肠道中吸水

膨胀后，会粘附在胃肠表面，延长在膜表面的停留时间，同时提高膜表面药物的浓度，从而提高药物的吸收利用程度（图 3.8）。

当然，智能药物输送技术对口服吸收利用的作用，绝不仅表现在对溶解度和膜通透性地改善上，它还可以减小肝脏的首过效应，抑制药物分子和血液中蛋白的结合，增加药物与靶点的亲和性，从而使药物的生物利用度得到最大限度地提高。

图 3.8　生物粘附示意图

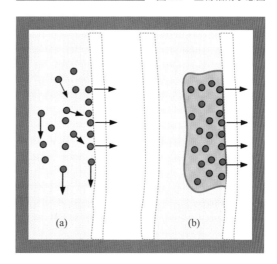

制剂吸水膨胀后，会粘附在胃肠表面，延长在膜表面的停留时间，同时提高膜表面药物的浓度，从而提高药物的吸收利用程度。

化学与化学工程帮助药物靶向输送

如何让血液中的药物更多地分布到靶点呢？前面的分析指出，药物分布到靶点的过程可以借助化学工程中的分离理论进行改进。分离的基础是物质间物理、化学、机械等性质的差异，在药物输送中还要考虑生理作用的差异。人体不同部位的生理性质和化学环境不同，对不同物质的选择性就不同，将药物集中到靶点，就是基于这些选择性。根据选择性产生的原因，形成了不同的靶向机制——基于物理选择性的靶向、基于物理化学选择性的靶向和基于生物化学选择性的靶向。

下面从癌细胞的靶向给药出发，通过具体的例子介绍这三种方式是如何实现靶向的。癌细胞在体内分布的特异性是药物抗癌必须要考虑的因素。由于大部分抗癌药物不仅能杀死癌细胞，对正常的生理细胞也会有伤害，如果这些药物不高度集中于癌细胞，不仅抗癌效果会降低，同时还会导致巨大的毒副作用。智能药物输送技术能帮助药物更精准地击败癌细胞。

基于物理选择性——EPR 效应

物理选择性来自分子或者粒子大小差异、受力差异等。一种非常重要的靶向方式是基于 EPR 效应（enhanced permeability and retention effects），这是一种基于粒子大小不同而引起的通过性差异。如图 3.9 所示，EPR 效应是癌组织中血管病变而渗透性增强的现象：正常的血管壁一般只能允许小分子化合物或离子通过，而癌变组织中血管壁结构松散，可允许一些大分子或者纳米级的颗粒进出。科学家们把药物分子结合在一些大分子（如聚合物或蛋白质）上，或包埋在一些纳米颗粒中，注射进血管，使这些药物仅在癌变组织的变异血管中释放出来，从而将这些药物集中到癌变部位。

■■■■ 图 3.9　ERP 效应示意图

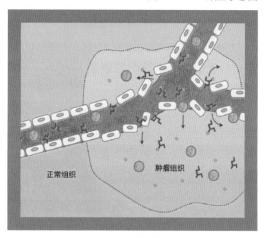

正常组织　　　肿瘤组织

肿瘤组织中血管病变而渗透性增强，一些大分子或者纳米颗粒可以进出。

基于物理化学选择性——通过 pH 靶向

基于物理化学选择性的靶向，产生于药物分子或者辅料的物理化学性质的差异。这些性质包括物质的相态、溶解度、化学亲和性（比如亲水性和亲脂性）、吸附特性等。

物质的溶解度与环境的 pH、温度等性质有关。利用靶点和其他部位 pH、温度等性质的差异，或者人为改变靶点的这些特征，就可能实现药物的靶向输送。人体环境总体上是一个中性的环境（pH=7.3），但在一些病变的部位，pH 就可能发生变化。临床研究告诉我们，在肿瘤组织的微环境中，pH 往往呈现酸性（通常在 5.5~6.7）。一些药用辅料的溶解度会随着溶剂的 pH 而显著变化，通过开发在中性条件下不溶解，在微酸性条件中快速溶解的材料，以这种材料为骨架或者囊材，将药物分散或包覆其中。在正常组织中，由于骨架或囊材不溶解，药物很难释放出来，只有到了肿瘤部位，骨架或囊材大量溶解，药物才释放出来（图 3.10）。

基于生物化学选择性—利用配体 - 受体作用靶向

基于生物化学选择性的靶向产生于药物分子（或辅料）的生物化学性质差异，及其引起的生理反应的差异，也称作基于生物亲和性差异产生的选择性。由于生物化学性质的差异往往可以产生很高的选择性，因此这种靶向方式的精确度非常高，不仅可以将药物集中到靶点附近，如果药物是作用于某种细胞的（如抗癌就是作用于癌细胞），还可直接将药物靶向输送到这些细胞中（图 3.11）。

图 3.10　pH 激发的肿瘤靶向给药纳米粒

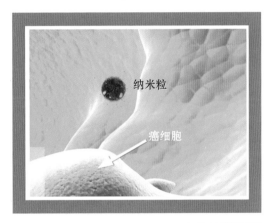

纳米粒

癌细胞

在正常组织的 pH 下，纳米粒不溶解释放药物，在肿瘤组织微酸性的环境中，纳米粒溶解并将药物释放出来。

靶向给药系统（targeted drug system）：指借助载体、配体或抗体将药物通过局部给药、胃肠道或全身血液循环而选择性的浓集定位于靶组织、靶器官、靶细胞或细胞内的给药系统。靶向给药有助于维持药物在体内的水平，避免任何药物对健康组织的损伤。这种药物输送系统是高度集成的，需要各个学科，如化学家、生物学家和工程师共同加入这一系统的研究开发中。

环境响应高分子材料（environmental sensitive polymer）：又称智能聚合物（smart polymer），指分子结构和理化性质随所处环境而发生变化的高分子。常见的如温度敏感高分子、pH 敏感高分子、光敏感高分子等。水凝胶是在药物传输系统中最重要和应用最广泛的一类环境响应高分子。体内存在的温度、离子强度、pH 等不同的环境，利用环境响应材料在不同环境中的结构或性质的变化，是实现药物靶向输送和控制释放的重要手段。

图 3.11　采用配体 - 受体介导纳米粒的细胞内转运

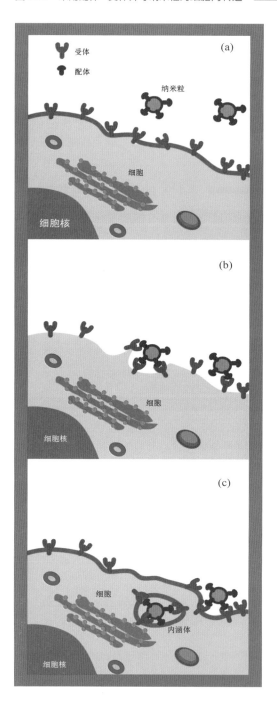

当表面携带配体的纳米粒到达细胞表面时 (a)，被细胞表面的受体识别并结合 (b)，随后诱发胞吞作用及一系列的细胞反应，将纳米粒摄取进入细胞内部 (c)。

　　理解生物化学靶向性需要较深入的生物和生物化学的知识，所以这里只能做个简单的说明。利用生物化学选择性的一个重要的途径就是利用人体对营养物质的选择性吸收和传输。人体需要大量的营养物质，这些营养物质大多通过食物吸收分解得到，并通过血液运送到不同组织。很多营养物质在人体内不同部位或细胞有不同的分布，那么这些物质是怎么被选择性的运输到不同部位的呢？是靠主动传输。前面我们讲到的浓度差推动的传输方式称之为被动传输。主动传输是不依靠或者说不单独依靠浓度差实现传输的方式。打个比方，水从高处流到低处，是不需要任何帮助就可进行的，物质的被动传输就像河水的流动，只要有浓度差就会发生。但要把水从低处运到高处，就要用泵输送，或者装在容器中用力提升，只有我们主动去这样做，水才可能从低处到高处，这就是主动运输，也叫主动搬运。

　　人体内主动运输的作用很多，这里我们介绍两种在药物输送中最常利用的。一种是在一些特殊的蛋白协助下实现的传输，这些蛋白称为载体蛋白或者转运蛋白，它们就像是交通工具一样，有选择的搭载（吸附或结合）一些物质，并把它们（通过一系列复杂的过程）转运到靶点，这种转运可以是从高浓度到低浓度的，也可以是从低浓度到高浓度的。人体内的铁离子就是这样运输的。人体内转铁蛋白就是载体蛋白，它们能特异地和铁离子结合，将铁离子运送到需要的细胞去。这些载体蛋白为什么只和某种物质分子特异的结合？一个重要的原因是蛋白质分子的空间结构和特殊的官能团所产生的锁钥作用，这里面的机制比较复杂，不再多讲。这些载体蛋白又如何把它们结合的物质送到那些需要的细胞呢？这里就需要另一种作用，叫做配体和受体的结合作用。简单地说，细胞的表面存在另一种蛋白（称为受体），它能和载体蛋白（称为配体）产生特异吸附或结合，将载体蛋白吸附在细胞膜表面，并进一步通过细胞的胞吞等机制进入细胞，从而实现营养物质的特异性传输。胞吞作用是细胞通过膜动作用捕获外界物质的一种方式。

利用上面两种作用，就可以将药物分子靶向到某些细胞中去，这种药物的传输方式，需要细胞表面受体蛋白作为媒介，因此称为介导转运。例如，可以通过对药物分子进行修饰，使得这种药物分子也能和特定的载体蛋白结合，而转运到需要到达的部位。也可以在药物分子上修饰细胞上某种受体能够识别并特异结合的物质，或者将药物包埋在一些纳米颗粒中，在纳米颗粒的表面修饰上这种物质。膜分子生物学的快速进展使我们认识了多种转运蛋白，大部分转运蛋白（如有机离子转运蛋白、肽转运蛋白、葡萄糖转运蛋白等）在体内分布广泛，包括消化道、

脑血屏障以及各种器官和组织。从人体的这一机制出发，利用膜转运蛋白介导药物，成为实现药物靶向输送、提高药物吸收利用程度、降低毒副作用的绝好途径，以此方式介导药物输送成为药物输送领域最热门的研究方向。目前报道的被应用于药物输送的膜转运蛋白至少包含 7 大类的 50 多种，其应用涉及了促进胃肠道吸收、跨越脑血屏障、实现细胞靶向、基因药物的细胞内输送等多个领域。采用肝癌细胞表面的某种受体来介导药物靶向输送到癌细胞内部，就是这种方法在抗癌领域一个应用。

紫杉醇的白蛋白结合纳米粒（Araxane），已经用于临床，使紫杉醇毒副作用降低，抗癌效果得到更充分的发挥。

Abraxane 的大小约 150nm。注射进入血液循环后，纳米微粒就会以与正常白蛋白完全相同的方式，与血管内皮细胞上的 gp60 白蛋白受体结合，被活化的 gp60 受体与细胞膜上窝蛋白相互作用，形成胞膜窝，胞膜窝将载有药物的白蛋白传送并聚集在肿瘤间质中。许多肿瘤在生长过程中发展出一种可最大限度汲取与白蛋白结合营养物的生物特征，因此白蛋白的独特结构使其成为理想的转运分子。

陈颂雄（Patrick Soon-Shiong Chan），Abraxane 的发明者，是华裔科学家，以 122 亿美元资产在全球富豪榜 (2015) 上排名第 96 位，是 NBA 洛杉矶湖人的股东。

3.6 化学与化学工程实现药物的控制释放

许多疾病的治疗都要求有效的血药浓度，以保证达到治疗效果，同时还要减小副作用。仅仅把药物输送到治疗所需要的靶点，而达不到治疗所需要的药物量，并不能获得预期的治疗效果。如果药物的分布性质是已知的，那么治疗所需要的药量就直接和血液中药物的量（称之为血药浓度）相关，血药浓度超过一个最低浓度后才会产生明显的治疗效果，这个浓度称为最低有效浓度（MEC）；而当血药浓度超过一定浓度后，会产生显著的毒副作用，这个浓度称为最低致毒浓度（MTC），用药时必须保证血药浓度在 MEC 和 MTC 之间，这个区间称为治疗窗，如图 3.12 所示。这个窗口的宽度和药物性质相关。

大部分疾病的治疗需要在一定时间内持续给药以使血药浓度维持在治疗窗内，发挥稳定的治疗效果，对这种药物，最理想的情况是，药物在血液中保持一个恒定的浓度。但也有一些的疾病与人体的生物钟存在一定关系，有明显的节律性特征，例如哮喘、心绞痛、胃酸分泌过多、偏头痛、癫痫等，在夜间发作比较频繁和剧烈，这些疾病的昼夜节律还会引起治疗药物的体内药动学和药效学的昼夜变化，这类疾病的治疗则需要使血药浓度随时间的变化与疾病发作的程度和频率相吻合。还有一些情况，需要根据治疗的效果及时调整血药浓度，最典型的就是胰岛素依赖性糖尿病（I 型糖尿病）的治疗。当患者使用胰岛素一段时间后，血糖开始降低，当血糖降低到正常值后，如不停止给药，还会继续降低，如果降低过多，病人就可能发生休克等危险。因此，理想的状态是根据血糖的水平实时的调节血液中胰岛素的含量。

智能的控释技术使这一切成为可能。化学工程为控释技术提供了坚实的理论基础，

图 3.12　不同释放特征使药物在血液中的浓度呈现不同的变化

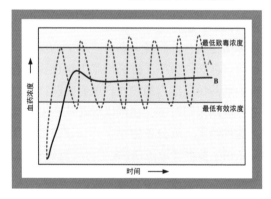

多次间隔服药导致血药浓度的波动（虚线 A），而采用恒速释放给药系统，可以维持血药浓度稳定在合理的水平上（实线 B）

这是化学工程领域的科学家和工程师们的优势所在。研究物质在另一种物质（介质）中的传递现象是化学工程的重要研究内容。依据化学工程的传质理论，解析药物释放和吸收过程中药物或某个关键辅料的传输规律，并利用化学工程和药剂学的手段，可以将药物的释放模式变为可控的，因而药物在血液中浓度也是可控的。

控释的方法很多，下面通过几个具体的例子简单介绍一些控释方式的原理与应用，从中我们也将了解到化学工程是如何发挥作用的。

恒速释药系统——渗透泵

对那些需要在一定时间内持续给药以使血药浓度维持在治疗窗内的情形，一般利用给药的频次和每次给药的剂量来实现。服药时，医生或药品说明书都会告诉我们服用频次（每日几次或每隔几小时一次）以及每次的用量，这个次数和用量就是根据药物的治疗窗和药物的半衰期（血药浓度降低一半所需要的时间），通过动物和临床实验获得的，它保证对于大多数人而言，血药浓度都被控制在治疗窗口内。但这样得到的血药浓度并不是稳定的，往往如图 3.12 中的曲线 A 所示，不断波动。对于那些治疗窗宽的药物，允许波动的范围大，可以用较少的频次给药，而对于治疗窗窄的药物，必须用较高的频次给药，这就是为什么有不同的服用次数。

尽管我们可以通过给药的频次和每次给药量来把药物控制在治疗窗内，但并不理想。一方面，血药浓度的波动在所难免，而这种波动也必然造成药效的波动；另一方面，治疗窗很窄的药物，或者对药物敏感的患者（他们的治疗窗要比一般患者窄），只能采用很高频次用药（例如，每天 4 次或者更高）甚至只能是持续稳定给药（例如静脉滴注），给患者带来很大的麻烦。最理想的情况是药物在血液中保持一个恒定的浓度。

渗透泵控释技术可以帮助药物实现这一状态。说到"渗透泵"，就必须知道"渗透压"。如图 3.13 所示，在一个 U 形管的中间，放置一个隔膜，这个隔膜可以让水分子通过，但不会让其他的分子通过，这种有选择的让一些分子通过的膜称为半透膜。在 U 形管的一端装上 NaCl 溶液，另一端

图 3.13　渗透压原理

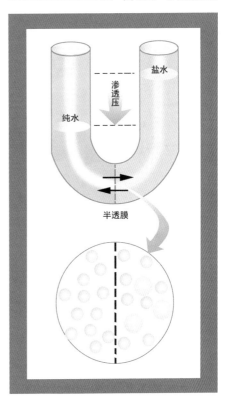

在 U 形管的中间放置半透膜，两端装上一样高度纯水和盐水。此时，水分子会通过半透膜向盐水一侧移动，以降低盐水一侧盐浓度，结果就使盐水的液面不断升高。

装上一样高度的纯水。此时，水分子会通过半透膜从水向盐水一侧移动，以降低盐水中 NaCl 的浓度，结果就使盐水一侧的液面不断升高，直到高出某个高度后，才停止渗透。这段水柱产生的压强就叫做渗透压。渗透压原理告诉我们，用半透膜分隔两个浓度不同的溶液，溶液中水就像施加了一段水柱的压强一样，从低浓侧向高浓侧扩散。这个作用被用来控制药物的释放，并开发出了渗透泵

图 3.14　最初的渗透泵结构

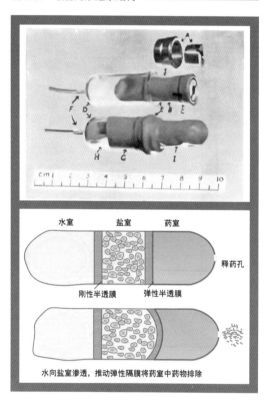

水室　　盐室　　药室

释药孔

刚性半透膜　弹性半透膜

水向盐室渗透，推动弹性隔膜将药室中药物排除

渗透泵领域的开拓者是两位澳大利亚学者 Rose S 和 Nelson JF。1955 年，他们发表的论文 *A coutinous long term injector*，首次利用渗透压这个普通的物理化学现象，制造出了渗透泵的雏形。

技术。

　　1955 年，两位澳大利亚学者首先提出了最初的渗透泵概念，用于牲畜胃肠给药（图 3.14）。它包括：药室、盐室和水室 3 个室，以及水室与盐室间的刚性半透膜、盐室与药室间的刚性膜等六大部分，被称做 Rose-Nelson 型渗透泵，它利用水室与盐渗透压差，使水从半透膜进入盐室，从而引起盐室体积扩张，挤压右侧的弹性隔膜，迫使药物从药室的开孔处释出。

　　1974 年，Theeuwes 提出了初级单室渗透泵的概念及构造，使渗透泵制剂成为普通包衣片的简单形式，从而使之走向了工业化生产和临床实际应用。在该装置中，去除了分离的盐室，改为利用药物自身的渗透性及某些助渗透剂（如 NaCl）的作用来为释药提供动力（图 3.15）：在使用时，水分从半透膜吸入片内，使片内形成很高的渗透压，从而使片内药物的饱和水溶液由片表面的小孔释出。

　　那么渗透泵为什么能恒速释药呢？以初级单室渗透泵为例来说明其中的原理，从中我们也可以看到化学和化工原理的应用。假定渗透片中的渗透助剂为 NaCl（实际上也经常采用）。当单室渗透泵片口服进入胃肠后，胃肠溶液中 NaCl 远远小于片中 NaCl 的浓度，此时片剂包衣膜的内外就产生渗透压，在渗透压的作用下，胃肠液中的水开始不断渗透入片剂。水的渗透速率可以在很长一段时间（例如 12h 甚至更长）内是恒定的，因为我们可以设法在片芯中加入大量的 NaCl 晶体，使片内部 NaCl 溶液总是饱和的，这样渗透压就保持不变了。渗透进片内的水，溶解了药物和 NaCl，但同时占据了片内有

图 3.15　渗透泵片和结构示意图

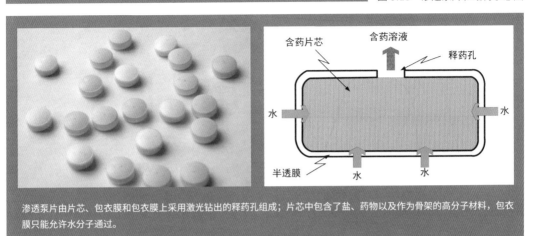

渗透泵片由片芯、包衣膜和包衣膜上采用激光钻出的释药孔组成；片芯中包含了盐、药物以及作为骨架的高分子材料，包衣膜只能允许水分子通过。

限的体积，于是这些水必须再从膜上的那个小孔排出去，那些药物也就随之被排出去了。如果药物在水中的溶解度较高，且溶解速率足够大，在排出去的水中药物基本上就是饱和浓度。前面讲到水渗透速率是恒定的，那么从小孔中排出水的速率也就恒定。在一定温度下，药物的饱和溶解度是固定的，这样，药物从小孔排出的速率也就恒定了。

通过渗透泵技术控制药物在吸收系统（例如口服的胃肠道中）的恒速释放，或者在血液中的恒速释放，使药物在一定时间内维持一个恒定的、对发挥治疗效果最好的血药浓度（图 3.12 中曲线 B），不仅可提高治疗效果，还可以减少用药的频次，极大地方便了患者。应用这种技术生产的口服控释片，我们可以每天仅服用一片药，而维持身体内如曲线 B 那样稳定的血药浓度。

择时释药系统——释药钟

对那些有节律性发作或加重的疾病，最理想的给药方式是，使用药后产生治疗血药浓度的时刻和疾病通常发生的时间所吻合。一方面，这样可以更好地应对疾病，同时避免某些药物因持续高浓度造成的受体敏感性降低和耐药性的产生，当然还会减小毒副作用。择时释药（time-dependent delivery）技术帮助我们实现这一用药方式。这样释药系统根据疾病节律性的特点，使服药时间和释药时间有一个与生理周期相匹配的时间差，在疾病最佳治疗时期提供并维持最佳的血药浓度。

心脏病是威胁人类的第一大疾病，每年全世界有 700 多万人因缺血性心脏病死亡，占死亡总数的 13%。心血管疾病往往在凌晨高发，而此时人们通常处于深度睡眠而不知用药，失去最佳的治疗时机。很多病人在睡前服用药物以预防睡眠中心脏病的发作，然而，这些药物服用后，很快会在血液中达到一个峰值，紧接着便不断下降，几小时后，药物的浓度已经降低到不足以抑制疾病的发作。一种择时释药的控释技术帮助患者解决

图 3.16 择时释药系统的血液浓度随时间的变化

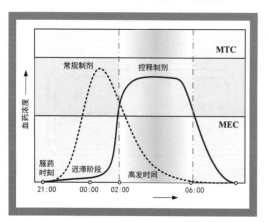

这一问题：这种药物的释药特点如图 3.16 所示。患者在晚上睡前服药（如 21 时），药物在胃肠内大约 3h 后（0 时）释放并很快被吸收进入循环系统，在 6h 前后（凌晨 2 时）达到合理血药浓度，并维持 4~6h，从而大大降低了心血管疾病凌晨发作的危险。

　　大部分片剂进入体内后，需要和水接触，在水的渗透、侵蚀作用下才能释放出药物，因此只要在一定的时间内将片剂和水隔离，就能延迟其释放，使其在需要的时候再开始释放。一个简单的做法是，在片剂表面包一层包衣。这层包衣和渗透泵片的半透膜包衣不同，它是一种水难透过的包衣，在一定时间内（这个时间可以通过包衣材料和厚度来改变），这层包衣包覆在药片外，阻止水的渗透，也就阻止了片剂的崩解和药物的释放。直到随着胃肠蠕动的机械作用和胃肠液的侵蚀作用，这层包衣被破坏并从片剂上剥离后，

　　药物受控释放 / 控释给药 (controlled drug release)：广义上，指根据治疗需要，药物按照设定的速率和程序释放，不仅包括释放的速率，还包括释放的所有动力学特征，以及按照一定的程序释放（比如按照先后两个不同的速率释放）、反馈控制释放（比如根据血糖水平，控制胰岛素的释放）。狭义上往往指药物以恒定速率从药物输送系统中释放出来，如口服控释制剂。通过控制释放，可以调控药物在血液中或者靶组织中的浓度，使其最好的满足治疗和降低毒副作用的需要。

　　国际控释协会（Controlled Release Society, CRS）的标志。CRS 是药物传输科学与技术领域内最重要的国际学术组织。

水才能和片剂接触，并进入片剂，溶解释放药物。如果把这种包衣包覆在渗透泵片的外面，就可以使渗透泵在服用后先不释药，而在经历了设定的时间后，开始恒速的释药，并在治疗需要的时间内，维持一个稳定的、最佳的释药速率，达到最佳的治疗效果（如图 3.16 中的实线）。

3.7 结语：化学工程为人类的健康创造新奇迹

智能给药系统的开发，已经超过新化合物的发现，成为当今世界各大制药公司新产品开发的主要战略之一。它不但帮助越来越多新开发的化合物和生物分子药物更好的发挥治疗作用，也使我们原来市场上约 20 万种疗效确定药物——这些药在市场上经历了几年、几十年甚至上百年——获得更高的疗效和更低的副作用。与此同时，开发智能给药系统往往可以用更小的投入，获得更大的经济和社会效益。在美国有一个概念，就是10 年左右的时间，10 亿美元左右的投入才能获得一个成功的新化合物；而新型给药系统的开发时间和费用都远小于这个水平。

目前，在全球销售的药品中，已有约10% 以新型药物输送系统出现。近来，智能药物输送系统在市场的份额不断提高，其前景非常乐观。据世界知名行业分析机构GBI Research 分析和预测，2009 年以靶向与控释制剂为主的新型药品的全球销售额达到了 1010 亿美元，而这个数字将以每年约10.3% 增长，到 2016 年，全球新型药物输送系统的销售额将达到 1990 亿美元。这个数字足以令我们十分振奋，但更重要的是，这些智能药物输送系统的出现和临床应用，使医疗的水平达到新的高度，为人类的健康

和发展提供保障。

化学工程师们和来自医药、生物、材料领域的科学家们密切合作，开发出多种智能药物输送系统，使药物治疗的过程更加精确、高效、安全和方便，使药物治疗的过程令人愉快。

实际上，这只是化学与化学工程在人类健康领域贡献的一个缩影。在和人类健康相关的很多领域，化学与化学工程都在发挥自己的作用。例如，在人工器官方面，在组织工程方面，在疾病的智能诊断技术方面等。

化学与化学工程领域的科学家和工程师感到自豪，他们借助于化学工程的强大理论和丰富实践，不仅为满足人们不断增长的物质需求贡献着重要力量，也将为人类的健康创造新的奇迹。

MIT 化学工程系的 Langer 研究组是国际上最知名的药物传输系统研究团队。该团队开发了大量控释和长期释放技术，对工业界有重要影响；对控释系统的基础研究同样有非常重要的贡献。(http://web.mit.edu/langerlab/)

北京静远嘲风动漫传媒科技中心创作

04 神奇的碳
Miraculous Carbon

需要重新认识的元素

庞先勇

时而闪亮耀眼，时而乌黑幽暗；
时而为名媛贵妇的眷宠，
时而是能量与动力的脊梁；
这就是碳，一个神奇的元素。
多变的碳元素让科学家变成玩乐的孩童，
陶醉在无穷无尽的变化和探索中。

神奇的碳
Miraculous Carbon

需要重新认识的元素

An Element that Needs to Be Re-understood

庞先勇 教授（太原理工大学）

迄今为止，人类在神秘的自然界中总共发现了 113 种元素。在这 113 种元素中，有一种元素非常特别！它是宇宙早期最重要的元素，也是当今地球最重要的元素。它与铁、硫、铜、银、锡、锑、金、汞、铅等元素一样，是古代人类早就认识和利用的元素，也是如今运用最广泛的元素。在 113 种元素中，在全球最大的化学文摘——《美国化学文摘》（CA）上登记的化合物总数近两千万种，而其中除它以外的 112 种元素之间只能相互形成十几万种化合物，也就是说，这种神奇的元素所形成的化合物几乎是其他 112 种元素化合物总和的 1000 倍！在地壳中它的含量很低，但在生命体、石油、煤矿、天然气和植物等统称为"有机界"的物质中，都有它的身影，由此形成了我们星球独有的生物圈。在元素周期表中与之相邻的元素 B、N 及 Si 却没有它们的"有机界"，更形不成生物圈。这种神奇的元素就是碳！现在就让我们走进碳的世界，揭开它的神秘面纱吧。

4.1 碳的发现

图 4.1　碳的发现

(a) 石油的开采　　　　　　　　(b) 各类煤炭

碳，是自然界存在十分广泛的一种元素，也是人类最早接触到的元素之一。地壳、动植物体、石油、煤矿、天然气等中都蕴含着大量的碳元素，图 4.1 所示为石油开采和各种煤炭。从整个地壳组成看，碳的丰度仅为 0.023%，因此不能把它看做岩石圈的主要元素，但它却主宰着在地壳之上的生物圈，是构成生物圈中的动物、植物以及微生物的主要元素。

自从人类在地球上出现以后，人就和碳有了接触——闪电使木材燃烧后会残留木炭，动物被烧死后会剩下骨碳。公认的人类进步是从使用火开始的，而使用火的关键是引火，在学会了怎样引火以后，碳就与人类"结缘"了，所以碳是古代就已经知道的元素。虽然难以确定发现碳的精确日期，但是碳真正走入科学，走入化学，是法国科学家拉瓦锡的功劳。在 1787 年他的著作《化学命名法》中首次出现了碳。到了 1789 年，拉瓦锡又在他编制的《元素表》中，首先指出碳是一种元素。

碳元素的拉丁文名称 carbonium 来自 carbon 一词，就是"煤"的意思。而碳的英文名词就是 carbon。

据考证，北京周口店地区遗址中有单质碳的存在，时间可以上溯到大约 50 万年以前。从新石器时代人类开始制造陶器起，炭黑就被用来作为黑色颜料制造黑陶。中华民族也是最早使用碳的民族之一。史料记载，战国时代（公元前 403—前 221 年）我们的祖先就已用木炭炼铁。随着冶金业的发展，人们在寻找比木炭更廉价的燃料时，找到了煤。中国考古工作者在山东平陵县汉初冶铁遗址中发现了煤块，说明中国汉朝初期，即公元前 200 年就已用煤炼铁了。

图 4.2 碳纤维

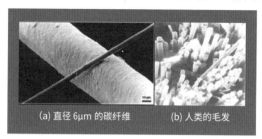

(a) 直径 6μm 的碳纤维 (b) 人类的毛发

今日我们不但对碳有了深刻了解，发现了碳的独特性质，而且应用这些性质发现了新的碳形态，开发和制造了新的碳材料例如碳纤维，它因为比人的毛发还细小，有着其他碳材料大不相同的特点（图 4.2）。这些新材料广泛地应用于工业、农业、交通和日常生活中。

迄今为止，人类在神秘的自然界总共发现了 113 种元素，这些元素构成了如今五彩缤纷的世界。虽然碳含量还不到所有元素的 1%，但是，如今已知的 113 种化学元素中，除碳之外的 112 种元素所形成的化合物只有十几万种，而据《美国化学文摘》统计，碳的化合物却有上千万之多，几乎是其他 112 种元素化合物的 1000 倍！可真够神奇！也说明在所有元素中碳的地位是非常特殊的。

4.2 独特的原子结构

从现代宇宙论中对元素起源的研究可以得知，碳是由母元素氢在 10^7K 高温下热核反应形成 He，当 10% 的氢转变为氦时，若恒星的质量足够大，由于引力收缩，温度继续升高，发生称之为"氦燃烧"的热核反应，就得到 ^{12}C，它是前地球期最重要的元素。碳之所以神奇，肯定与碳原子结构、原子间结合（即形成化学键）的特征有关。

看似平凡的原子核结构

从原子核结构看，碳与其他以原子没有太大的差异，它有 6 个质子，中子数却不同，这就导致碳的多核素（同位素，用 ^{n}C 表示，角标 n 为核质量数）现象。目前已知的碳同位素共有 12 种，从 ^{8}C 至 ^{19}C，其中 ^{12}C 和 ^{13}C 属于稳定型，特别是质子数和中子数相同的 ^{12}C，其核结合能很大，因而特别稳定。其余的碳核素均具有放射性，其中 ^{14}C 的半衰期长达五千多年，其他的均不足半小时。自然界中，^{12}C 丰度为 98.93%，^{13}C 仅为 1.07%。C 的原子量取碳 ^{12}C 和 ^{13}C 两种同位素的加权平均（即 98.93%×12+1.07%×13），一般计算时取 12.01，也就是说，几乎 100% 是稳定的 ^{12}C 和 ^{13}C。由于放射性的 ^{14}C 含量极低，所以周期表中不把碳说成放射性元素，只要在旁边同位素情况说明中，把 ^{14}C 标为不同颜色的、表示放射性同位素即可。

但是，^{14}C 尽管量少，其来源却特殊，在大气中，不断发生着 ^{14}N 受到高能辐射转变为碳的放射性同位素 ^{14}C 的核反应。

由于 ^{12}C 的高稳定性以及在应用质谱法测定原子量时的特殊表现，它被选为国际单位制中相对原子质量基准。

神奇的碳钟——^{14}C

日本千户县风川地方的泥层中，发掘出了一些保存得很好的古莲子。科学家们测定这些种子已有三千岁了。这些种子经过培育，照样开花结了果实。

20 世纪 80 年代，考古人员在新疆的罗布泊发现了一具褐色的青年女尸，她的头发微卷，眼睛闭着，就像沉睡中的少女。科学家们说，这具女尸距今已有两千多年了。

科学家是怎么知道古莲子和女尸年龄的呢？

原来，自从 20 世纪发现放射性元素和它蜕变生成的同位素后，科学家们找到了一种大自然的"钟表"——放射性 ^{14}C，这种"碳钟"不需要人上发条，也不会受外界温度、压力等影响，亿万年来，它始终准确和不停地走动着。用它可以准确地测定一些化石和古物的年龄。因为，活的植物吸收大气中的二氧化碳，也吸收了混合在一起的 ^{14}C，动物食用植物时也会摄入 ^{14}C，当动植物死亡后，它们与外界停止了物质交换，^{14}C 的供应也就停止了。从这时候起，生物体内的 ^{14}C 由于不断放出射线、衰变，含量逐渐减少。大约平均每过 5568 年，^{14}C 的含量便会减少一半，要知道古莲子和女尸的生活年代，只要测定一下它们中 ^{14}C 的含量，就可以推算出来了。

独特的核外电子排布

单从核组成看，碳原子核与相邻元素相比，体现不出它的神奇之处。那就看它的核外电子排布吧。

碳的原子序数是 6，核外有 6 个电子。现代物理学分支——量子力学证明核外电子的运动是具有特殊规律的，只能在被称为原子轨道的一定的空间区域内出现。

首先这些区域是分层次的，由主量子数 $n=1, 2, 3, \cdots$ 正整数表示，随 n 的增加依次远离原子核，称之为壳层分布。而且每个壳层内还包含若干亚层，用 s，p，d，$\cdots$ 表示。在每个亚层内电子也不是任意地排布，而是分布在称之为轨道的区域中。这些轨道（即区域）是特殊数学函数在空间的图像，有特定的几何体，如球形的 s 轨道，哑铃型的 p 轨道等（图 4.3）。

其中，s 亚层只有一个球形的 s 轨道；

图 4.3　碳的原子轨道几何图形

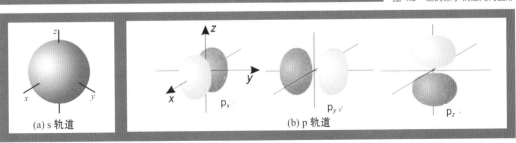

(a) s 轨道　　　(b) p 轨道

图 4.4　碳原子的核外电子构型

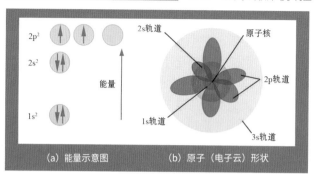

（a）能量示意图　　（b）原子（电子云）形状

p 亚层有 3 个哑铃型的 p 轨道，它们能量相同（称之为 3 重简并）。同时，这些轨道在空间的数目和方位也是确定的，如三个 p 轨道是相互垂直的。

　　C 原子核外 6 个电子的排布方式为 $1s^2 2s^2 2p^2$，两个 1s 电子在离原子核最近的球形轨道内运动，是第一电子壳层，$n=1$；其余 4 个电子在 $n=2$ 的第二壳层出现，该壳层又有两个亚层，即 2s 和 2p。两个电子在离原子核较远的第二个球壳即 2s 轨道内出现，另外的两个电子，按照洪特（Hund）规则，分别填充在 p 亚层的两个 p 原子轨道内，自

旋方向相同，故基态碳原子有两个未成对电子，具有磁性。其最外壳层电子容易参加化学反应，称之为价电子。碳有 4 个价电子，正好有 4 个轨道，非常有利于原子间结合形成共价键。它的价电子就出现在 2s 和 2p 轨道内，因电子出现的区域不同，受到原子核的吸引也不同，导致它们的能量不同，见图 4.4。碳位于元素周期表的非金属和金属元素之间，价电子的运动既受到原子核吸引又受到内层电子的排斥，这两种相反作用正好达到微妙的平衡。

　　而 B 和 N 则分别有 3 个和 5 个价电子，比 C 电子数少或多，不利于成键。虽然 Si 也具有和 C 一样的价电子数，但其价电子位于第三壳层，使得核对它们的吸引力下降，打破了那种微妙的平衡，成键作用下降。这也是碳有别于其他的元素而神奇的原因之一。

丰富的成键特性

　　碳之所以形成种类繁多的化合物，是因为碳具有其他元素原子没有的、与自身及与其他原子结合能力特别强的特性，能够分

别和 2~4 个氢、氧、氮等不同的原子或碳原子自身互相结合。这是由碳原子之间或与其他原子独特的结合方式，亦即化学上称为

成键方式决定的。碳位于元素周期表的非金属和金属元素之间，它的价电子层结构为 $2s^2 2p^2$，在化学反应中它既不容易失去电子，也不容易得到电子，难以形成离子键，而是形成特有的共价键，它的最高共价数为 4。

有趣的是，与之相邻，且属于同一族的元素 Si，尽管也有相同的价电子构型，为何却不能形成像 C 那样丰富的化合物？事实上这一问题也在很长一段时间里困扰着化学家，直到近代，量子化学和结构化学的研究，才揭示出其中的奥秘，原来是两者的成键能力存在很大差异。碳原子轨道可以混合起来重新组合，形成新的轨道（称为杂化），大大提高了原子间结合效率，形成稳定的、多样的化学键，进而形成丰富的化合物。

由甲烷想到的——碳原子轨道杂化

甲烷是我们所知的最简单有机物分子，由一个碳原子与四个氢原子组成，碳原子位于中心，与位于正四面体顶点的四个氢原子形成四个完全相同的共价键（图 4.5）。正是这一完美的结构难倒了当时的大化学家，因为当时认为，形成共价键需要成键原子提供单电子，必须两个单电子配对，同时要求

轨道重叠才行。要形成四个 C—H 键，C 必须有四个单电子。而从图 4.4 可知碳原子只有两个单电子，那甲烷是怎样形成的呢？

首先要解决单电子数量不足的问题。这可以通过 C 的 $2s^2$ 电子吸收外界提供的能量后，激发到空的 2p 轨道来实现。此时价电子的排布由 $2s^2 2p_x^1 2p_y^1$ 变为 $2s^1 2p_x^1 2p_y^1 2p_z^1$，满足了四个单电子要求。然而一波未平一波又起，按照当时量子化学和结构化学的研究结果，原子形成共价键，是原子轨道重叠的结果，而且重叠程度越大，形成的共价键越强，因此一般成键原子间要进行原子轨道最大重叠。s 轨道和 p 轨道形状不同，重叠后区域的形状也不同，形成的四个共价键也就不同！怎么办？

大理论化学家、诺贝尔化学奖以及诺贝尔和平奖获得者、物质结构理论创始人鲍林（Linus Pauling，1901—1994，图 4.6）提出的杂化轨道理论解决了这些问题。原来原子与其他原子结合形成共价键时，可以对轨道的形状进行某种方式的调整，此时原子价电子的出现区域（亦即轨道）的形状会变形，达到最大重叠形状，再结合并形成尽可能强

图 4.5 甲烷的结构示意图

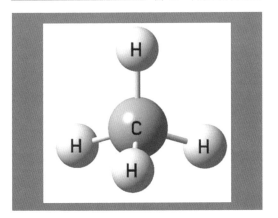

图 4.6 化学家鲍林

图 4.7 碳原子的杂化类型

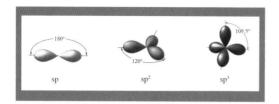

图 4.7 碳原子的杂化类型

图 4.8 乙烯形成示意图

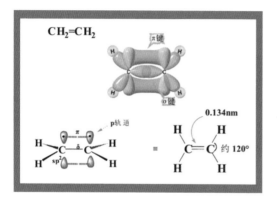

图 4.9 常见的 sp2 型杂化轨道分子

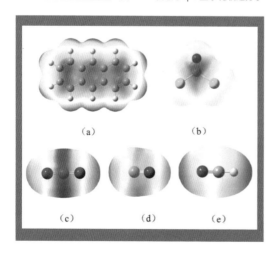

(a) 蒽 $C_{14}H_{10}$，(b) 光气 $OCCl_2$，以及常见 sp 型杂化轨道分子，(c) 二氧化碳 CO_2，(d) 一氧化碳 CO，(e) 氢氰酸 HCN

的共价键。这种轨道的调整被称为轨道杂化，即原子轨道要混合起来重新组合，碳原子为了达到最大程度重叠，也要进行轨道杂化。图 4.7 所示为碳原子的杂化类型 sp、sp^2 和 sp^3。

最常见的杂化方式是 sp^3 杂化，4 个价电子被充分利用，平均分布在 4 个轨道里，属于等性杂化。这种结构完全对称，成键以后可以形成稳定的 σ 键，而且附近没有其他电子的排斥，非常稳定。正是这样甲烷分子中，C 原子 4 个 sp^3 杂化轨与 4 个 H 原子生成 4 个 σ 共价键，分子构型为正四面体结构。金刚石中所有碳原子都是以此种杂化方式彼此相结合成键的，四氯化碳 CCl_4、乙烷 C_2H_6 等烷烃的碳原子也是如此。

根据需要，碳原子也可以进行 sp^2 杂化，杂化后轨道呈平面三角形构型。这种方式出现在形成双键（C＝C、C＝O、C＝N 等）或其他不饱和烃中（C_6H_6、萘等），未经杂化的 p 轨道垂直于杂化轨道，与邻原子的 p 轨道成 π 键。烯烃中与双键相连的两个碳原子为 sp^2 杂化轨道相互重叠生成 1 个 σ 键、1 个 π 键，图 4.8 给出乙烯分子生成示意图。在石墨中碳原子也采用这种杂化。

在毒气之一——光气分子 $COCl_2$ 中，C 原子以 3 个 sp^2 杂化轨道分别与 2 个 Cl 原子和 1 个 O 原子各生成 1 个 σ 共价键，未参加杂化的那个 p 轨道与 O 原子中的 1 个 p 轨道重叠，其中位于 C 和 O 原子上未成对的 p 电子配对生成了一个 π 共价键，所以在 C 和 O 原子之间是共价双键，分子构型为平面三角形（图 4.9(b)）。

碳原子也可以进行 sp 杂化。这种方式出现在形成叁键的情况中，生成 1 个 σ 键，未杂化轨道生成 2 个 π 键，是直线形构型。例如 CO_2、HCN、CO 等（图 4.9）。

在 CO_2 分子中，C 原子以 2 个 sp 杂化轨道分别与 2 个 O 原子生成 2 个 σ 共价键，它的 2 个未参加杂化的 p 轨道上的 2 个 p 电子，分别与 2 个 O 原子的对称性相同的 2 个 p 轨道上的 3 个 p 电子，形成 2 个三中心四电子的大 π 键（Π_3^4 键），所以 CO_2 特别稳定（图 4.9(c)）。在 HCN 分子中，C 原子分别与 H 和 N 原子各生成一个 σ 共价键外，还与 N 原子生成了 2 个正常的 π 共价键，所以在 HCN 分子中是一个单键，一个叁键（图 4.9(e)）。碳原子还可以进行另外的 sp 杂化。2 个杂化后的 sp 轨道中有一个生成 σ 键，而另一个容纳一对孤对电子，这两个轨道现状不同，属于不等性杂化。未杂化 p 轨道中有一个容纳单电子，另一个是空的，形成两种不同类型的 π 键，也是直线型构型。例如在 CO 分子中，C 原子与 O 原子除了生成一个 σ 共价键和一个正常的 π 共价键外，C 原子的未参加杂化的一个空的 p 轨道可以接受来自 O 原子的一对孤电子对而形成一个配位 π 键，所以 CO 分子中 C 与 O 之间是叁键，还在 C 上有一对孤电子对（图 4.9(d)）。

由 sp^2 杂化形成的石墨与 sp^3 杂化形成的金刚石，因它们的轨道杂化方式不同，使得原子排布的结构出现差异，最终导致截然相反的特性。这一事实说明，轨道杂化对物质性质的影响是巨大的。而改变杂化方式需要外界条件的剧烈改变，如由石墨人工合成金刚石就是在极端条件下才能实现轨道杂化方式的转变，后面将有详细介绍。

其他类型成键

碳原子不仅可以形成单键、双键和叁键，也可以形成像芳香族中苯、萘、蒽（图 4.9(a)）、菲等以六个原子形成的芳香环为主的多中心键，还可以形成长长的直链、环形链、支链等，甚至可以形成弯曲的键，纵横交错，变幻无穷，再配合上氢、氧、硫、磷和金属原子，就构成了种类繁多的碳的化合物，特别是有机化合物。

而在富勒烯、石墨中则又有一番景象。尽管石墨它们的碳原子也是 sp^2 杂化，但是不同于有机和无机分子那样，每个原子周围都是相同的碳原子，一个碳原子通过特殊的杂化与周围 3 个碳原子完全键合形成与苯环类似的、遍及整个分子的大 π 键。但碳纳米管和石墨片层的每层的不同之处是，前者基本上是一维的，而石墨则是平面二维的。

在 C_{60} 分子笼状原子簇中，也存在其他类型的弯曲共价键和离域大 π 键。这种弯曲型键的出现，也着实使一些人感到意外，对杂化轨道理论产生怀疑。但若将杂化理论推广，不要强求杂化后的轨道一定要保持完美的几何形状，就可以用杂化理论解释这类共价键了，这也完全符合量子力学原理。事实上，正是弯曲键的出现，大大丰富了杂化轨道理论。

超强的结合

化学键的强度可以通过键解离能来判断。这一数值是指将化学键打开所必需的能量，该值越大，键越强。而 C—C、C—H 键比相邻原子形成的键要强得多。正因为如此，才保证了原子间很强的结合及多种结合方式。需要注意的是，B 因缺电子，Si 则因它的 p 轨道比 C 的大很多，难以有效重叠，均不能形成 π 键，而 N 的双键又较弱，这些都影响了它们的化合物种类的丰富程度。

4.4 碳的单质形态 ——同素异形体

纯净的、单质状态的碳有三种，它们是石墨、金刚石以及近年来发现的包括 C_{60} 及其他笼状原子簇和碳纳米管的富勒烯，图 4.10 至图 4.16 所示，是碳的三类同素异形体。

此外，纯碳的粉末或是用多孔木材所烧成的木炭，具有吸附杂质的作用，叫做活性炭，可以作为脱色剂、脱臭剂和水的滤清剂使用，更可以用来制造防毒面具。至于含碳化合物在空气不足时燃烧，会放出黑烟，烟囱里、灶膛内、锅底上以及煤油灯玻璃罩壁上那些黑色粉末，就是烟炱，也叫它炭黑，可以用作黑色的颜料和橡胶的填充剂。通过现代科学仪器分析，得知无论活性炭还是炭黑都是由十分微小的石墨颗粒构成的。拉瓦锡做了燃烧金刚石和石墨的实验后，确定这两种物质燃烧都产生了 CO_2，因而得出结论，金刚石和石墨中是有相同的"构件"，而这种"构件"正是碳原子。正因如此，拉瓦锡首先把碳列入元素周期表中。C_{60} 是 1985 年由美国得克萨斯州莱斯大学的化学家哈里、可劳特等人发现的，它是由 60 个碳原子组成的一种球状、稳定的碳分子，是继金刚石和石墨之后的碳的第三种同素异形体。

乌黑油亮的石墨

石墨是元素碳的一种同素异形体，但是在电子显微镜下不断放大，设想放大至目前还无法达到的上亿倍，就会发现石墨是一层一层叠在一起的层状结构，由单原子的层状共价分子——石墨烯分子靠弱的分子间力重叠在一起（图 4.10）。

石墨的密度比金刚石小，这倒不是因为其所有原子间结合都弱的原因，它的熔点比金刚石仅仅低 50K，为 3773K，可见其碳原子结合也是很强的。在石墨晶体中，m 个碳原子以 sp^2 杂化轨道和邻近的三个碳原子形成共价单键，构成六角平面的网状结构（图 4.10（b））。这些网状结构又连成片层，层中每个碳原子均剩余一个未参加 sp^2 杂化的 p 轨道，在轨道中有一个未成对的 p 电子，同一层中这种碳原子中的 m 电子形成一个 m 中心 m 电子的大 π 键（Π_m^m 键），这些离

图 4.10   石墨及其内部分子结构

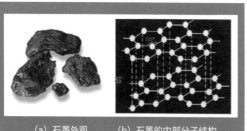

(a) 石墨外观   (b) 石墨的内部分子结构

域电子可以在整个碳原子平面层中活动，所以石墨具有层向的良好导电、导热性质。另外，自由电子几乎可以吸收所有波长的可见光，于是石墨看起来是黑色的。这种特殊的结合实际上比金刚石的还强。

那石墨为什么软呢？

石墨的层与层之间是以比化学键弱得多的（一般为化学键解离能的几十分之一）分子间作用力结合起来的，因此石墨很容易沿着与层平行的方向滑动、裂开，使得石墨很软，具有润滑性。

利用石墨的这些特性可以制作铅笔，可以用作润滑剂，特别适用于在高温状态下工作的机器。在高温下，一般的润滑油会分解，然而石墨的特殊层状结构使得它能"安然无恙"，继续发挥作用。

有一种轴承，它在成型时加进了石墨粉。这种轴承能长期工作而不必加油滑润，因为它自身有石墨在起润滑作用。

在直升机机舱的门钮上，已经大量使用新型高精度的纯石墨轴承。这种轴承既耐低温又耐高温，特别令人惊叹的是，在真空条件下，它仍能保持良好的润滑性。不仅如此，

由于石墨层中有自由的电子存在，可以参与化学反应，因此石墨的化学性质比金刚石稍显活泼。黑乎乎的石墨竟如此神奇！

晶莹剔透的金刚石

大自然里没有比金刚石更硬的物质了。如果要琢磨金刚石，只能用金刚石做成的砂轮。金刚石折射光线的能力很强，它被琢磨以后，在光线的照射下，五光十色，十分迷人（图4.11）。金刚石是世界上最美丽的宝石，有宝石之王的称号。测定物质硬度的刻划法规定，以金刚石的硬度为10来度量其他物质的硬度。例如最硬的金属铬（Cr）的硬度才是9，铁（Fe）为4.5，铅（Pb）为1.5，钠（Na）为0.4等。在所有单质中，金刚石的熔点最高，达3823K。

金刚石晶体属立方晶系，是典型的原子晶体，每个碳原子都以sp^3杂化轨道与另外四个碳原子形成共价键，构成正四面体，图4.11（c）所示为金刚石的面心立方晶胞的结构。由于金刚石晶体中碳碳键很强，高达近490kJ·mol^{-1}的键能，意味着打断它十分困难，加上立体的网状结构，从力学和工程结构方面看也是最稳定的结构，难怪无比

图 4.11　钻石和金刚石的外观和晶胞结构

(a) 钻石　　　　(b) 金刚石　　　　(c) 晶胞结构

坚硬。另外，所有价电子都参与了共价键的形成，晶体中没有自由移动电子，所以金刚石不导电。常温下，金刚石对所有的化学试剂都显惰性，不发生化学反应，但在空气中加热到 1100K 左右时能燃烧生成二氧化碳。

正因为电子被紧紧束缚，可见光无法使之跃迁，故纯净的金刚石是无色透明的。而我们见到的"晶莹美丽"、"光彩夺目"，是因为光在打磨出的多个表面上发生全反射、折射所致。

金刚石即钻石，自然界中可以找到集中的块状矿藏，而开采出来时一般都有杂质。用另外的钻石粉末将杂质削去，并打磨成型，即得成品。一般在切削、打磨过程中钻石要损耗掉一半的质量。金刚石除了装饰之外，还可使切削用具更锋利。

金刚石在自然界的产量很少，价格十分昂贵。在地球演化的漫长岁月里，地壳深处的超高压、超高温可以达到金刚石的生成条件，在茫茫宇宙的演化中，也会有这样的条件，可能形成想不到的超级巨钻。据报道，研究人员发现了一颗类似地球体积的神秘恒星，令人惊奇的是，它就是一颗完整的"巨大钻石"！美国威斯康星大学密尔沃基分校戴维·卡普兰（David Kaplan）教授说："这是一颗不同寻常的天体，它就应当在这里，但是由于非常暗淡而很难探测到。"这颗恒星很可能与银河系诞生于同一时期，大约 110 亿年前。它距离地球大约 900 光年，研究人员猜测这颗星星温度不会超过 2700℃，相比之下，太阳中心温度是其 5000 倍。天文学家称从理论上它们并不稀罕，但是光亮度较低，很难探测到其存在。

既然石墨与金刚石都是由碳原子组成，它们巨大的性质差异又是原子轨道杂化和成键特性不同所致，若对石墨既"压"又"烤"，达到 5~6 万个大气压（5~6GPa）和 1500K 的超高压、高温条件，石墨中层与层之间距离才会缩短，未杂化的 p 轨道接近，碳原子原有的 sp^2 轨道杂化形式就会转变为 sp^3，形成新的共价键，最终变为坚硬而昂贵的金刚石。由此看来，轨道杂化形式的改变是多么困难！难怪用人工方法制造的钻石，无论是产量、质量还是粒径大小均难以达到天然状态，所得到的块头较小，通常都用在工业上。故人工合成金刚石，还需要很长时间的努力！

神通广大的活性炭

1915 年，第一次世界大战期间，德军为了打破僵局，向英法联军使用了可怕的新武器——化学毒气氯气，导致英法士兵伤亡惨重。但在两个星期后，科学家就发明了防护氯气毒害的武器：一种特殊的口罩。在氯气作为毒气使用后还不到一年，更有效的解毒物质就被科学家找到了。它就是活性炭！

活性炭的吸附作用同被吸附的气体的沸点有关。沸点越高的气体，活性炭对它的吸附量越大。军事上使用的大多数化学毒气的沸点都比氧气、氮气高得多，所以活性炭对很多化学毒气都有防护的效果。活性炭的作用还远不止这些，它在制药、食品、气体分离等方面也有广泛的应用。

令人讨厌的宝贝——烟炱

谁都知道，写字的墨汁是黑色的，印书的油墨是黑色的，汽车和飞机的轮胎也是黑色的。这种种黑色的东西，里面都有烟炱的

图 4.12　富勒烯和它的几种异构体

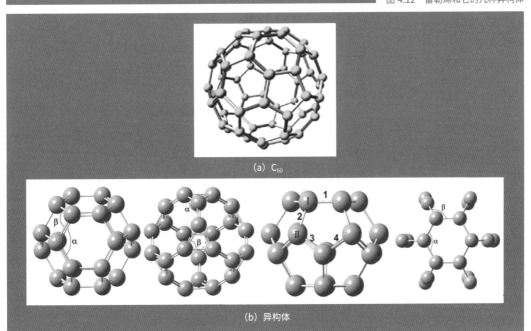

(a) C_{60}

(b) 异构体

成分。烟炱对于橡胶工业极为重要，90% 左右的烟炱用于橡胶工业，制造一个汽车轮胎，需要好几千克的烟炱。橡胶是一种大分子化合物，分子间的空隙很多，加进烟炱主要是为了填充这些空隙，增强橡胶的机械强度，使它有耐拉、耐撕、耐磨等优良性能。

　　如果没有烟炱，世界上就没有字迹永不磨灭的书，汽车不能跑长途，飞机也难以起飞。我国的劳动人民早在一千七百多年前就懂得用烟炱来制造墨汁。当时所用的烟炱是从烟囱里收集得到的。从烟囱收集烟炱，数量终究有限，满足不了社会发展的需要。现代，人们主要是用分解天然气的方法来大量制取烟炱。

神奇的富勒烯

1985 年，科学家克罗托（HaroldW

Kroto，英国）和斯莫利（Richard E.Smalley，美国）等人在研究太空深处的碳元素时，发现有一种碳分子由 60 个碳原子组成。当斯莫利等人打电话给美国数学会主席告知这一信息时，这位主席竟惊讶地说：“你们发现的是一个足球啊！”克罗托在英国的顶级杂志 *Nature* 发表第一篇关于 C_{60} 论文时，索性就用一张安放在得克萨斯草坪上的足球照片作为 C_{60} 的分子模型。这种碳分子被称为布基球，又叫富勒烯（fullerene，图 4.12），它是继石墨、金刚石后发现的纯碳的第三种独立形态，也是碳的真正第三类同素异形体。

　　按理说，人们早就该发现 C_{60} 了。它在蜡烛烟黑中，在烟囱灰里就有。事实上，若不加压，继续“烤”石墨，达到其升华温度（3697℃），石墨就变成由少数碳原子（C_n，

$n=1$，2，…）构成的气态碎片，经过由复杂的装置控制的冷却过程，就可以得到富勒烯、碳纳米管等。另外，鉴定其结构所用的质谱仪、核磁共振谱仪几乎任何一所大学或综合性研究所都有。可以说，在那里的化学家都具备发现 C_{60} 的条件，然而几十年来，成千上万的化学家都与它失之交臂。直到 1985 年 9 月初，在美国得克萨斯州莱斯大学的斯莫利实验室里，"有心人"克罗托和斯莫利等人为了模拟 N 型红巨星附近大气中的碳原子簇的形成过程，进行了石墨的激光汽化实验，发现了一个与石墨和金刚石这两种已知的碳稳定存在形式所显示出的峰型完全不同并且非常稳定的质谱信号，通过仔细分析才从所得的质谱图中发现，这一信号应当归属于质量数相当于由 60 个碳原子所形成的分子 C_{60}，信号的特殊性，说明 C_{60} 分子具有与石墨和金刚石完全不同的结构。正因为如此，1996 年罗伯特·科尔（美）、哈罗德·沃特尔·克罗托（英）和理查德·斯莫利（美）分享了诺贝尔化学奖。

在发现 C_{60} 之后，又相继发现了众多碳原子数高于 60 的富勒烯分子，也发现了碳原子数低于 60 的小分子富勒烯，现已形成较为完整、颇为壮观的富勒烯家族。

C_{60} 分子是以什么样的结构维持稳定的呢？当 60 个碳原子以它们中的任何一种形式排列时，都会存在许多悬键，就会非常活泼，这与介于 sp^2 和 sp^3 之间的分数型轨道杂化 sp^{2-3} 有关。sp^{2-3} 杂化能形成特殊的弯曲键，进而形成特殊的结构。受到建筑学家富勒用五边形和六边形构成的拱形圆顶建筑的启发，克罗托等认为 C_{60} 是由 60 个碳原子组成的球形 32 面体，即由 12 个五边形和 20 个六边形组成，最终碳原子采用 $sp^{2.28}$ 杂化，只有这样，C_{60} 分子才不存在悬键。

C_{60} 的对称性极高，而且比其他碳分子的结合更强，也更稳定。其分子模型与那个已在绿茵场滚动了多年、由 12 块黑色五边形与 20 块白色六边形拼接成的足球竟然毫无二致。富勒烯分子的形成遵循五元环和更小环分隔的基本原则。C_{60} 的结构就体现了五元环分隔原则，它避免了两个五元环直接相邻。这些类似的笼状结构，都是碳原子间直接连接成键的，它们在无机化学上又属于原子簇类。碳原子簇除了上述种类外，通过张力很大的环的分隔甚至可以形成原子数更少的笼状结构，如 C_{24}。不同于 C_{60}，C_{24} 还有几个异构体（图 4.12（b））。

通常情况下 sp^2 杂化的碳原子之间形成的是平面结构，p 轨道与键之间相互垂直，电子之间在一个水平面内可以充分地形成共轭，但在富勒烯中 C 原子之间构成的是三角锥形结构，其 p 轨道与键之间的角度大于 90℃，弯曲减弱了电子间的共轭，对富勒烯化学反应活性有很大的影响。

富勒烯作为一种新型纳米碳材料，在功能材料、超导、磁性、光学、催化、半导体、蓄电池、药物及生物甚至机械等方面表现出优异的性能，有极为广阔的应用前景。在功能高分子材料领域，已有研究成果表明，将 C_{60}/C_{70} 的混合物渗入发光高分子材料聚乙烯咔唑中，得到的新型高分子光电导体在静电复印、静电成像以及光探测等技术中可广泛应用。因为，C_{60} 内原子间的特殊共价键和电子在整个笼内均匀排布，使得其非常坚硬，比一般高硬度合金钢还要硬，又有球型结构，所以是最小的也是最硬的"滚珠"，和我们常见的轴承相似。另外，这种"滚珠"还由于外层的电子云可以起到"润滑"作用，使得 C_{60} 有润滑性，可能成为超级润滑剂，还可作为润滑油添加剂，添加少量富勒烯的润滑油，能显著提高润滑性能。富勒烯还具有良好的光学及非线性光学性能，可用于生产保护人眼免受强光损伤的光限制产品，并在光计算、光记忆、光信号处理及控制等方面有良好的应用前景。

对富勒烯进行化学处理可以得到其衍生物（图 4.13）。有文献曾报道了对 C_{60} 分子进行掺杂，使 C_{60} 分子在其笼内或笼外俘获其他原子或基团，形成类 C_{60} 的衍生物的实验。例如 $C_{60}F_{60}$ 就是对 C_{60} 分子充分氟化，

给 C_{60} 球面加上氟原子，把 C_{60} 球壳中的所有电子"锁住"，使它们不与其他分子结合，因此 $C_{60}F_{60}$ 一般不容易粘在其他物质上，其润滑性比 C_{60} 更好，而且更耐高温，可以做超级耐高温的润滑剂，也是一种超级"分子滚珠"。

富勒烯的衍生物可防治艾滋病，还可以将富勒烯作为固体火箭推进剂的添加剂。C_{60} 分子可以和金属结合，也可以和非金属负离子结合。内嵌碱金属的富勒烯超导体是一类极具价值的新型超导材料。

尽管富勒烯的前景如此诱人，目前实际应用仍处在起步阶段，还没有真正成为商品进入市场，主要原因是还不能进行大量低成本的生产，价格昂贵直接影响到富勒烯的应用和进一步开发。国际上对富勒烯的研发主

图 4.13　富勒烯和它的衍生物

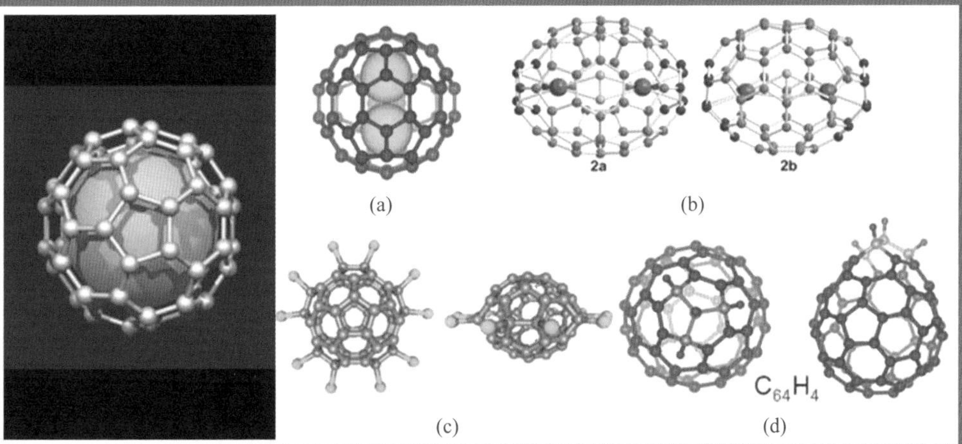

(a) 一些改性的富勒烯和右内嵌碱金属的富勒烯，　(b) 内包分子 Sc_2C_2 的 C_{68}，　(c) 外表面 C 与其他原子成键，　(d) 部分碳原子被其他原子取代。

要集中在开发使用低价原料，以及连续、大量（特别是工业化规模）生产富勒烯的技术和装置上。

目前已知有多种方法可以制备富勒烯。例如，在一定压力的氦或氩的条件下，用电阻加热高纯碳，使之蒸发成为气态的电阻加热法；利用高纯石墨电极进行直流或交流电弧放电，使之蒸发的电弧法；在氩气中用激光照射旋转的高纯石墨盘，使碳蒸发的激光照射法；以及严格控制苯等碳氢化合物和氧气，使之不完全燃烧的燃烧法（亦称火焰合成法）等。

直流电弧法技术较简单，但只能间歇生产，产能有限，而且消耗大量电能和高价的高纯石墨材料，富勒烯的制备成本较高，价格比黄金还昂贵。燃烧法可用比较廉价的含碳材料大量生产富勒烯，但其工艺和设备比较复杂，技术难度大。

用纯石墨做电极，在氦气氛中放电，电弧中产生的烟炱沉积在水冷反应器的内壁上，这种烟炱中存在着 C_{60}、C_{70} 等碳原子簇的混合物。用萃取法从烟炱中分离提纯富勒烯，再用液相色谱分离法对提取液进行分离，蒸发掉溶剂就能得到深红色的 C_{60} 微晶。

为了实现富勒烯的产业化，中科院化学所、中橡集团炭黑工业研究设计院，联合了已经在富勒烯衍生物及内嵌富勒烯研究方面取得成果的西南科技大学，三家单位共同承担了科技部国家"863"计划课题：燃烧法批量制备富勒烯，解决了多个技术难点，已在炭黑生产基地建成国内首套燃烧法制备试验装置。该试验装置的投入运行，将为燃烧法制备富勒烯的自主创新开发和产业化提供

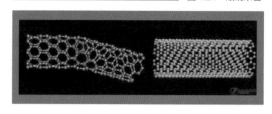

图 4.14　碳纳米管

经验和设计数据，为实现富勒烯在我国的大批量生产和应用创造条件。

最细的、可以导电的管子——碳纳米管

1991 年日本 NEC 公司的饭岛（Iijima）在高分辨透射电子显微镜下检验石墨电弧设备中产生的球状碳分子时，意外发现了由管状的同轴纳米管组成的碳分子，这就是碳纳米管（Carbon Nanotube，CN，图 4.14）。

碳纳米管是由单层或多层石墨片围绕中心轴按一定的螺旋角卷绕而成的无缝、中空的"微管"，每层都是由一个碳原子通过 sp^2 杂化与周围 3 个碳原子完全键合后所构成的六边形组成的圆柱面。图 4.15 是单层石墨烯与碳纳米管的关系。设想从石墨上撕下一定宽度的"带子"，就像卷纸筒那样将其卷曲，人类迄今为止见过的最细的管子——碳纳米管就做成了！这说起来容易，做起来十分困难，以至于目前还无法实现，因为剪开石墨烯要破坏很多强的化学键。

图 4.15　石墨烯可以卷出碳纳米管

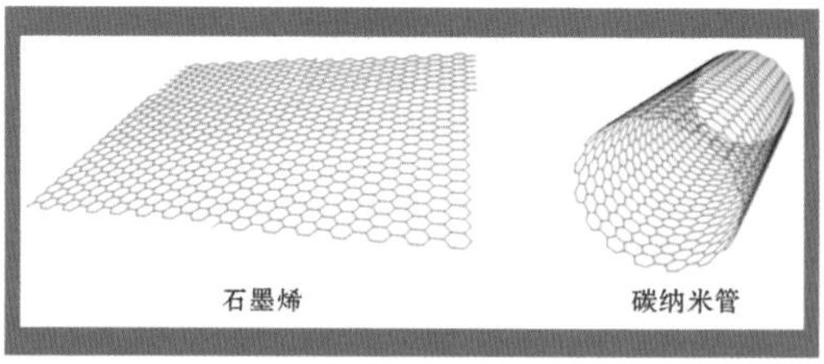

石墨烯　　　　　碳纳米管

图 4.16 单壁纳米碳管的结构示意图

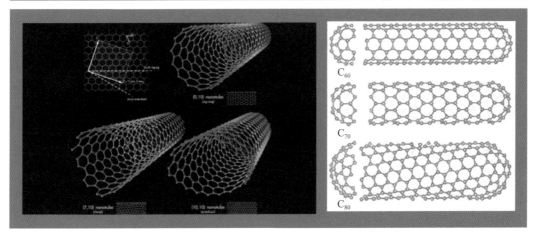

图 4.17 多壁纳米碳管的透射电镜形貌

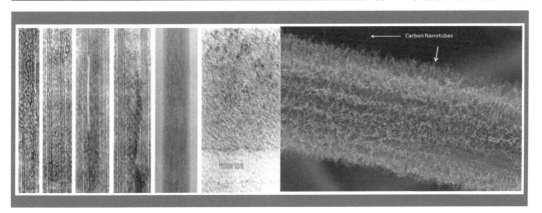

根据形成条件的不同，碳纳米管存在单壁碳纳米管（Single-walled Nanotubes，SWNTs，图 4.16）和多壁碳纳米管（Multi-walled Nanotubes，MWNTs，图 4.17）

MWNTs 一般由几层到几十层石墨片同轴卷绕构成，层间间距为 0.34nm 左右，其典型的直径和长度分别为 2~30nm 和 0.1~50μm。在开始形成的时候，层与层之间很容易成为陷阱中心而捕获各种缺陷，因而多壁管的管壁上通常布满小洞样的缺陷。与多壁管相比，SWNTs 由单层石墨片同轴卷绕构成，两端由碳原子的五边形封顶。管径一般 10~20nm，长度一般可达数十微米，甚至长达 20cm。其直径大小的分布范围小，缺陷少，具有更高的均匀一致性。

由于碳纳米管中碳原子采取 sp^2 杂化，相比 sp^3 杂化，sp^2 杂化中 s 轨道成分比较大，结合更稳定，使碳纳米管具有高模量、高强度。碳纳米管中碳原子间距短、单层碳纳米管的管径小，使得结构中的缺陷不易存在，单层碳纳米管的杨氏模量据估计可高达 5TPa，因此，碳纳米管被认为是强化相的终极形式，人们估计碳纳米管在复合材料中的应用前景将十分广阔。莫斯科大学的研究人员曾将碳纳米管置于 101GPa 的水压下（相当于水下 18000m 深的压强），由于巨大的压力，碳纳米管被压扁。撤去压力后，碳纳米管像弹簧一样立即恢复了形状，表现出良好的韧性。这启发人们可以利用碳纳米管制造轻薄的弹簧，用在汽车、火车上作为减震装置。

碳纳米管的硬度与金刚石相当，却拥有良好的柔韧性，可以拉伸。目前在工业上常用的增强型纤维中，决定强度的一个关键因素是长径比，即长度和直径之比。目前材料工程师希望得到的长径比至少是 20:1，而碳纳米管的长径比一般在 1000:1 以上，是理想的高强度纤维材料。2000 年 10 月，美国的研究人员称，碳纳米管的强度比同体积钢的强度高 100 倍，质量却只有后者的 1/6 到 1/7。碳纳米管因而被称为"超级纤维"，甚至可以做成从地球通往月亮的"超级梯子"。要知道用现有的所有材料做这么长的梯子是不可能的，因为其自身质量足以将其拉断。此外，碳纳米管的熔点是目前已知材料中最高的。

碳纳米管的性质与其结构密切相关。由于碳纳米管的结构与石墨的片层结构相同，碳原子的 p 电子形成大范围的离域 π 键，共轭效应显著，碳纳米管具有一些特殊的电学性质，所以具有很好的电学性能。理论预测其导电性能取决于其管径和管壁的螺旋角。在特定的角度，碳纳米管表现出良好的导电性，电导率通常可达铜的 1 万倍。

碳纳米管有着较高的热导率，具有良好的热学性能。一维管具有非常大的长径比，因而大量热是沿着长度方向传递的，通过合适的取向，碳纳米管可以合成高各向异性的热传导材料。只要在复合材料中掺杂微量的碳纳米管，该复合材料的热导率将可能得到很大的改善。

碳纳米管还具有光学和储氢等其他良好的性能。碳纳米管的中空结构，以及较石墨（0.335nm）略大的层间距（0.343nm），使其具有更加优良的储氢性能，这也成为科学家们关注的焦点。初步研究结果表明，储存的氢气密度甚至比液态或固态氢气的密度还高。适当加热，氢气就可以慢慢释放出来。

碳纳米管储氢是具有很大发展潜力的应用领域之一，室温常压下，约 2/3 的氢能从碳纳米管中释放出来，而且可被反复使用。碳纳米管储氢材料在燃料电池系统中用于氢气存储，对电动汽车的发展具有非常重要的意义，可取代现用高压氢气罐，提高电动汽车安全性。

此外，碳纳米管还可以用来储存甲烷等其他气体。

由于碳纳米管具有优良的电学和力学性能，被认为是复合材料的理想添加相。碳纳米管作为加强相和导电相，在纳米复合材料领域有着巨大的应用潜力。

碳纳米管电容器具有非常好的放电性能，能在几毫秒的时间内将所存储的能量全部放出，这一优越性能已在混合电力汽车中开始实验使用。由于可在瞬间释放巨大电流，为汽车瞬间加速提供能量，同时也可用于风力发电系统稳定电压和小型太阳能发电系统的能量存储，锂离子电池已经是碳纳米管应用研究领域之一。

在碳纳米管的内部可以填充金属、氧化物等物质，这样碳纳米管就可以作为模具，首先用金属等物质灌满碳纳米管，再把碳层腐蚀掉，就可以制备出最细的纳米尺度的导线，或者全新的一维材料，在未来的分子电子学器件或纳米电子学器件中得到应用。有些碳纳米管本身还可以作为纳米尺度的导线。这样利用碳纳米管或者相关技术制备的微型导线可以置于硅芯片上，用来生产更加复杂的电路。

碳纳米管还给物理学家提供了研究毛细现象机理最细的毛细管，给化学家提供了进行纳米化学反应最细的试管。碳纳米管上极小的微粒可以引起碳纳米管在电流中的摆动频率发生变化，利用这一点，研制出了能称量单个原子的"纳米秤"。

碳纳米管场效应晶体管的研制成功有力地证实了碳纳米管作为硅芯片继承者的可行性。在科学家再也无法通过缩小硅芯片的尺寸来提高芯片速度的情况下，纳米管的作用将更为突出。

目前对碳纳米管电子器件的研究主要集中在场发射管（电子枪），其主要可应用于场发射平板显示器（FED）、荧光灯、气体放电管和微波发生器。碳纳米管平板显示器是最具应用潜力和商业价值的领域之一。

碳纳米管由于尺寸小，比表面积大，表面的键态和颗粒内部不同，表面原子配位不全等导致表面的活性位置增加，是理想的催化剂载体材料。

碳纳米管对生物分子活性中心的电子传递具有促进作用，能够提高酶分子的相对活性。与其他电极相比，碳纳米管电极由于其独特的电子特性和表面微结构，可以大大提高电子的传递速度，表现出优良的电化学性能。将多壁碳纳米管和聚丙烯胺层层自组装制得的葡萄糖生物传感器，灵敏度高，抗干扰能力强。

利用碳纳米管的性质可以制作出很多性能优异的复合材料。例如用碳纳米管材料增强的塑料，力学性能优良、导电性好、耐腐蚀，能屏蔽无线电波。使用水泥做基体的碳纳米管复合材料，耐冲击性好、防静电、耐磨损、稳定性高，不易对环境造成影响。碳纳米管增强陶瓷复合材料，强度高，抗冲击性能好。碳纳米管上由于存在五元环的缺陷，增强了反应活性，在高温和其他物质存在的条件下，碳纳米管容易在端面处打开，形成一个管子，极易被金属浸润并和金属形成金属基复合材料。这样的材料强度高、模量高、耐高温、热膨胀系数小、抵抗热变性能强。

目前常用的碳纳米管制备方法主要有：电弧放电法、激光烧蚀法、化学气相沉积法（碳氢气体热解法）、固相热解法、辉光放电法和气体燃烧法，以及聚合反应合成法等。

电弧放电法的具体过程是：将石墨电极置于充满氦气或氩气的反应容器中，在两极之间激发出电弧，此时温度可以达到4000°C左右。在这种条件下，石墨会蒸发，生成的产物有富勒烯（C_{60}）、无定型碳和单壁或多壁的碳纳米管。通过控制催化剂和容器中的氢气含量，可以调节几种产物的相对产量。这种方法是在800~1200K的条件下，让气态烃通过附着有催化剂微粒的模板，由此，气态烃可以分解生成碳纳米管。目前这种方法的主要研究方向是希望通过控制模板上催化剂的排列方式来控制生成的碳纳米管的结构。

除此之外还有固相热解法等方法。固相热解法是常规含碳亚稳固体在高温下热解生长碳纳米管的新方法，这种方法的过程比较稳定，不需要催化剂，并且是原位生长，但受到原料的限制，生产不能规模化和连续化。另外还有离子或激光溅射法。此类方法虽易于连续生产，但由于设备的原因限制了它的规模。

最薄的材料石墨烯

石墨的层与层之间弱的分子间力意味着可以剥离，尽管早就这样想过，但真正实现却是很难的。直到 2004 年，曼彻斯特大学物理和天文学院的安·盖姆（Andre Geim）和康·诺沃肖洛夫（Konstantin Novoselov）两位教授，应用特殊的胶带粘在石墨上剥离出一个石墨单层，这就是石墨烯——这是当今最薄的人工合成材料，也是同等厚度材料中强度最大的。两位教授因发现石墨烯而获得 2010 年诺贝尔物理学奖，获奖理由为"二维空间材料石墨烯方面的开创性实验"。这可是用胶带粘出来的诺贝尔奖！

石墨烯即为"单层石墨片"，是构成石墨的基本结构单元（图 4.18），是真正意义上的二维晶体结构。从性能上来看，石墨烯具有可与碳纳米管相媲美或更优异的特性，所以网络上一度出现很多溢美之词："铅笔 + 胶带 = 桌面超级对撞机 + 后硅谷时代处理器"（pencil+sticky tape=desktop supercollider+post-silicon processors），"制造未来的原料"（Material of the Future），"电子的高速公路"（Electron super-highway）。

虽然人们早就知道石墨是由石墨烯通过比化学键弱得多的分子间力结合而成，破坏这种结合，只需要物理作用，但是由于"石墨烯分子"巨大，相互之间的分子间吸引力也不可小觑，要想剥离出单层石墨烯绝非易事，必须找到粘合力超过其分子间力的特殊胶带。这种胶带可能早就出现了，但使用者、拥有者不是别人，可能就是我们自己，却不知道把它们用在剥离单层石墨上，因为可能对石墨的结构不了解，要不诺贝尔奖就轮不着上述两位物理学家了。

石墨烯与碳纳米管有着类似的前生，却很可能拥有不一样的未来。以碳纳米管为例，单根碳纳米管可被视作一根具有高长径比的单晶，但目前的合成和组装技术还无法获得具有宏观尺寸的碳纳米管晶体，从而限制了碳纳米管的应用。石墨烯的优势在于本身即为二维晶体结构，具有几项破纪录的性能（强度、导电、导热），可实现大面积连续生长，将"自下而上"（bottom-up）和"自上而下"（top-down）结合起来，未来应用前景光明。

图 4.18 石墨烯

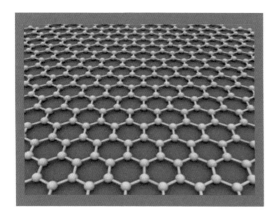

4.5 新型碳材料

碳纤维

　　碳纤维是一种纤维状碳材料，它的强度比钢大，密度比铝小，比不锈钢还耐腐蚀、比耐热钢还耐高温，又能像铜那样导电，是具有许多宝贵的电学、热学和力学性能的新型材料。碳纤维（图 4.19）是由有机纤维经碳化及石墨化处理而得到的微晶石墨材料。从碳纤维和石墨的结构看，碳纤维的微观结构类似石墨，可以将石墨单层按照碳纤维的"规格"剪裁下来，也可以看做将石墨烯胡乱撕开，又随便叠在一起，不就做出碳纤维吗？这么好的方法为什么现在还不用？原因就是石墨内碳原子由特殊的共价键结合，就像"制造碳纳米管"那样打断它们绝非易事，目前还无法做到，还得在特殊工厂生产，参见图 4.20。

■ 图 4.19　碳纤维

■ 图 4.20　碳纤维生产车间

　　这种材料在当今的生活中得到了广泛的应用，碳纤维可加工成织物、毡、席、带、纸及其他材料。传统碳纤维除用作绝热保温材料外，一般不单独使用。碳纤维多作为增强材料，加入到树脂、金属、陶瓷、混凝土等材料中，构成复合材料。碳纤维增强的复合材料可用作飞机结构材料、自行车、人工韧带等身体代用材料以及用于制造火箭外壳、机动船、工业机器人、汽车板簧和驱动轴等。

　　由于原料、模量、强度和最后的热处理

温度不同，产生了特性不同的碳纤维，硬而脆的常用于碳纤维制的磁盘，能提高计算机的储存量和运算速度；用碳纤维增强塑料来制造卫星和火箭等宇宙飞行器，质量小，可节约大量的燃料。在 1999 年发生在南联盟科索沃的战争中，北约使用石墨炸弹破坏了南联盟大部分电力供应，其原理就是产生了覆盖大范围地区的碳纤维云，这些导电性纤维使供电系统短路。同时，碳纤维发热产品、碳纤维采暖产品、碳纤维远红外理疗产品也越来越多地走入寻常百姓家庭。

按制取原料的来源不同，碳纤维主要分为两类：人造纤维和合成纤维。而目前只有粘胶（纤维素）基纤维、沥青纤维和聚丙烯腈 (PAN) 纤维三种原料制备碳纤维工艺实现了工业化。

粘胶（纤维素）基碳纤维

用粘胶基碳纤维增强的耐烧蚀材料，可以制造火箭、导弹和航天飞机的鼻锥及头部的大面积烧蚀屏蔽材料、固体发动机喷管等，是解决宇航和导弹技术的关键材料。粘胶基碳纤维还可做飞机刹车片、汽车刹车片、放射性同位素能源盒，也可增强树脂做耐腐蚀泵体、叶片、管道、容器、催化剂骨架材料、导电线材及面发热体、密封材料以及医用吸附材料等。

沥青基碳纤维

目前，熔纺沥青多用煤焦油沥青、石油沥青或合成沥青。1970—1975 年日本、美国等公司开始生产高性能中间相沥青基碳纤维 "Thornel-P"。20 多年后，我国鞍山东亚精细化工有限公司也开始了生产。

聚丙烯腈基碳纤维

PAN 基碳纤维的炭化收率比粘胶纤维高，可达 45% 以上，而且因为生产流程、溶剂回收、三废处理等方面都比粘胶纤维简单，成本低，原料来源丰富，加上聚丙烯腈基碳纤维的力学性能，尤其是抗拉强度、抗拉模量等均为三种碳纤维之首，所以是目前应用领域最广，产量也是最大的一种碳纤维。

碳纤维是含碳量高于 90% 的无机高分子纤维。其中，含碳量高于 99% 的称为石墨纤维。碳纤维的比热及导电性介于非金属和金属之间，热膨胀系数小，耐腐蚀性好，纤维的密度低，X 射线透过性好，但其耐冲击性较差，容易损伤，在强酸作用下发生氧化，与金属复合时会发生金属碳化、渗碳及电化学腐蚀现象。因此，碳纤维在使用前须进行表面处理。最后形成的复合材料软而柔顺，常用于纺织。

复合材料

碳／碳复合材料，为碳纤维强化碳基材复合材料的简称。1958 年在某航空公司实验室测定碳纤维在某种有机基体复合材料中的含量时，发现有机基体没有被氧化，反而被热解，得到了一种新型碳基体，标志着碳／碳复合材料的诞生。

与碳纤维相似，碳／碳复合材料也具有密度低、强度高、比模高、烧蚀率低、抗热震性高、热膨胀系数低、吸湿膨胀为零、抗疲劳性能良好、对宇宙辐射不敏感及在核辐射下强度增加等性能，尤其是碳／碳复合材料强度随温度的升高不降反升的独特性能，使其作为高性能发动机热端部件和使用于高超声速飞行器热防护系统具有其他材料难以比拟的优势。

碳／碳复合材料可以从多种碳源采用多种方法获得，有通过合成树脂或沥青经碳化和石墨化而得的树脂碳和由烃类气体的气相沉积而得的热解碳。

　　碳／碳复合材料的应用包括：在航空航天方面应用于制造固体火箭或大型喷气式飞机（图4.21）发动机喷管的耐烧蚀防热材料，在汽车工业方面可以制成各种零部件，可以大大地减少汽车的质量，在医学方面可做人工骨以及人工心脏辅助物等。

图4.21　复合材料在航空航天领域的应用——喷气发动机尾喷管

4.6 结束语

　　碳之所以会有如此强大的形成各种不同性质的化合物的能力，是因为它特殊的原子结构。

　　其他元素的原子则不同，如相邻的硼，核对电子吸引较小，易与其他原子共用，形成多中心键，例如，最小的硼单质 B_{12} 就是

图 4.22　单质硼 B_{12} 的结构

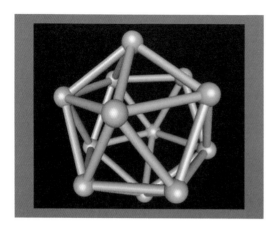

图 4.23　硼球烯 (B_{40}) 分子结构图

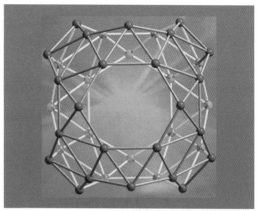

典型的代表。

　　B_{12} 是一种正十二面体的笼状结构（图 4.22），但与碳原子不同，硼原子外层只有三个价电子，限制了它们形成更丰富的化学键，特别是 π 键。因此，像 C_{60}、纳米碳管那样的结构特别难以形成，直到 2014 年山西大学、清华大学等与其他中美科学家合作研究发现，化学元素周期表中与碳相邻的硼元素可以形成类似富勒烯的球型结构。他们发现了由 40 个硼原子组成的硼球烯（图 4.23）。硼球烯的发现为开发硼的新材料提供了重要线索。硼球烯材料有可能在能源、环境、光电材料和药物化学等方面具有应用前景。

　　通过原子结构理论的研究，科学家们或许已经找到了无硅生物圈存在的原因，那就是硅原子比碳原子多一个电子层，外层四个价电子受到的排斥力大于吸引力，打破了像碳原子那样的微妙平衡，影响了外层电子轨道特征、成键特征，使得价电子远离原子核，轨道变大，削弱了硅原子直接形成化学键的能力，同时大的轨道也难以与小的氢原子结合。要达到平衡需要引入吸引力更强和更大的原子如氧位于它们中间，以减小排斥力，故岩石圈的硅周围都是氧，形成氧 - 硅 - 氧结构（图 4.24）。

　　由此看来，特殊的原子结构决定了化学元素的神奇性。

图 4.24　氧 - 硅 - 氧结构

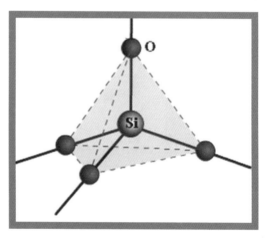

宇宙之大，任何未知的奥秘都值得我们终其一生去探索发现，茫茫宇宙创造了我们的同时，是否也创造了其他的地外生命，没有碳的世界能否比我们如今的世界更加丰富多彩，这一切的一切都是需要用你的好奇之心去解开谜底。

同学们，努力吧！奇幻的化学世界等着你去开采！

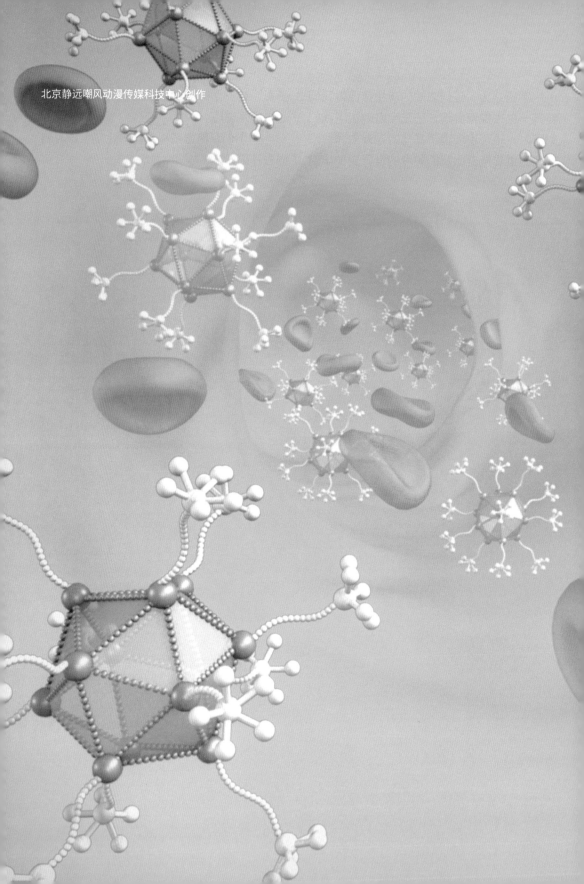
北京静远嘲风动漫传媒科技中心创作

05 分子机器
Molecular Machines

化工制造业中越来越清晰的一场革命

沈旋

人类的控制欲永不满足，从原始社会的凿制石器开始，我们学会掌控越来越多的工具改变自己的生活。现在，大到开山填海的巨型装置，小到肉眼看不见的分子神器，让一切有目的地发生，让一切又计划地发展；一切尽在掌控，无论是穿梭在天地万物间，还是蛇行在人体的血管内。

分子机器
Molecular Machines

化工制造业中越来越清晰的一场革命

An Increasingly Clear Revolution in the Chemical Manufacturing Industry

沈旋 教授（南京工业大学）

　　化学家们已经为化工制造业提供了一种截然不同的制造方法：从分子水平出发构造各种功能器件，再由这些小型器件出发，构建更大、更复杂的机器。分子器件由此定义，而由它们组装起来的分子元件有着特定的功能，甚至可以制造出分子机器。这样的机器的特点包括小尺寸、多样性、自组装、准确高效、分子柔性、自适应等，能依靠化学能、光能、热能进行驱动，或依靠分子调剂等，这是人造机器难以比拟的。这样的研究已经不是基础性的，更重要的是，它将带来传统制造业的颠覆性革命！

5.1

未来的机器——微型化的方向

在信息技术与微电子技术迅猛发展的当今社会，人们对与计算机相关的电子产品都已不陌生，比如移动硬盘，顾名思义是以硬盘为存储装置，可与计算机之间交换大容量数据，重在强调便携性的存储产品，它具有容量大、传输速率高、使用方便、可靠性高等诸多优点。很多人都有通过计算机从互联网上下载网络资源（视频、音频、应用软件、游戏、电子书等），再存储到自己的移动硬盘中的经历。但在这个过程中很少有人去思考这些软件是如何被存储到移动硬盘中去的。我们从互联网下载到自己的移动硬盘里的软件究竟是什么样的？

这一切都应归因于硬盘的结构及其工作原理。现在的硬盘，无论是集成磁盘电子接口还是小型计算机系统接口硬盘，采用的都是"温彻斯特"技术，都具有以下的特点：(1) 磁头、盘片及运动机构密封；(2) 固定并高速旋转的镀磁盘片表面平整光滑；(3) 磁头沿盘片径向移动；(4) 磁头对盘片接触式启停，但工作时呈飞行状态，不与盘片直接接触（图 5.1）。

磁盘盘片是将磁粉附着在铝合金（新材料也有用玻璃的）圆盘片的表面上，这些磁粉被划分成称为磁道的若干个同心圆，在每个同心圆的磁道上就好像有无数任意排列的小磁铁，它们的 N、S 磁极指向分别代表着 0 和 1 的状态。当这些小磁铁受到来自磁头的磁力影响时，其排列的方向会随之改变，如 N 极朝上为 1，S 极朝上则为 0。利用磁头的磁力控制指定的一些小磁铁方向，使每个小磁铁都可以用来储存信息（图 5.2）。

现在我们明白了：从互联网上下载的各

图 5.1　硬盘的基本结构

这是最广为流传的传统磁盘的结构图，但平时绝大多数使用者却并不了解其中的奥妙，虽然目前技术更先进了，但它的原理和价值犹在。

图 5.2　磁盘的水平记录与垂直记录

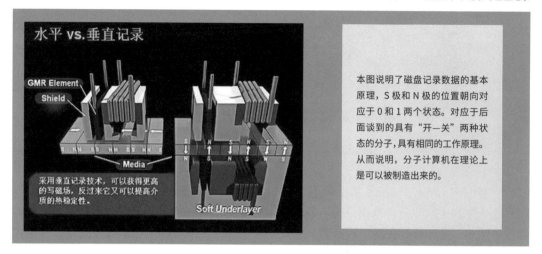

本图说明了磁盘记录数据的基本原理，S 极和 N 极的位置朝向对应于 0 和 1 两个状态。对应于后面谈到的具有"开—关"两种状态的分子，具有相同的工作原理。从而说明，分子计算机在理论上是可以被制造出来的。

类软件，并不是一些看得见、摸得着、现实存在的物质，而是接收了一些由 0 和 1 组成的数字信号。这些数字信号作用于磁头，对硬盘里盘片上的磁性物质产生作用，从而驱使磁性物质的排列方式发生改变。这些磁性物质新的排列特征（或者说是磁信号）体现的就是下载软件所具有的数字信号。

通过以上这个例子，我们对"软件并不是一种现实存在的物质"有了更深刻的认识。

但是，随着科学技术，特别是化学化工类科学技术的迅猛发展，有的科学家提出了"物质将成为软件"。意思是我们将不仅能够利用互联网下载软件，还能下载硬件。如果计算机的组成（即"硬件"）的规模不超过分子团的体积，就可以通过下载信息，重新安排预存于磁盘上的无序分子，使其组装成具有存储、计算等特定功能的分子团，进而来制造分子计算机。

当前，研究人员已经致力于研制体积仅有针头大小的计算机，其各个部件比我们现今用在磁盘驱动器上装载信息的有形结构要小得多，但仍具备同样的功能。因此，相信在将来的某一天，我们将能够像今天下载软件一样直接从网络中下载硬件。新的磁盘驱动将以有形的方式下载、存储与复制硬件。

一种设想是用极为尖细的点束制造一种读写磁头，以某种方式刺激原子和分子，使原子和分子按照我们设想的方式进行排列和组合，组装成新的分子单元，而使这些分子单元具备特定的功能。这里提到的体积微小的计算机，应该同样具有普通计算机所具有的部件和功能，即能够接收指令、处理数据、存储数据、输出指令，等等。唯一区别是它的每一个部件都是一个个特殊的分子或分子组合体的微型器件，能够完成某一特定的功能。

未来的微型化不仅使计算机的尺寸减小、性能提高，而且有望成为一种引起医药革命、能源革命的新材料，以及解决环境污染等问题的新途径。这些都将充分扩展微型器件与机器的研究领域。

分子的"革命" ——什么是分子器件和 分子机器？

可以说，20 世纪人类最重大的成就之一就是卓有成效地使用各种手段从大块物质出发而制造出了越来越微型化的器件。这种所谓"由上至下"（top-down）的思路在电子工业中体现得尤为明显。然而，传统机械加工技术限制了"微型化"的继续发展，无法生产出更小的产品。例如，电子计算机集成电路的电路线宽度的加工极限，由 1985 年的 0.5mm，2000 年的 0.2mm，到目前的小于 1μm。这几乎已经走到了机械加工的极限，要想再进一步缩小器件的尺寸，就必须另辟蹊径。

以超分子化学和分子电子学等学科为代表的具有纳米尺寸的分子器件和分子机器的设计与合成，无疑为此提供了一条极具潜力的解决之道。

现在已经提出了以分子器件为基础的分子计算机甚至是量子计算机的概念。与普通的计算机系统相比，由分子器件构成的系统除了上述的尺寸优势之外，还可以减少电子在不同部件之间的传导时间，从而大大地提高机器的运算速度。

从目前的研究进展来看，凡是无机半导体所具有的功能几乎都能在分子水平上找到相应的器件。比如分子整流器（molecular rectifiers）、分子晶体管（molecular transistors）、分子开关（molecular switches）、分子二极管（molecular diodes）等。由分子材料代替半导体材料、由分子工程代替电子工程已是大势所趋。因此，如何在分子水平上生产电子器件，适应计算机科学的进一步发展，已成为当今许多学科进行研究开发的重大课题。

另外，化学家们为制造行业提供了另一种截然不同的思路，即所谓的"由下至上"（bottom-up）的制造方法：从分子水平出发构造各种功能器件，也就是说把器件的概念扩展到分子水平上。再由这些小型器件出发，构建更大、更复杂的机器，从而完成"由下至上"这种制造的过程。

器件是为了一个特定的目的而发明并组装出来的物件，而机器，无论是简单的还是复杂的，都是利用、转换、施加或传输能量的机械装置的组合。通常来讲，器件和机器是设计出来用以实现某一特定功能的、元件的组装体。组装体的每一个元件都有特定的功能，而整个组装体作为一个特定的器件或机器则有着更为复杂和有用的功能。例如，开关、加热器和风扇分别具有控制电路接通与断开、加热空气和吹风等特定的功能。而

图 5.3　宏观器件与分子级微型器件的示意图

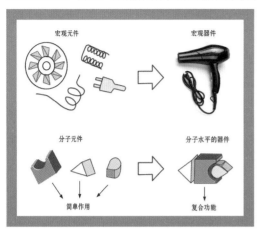

将一个开关、一个加热器和一个风扇通过电线组装在一个合适的框架中，可以制造出一个电吹风。开关、加热器、风扇等元器件组装在一起形成的电吹风可以用来吹干各种潮湿物体，体现了更为复杂和有用的功能。我们可以将这种宏观器件和机器的概念扩展到分子水平上（图 5.3）。

分子水平的器件（分子器件，molecular device）可以被定义为由许多分子元件（比如超分子结构）组装起来用以实现某一特定功能的组装体。每个分子元件有其特定的功能，而整个超分子组装体由于各个分子元件的协作则表现出一个更为复杂的功能，各个分子元件的相对位置可以因某些外界刺激而改变。

分子水平的机器（分子机器，molecular machine）则是指由分子尺度的物质构成、能行使某种加工功能的机器。因其尺寸多为纳米级，又称纳米机器。分子机器具有小尺寸、多样性、自指导、有机组成、自组装、准确高效、分子柔性、自适应、仅依靠化学能、光能或热能进行驱动等其他人造机器难以比拟的特点。

5.3 缘起分子车轮 ——分子器件和分子机器的研究历史

分子机器这一科学概念的提出要追溯到 1959 年。那一年，美国著名物理学家理查德·费曼在美国物理学会作了一次题目为"最底一层大有可为"（*There Is plenty of Room At the Bottom*）的演讲。他认为基于分子而构造出的可控机器将会大有作为。这一设想初步实现是在 20 世纪 80 年代初。而到了 20 世纪 80 年代以后，各种杰出的科技成果不断涌现，如扫描探针显微镜的发明、超分子化学的飞速发展，以及对生物体系中各种微观功能器件工作机理的揭示等。这些都为人们进一步制造可控分子器件和分子机器提

理查德·费曼

（Richard P. Feynman，1918—1988）

美国物理学家，1965 年诺贝尔物理奖得主。提出了费曼图、费曼规则和重整化的计算方法，这些是研究量子电动力学和粒子物理学的重要工具。其于 1959 年所做的题为"最底一层大有可为"的演讲被视作"分子器件与分子机器"研究领域的奠基石。

供了巨大的推动力。

从 20 世纪 90 年代起，法国图卢兹材料设计和结构研究中心就已着手研制分子机器。1998 年成功合成了平面分子车轮，2005 年首次研制出分子发动机；而 2007 年研制出了第一个真正意义上的分子器件——分子轮（图 5.4）。

这个非常奇特的分子包括两个直径为 0.7nm 的车轮，它们是由三苯基甲基组成的，被固定在长为 0.6nm 的碳链轴上。所有分子机器的化学结构均被固定在超洁净的铜表面上，该铜基有着天然的粗糙度，铜原子层之间有着约为 0.3nm 的间隙，相当于一个铜原子的直径大小。车轮和基底材料都是经过精心设计与挑选的，选择两个有凹口的非轮胎状的车轮是为了使其与基底材料之间有着恰到好处的粘着力，既克服了车轮分子的随机运动，又避免了由于电磁的相互作用

图 5.4　第一台真正意义上的分子器件
——分子轮

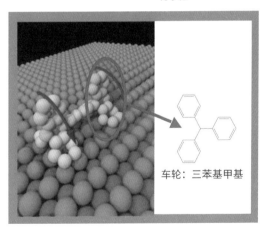

车轮：三苯基甲基

超分子化学和超分子化合物

超分子化学是"研究分子组装和分子间次级键的化学"，这里的"键"通常是指除严格共价键以外所有的结合类型。它是由超分子化学的先行者之一、1987 年诺贝尔化学奖得主 Jean-Marie Lehn 提出的。超分子化合物是指由几种拥有独立化学性质的组分通过非共价相互作用形成的、具有一定功能的整体组织。

在分子和原子层面，宏观世界里的运动定律不再成立。因此，"轮子"的选择非常重要，既要与铜基之间有一定的作用力，同时这个作用力又不能太强。三苯基甲基是一个非常巧妙的选择，所以此处作了强调。

产生的较强黏度阻碍分子轮的滚动。用特殊的方法将该分子轮置于铜基表面之后，在极低的温度下使用扫描隧道显微镜（STM）观测到该分子确实附着在铜原子层表面，并位于预设的方向上。STM 的尖端作用于其中一个轮而使其转动。随着 STM 尖端的移动，显微镜就像手指一样触发车轮转动。STM 操作者在转动车轮时，通过控制屏对通过车轮的电流变化进行了实时跟踪。根据分子的操作条件，操作者可以在分子前进的过程中交替转动两侧的车轮，还可以不通过车轮的转动使整个分子前进。

该技术为在单分子层面研究宏观世界中已为人熟知的运动提供了一种有效的方法。在宏观世界中，轮子在很多场合起着非常重要的作用，如车辆安装轮子后，在运动时产生的摩擦力将大大降低。在微观世界里，有些适合宏观世界的理论和结果几乎同样成立。例如，在分子层面，分子轮与基面之间只存在弱的相互作用，而分子轮内部的原子则是通过键能很大的共价键结合在一起的。若基面与分子轮的相互作用强度也达到共价键水平，则会导致轮子内部共价键被破坏，从而使整个分子被破坏。

研究人员确信，分子轮将在复杂的纳米机器如分子卡车和分子纳米机器人等领域占有重要位置，可用于在人体细胞内清除病灶、充当药物输运的人造载体及形成分子阀门等。这些研究成果打开了创建分子机器的大门！相信有一天，人们会将一台分子机器装上一辆具有四个轮子和发动机的纳米车中，输送到一个微观世界中，去完成一项现在还难以想象的工作。

5.4 家族的扩张 ——形形色色的分子器件和分子机器

一个分子机器可以只包括一个分子，也可以是一些分子依靠非共价键作用力而组合在一起的超分子体系。这样的分子机器应当在外界输入一定能量时发生类似于机器一样的运动，或者说，该分子或者超分子体系的各部分之间应该产生相对运动，而且这样的运动必须有较大的幅度，否则将难以为人们所监控和识别。如此看来，许多化学过程对于构造分子机器都将会是有用的，如异构作用、氧化还原过程、配体的配位与解离，还有氢键的形成和破坏，等等。与宏观的器件和机器一样，分子机器同样需要能量才能进行运转，因此根据驱动能量种类的不同，分子器件和分子机器也有很多不同的种类。

图 5.5　偶氮苯的顺式与反式之间的转化反应　　　　图 5.6　基于偶氮苯顺反异构性质而工作的光驱动分子机器

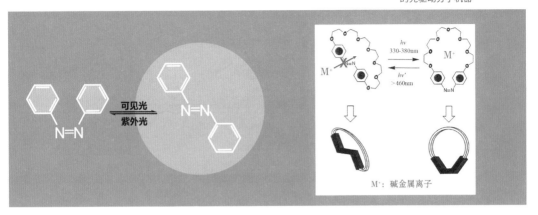

这是一个有名的光驱动分子异构化的例子，化学家们巧妙地利用了该分子的这一特点，将其用于分子器件中。

这是偶氮苯用于一个简单分子器件的例子。偶氮苯两种构象决定了冠醚环的大小，小环时不能容纳碱金属离子，大环时可以容纳碱金属离子。这是利用偶氮苯构建更复杂分子器件或分子机器的基础。

分子剪刀

光在分子器件和分子机器领域中起着非常重要的作用，原因在于大多数分子器件和分子机器是靠光诱导的过程来提供能量的；光可以"读取"体系状态，从而监视和控制分子机器的运转。光激发的实质是分子基态与激发态之间发生了电子转移，同时伴随着分子构型的改变。

光激发最典型的方法是利用偶氮苯的光致顺反异构性质来完成的。偶氮苯在紫外光的照射下呈现顺式结构，而在可见光的照射下则呈现反式结构，相互之间转化反应如图 5.5 所示。利用偶氮苯的这一光致异构性质可以设计和开发许多具有特殊功能的分子器件和分子机器（图 5.6）。

2007 年，日本东京大学教授金原数等

人就利用这一特性创造出了世界上最小的剪钳：分子剪钳，其结构如图 5.7 和图 5.8 所示。

这把剪钳仅长 3nm，是紫色光波长的 1/100。但它却像真正的剪钳一样，也是由手柄、枢轴和刀片组成。其中手柄是由含苯基的基团组成，通过偶氮苯连接在一起；枢轴由二茂铁构成，二茂铁是一个具有"三明治结构"的分子，中心金属铁与两个环戊二烯通过配位键相结合，两个环戊二烯基团能绕着铁原子自由旋转；刀片部分则是由锌卟啉配合物所组成的。操作这把剪钳的"手"就是光，当可见光照在该剪钳的手柄上以后，偶氮苯呈现反式构象，从而将手柄打开，通过枢轴的联动，将刀片合上；而当紫外光照射在手柄上时，偶氮苯则呈现顺式构象，从而将手柄关闭，通过枢轴的联动，将刀片打

图 5.7　世界上最小的剪钳　　　　　　　　　　　　　　　　图 5.8　分子剪钳的化学结构式

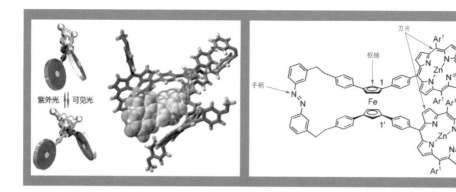

长 3nm 的分子剪钳，通过设计与合成，已经可以从分子层面制造出能够完成夹钳功能的分子剪钳。这种实实在在的例子说明从分子层面的确可以制造出器件或机器。

进一步用化学结构式表明"分子剪钳"的构造，说明整个分子结构的各个部分与剪钳的各个组成部分具有相同的功能。"分子剪钳"是实际存在的，并不是个抽象的东西。

开。这把剪钳的作用是通过钳夹其他分子，达到操控分子的目的。而能够完成这样的任务就靠组成剪钳刀片的锌卟啉配合物，利用中心金属锌与客体分子的配位作用等弱相互作用，就可以钳夹其他分子。研究者认为，当剪钳可以像钳子一样牢牢地抓住分子、操控分子，也就是说能来回扭曲分子时，就有可能用于调控基因、蛋白质和人体内的其他分子。这是首个能通过光来操作其他分子的分子机器，这样的工作原理对于未来分子机器人（纳米机器人）的发展有着重要的作用，这种能够钳夹分子的分子剪钳很有可能会成为分子机器人的工作臂。

长期以来，科学家一直希望能够研制出纳米尺度的超微型机器，诸如纳米机器人，尽管目前它还只能在科幻小说中呈现，但在化学家眼中，已经初见它的雏形。

分子导线与分子开关

电子线路中最简单的元件是导线。例如，

在宏观电子领域中，利用直径为 $10^{-2}\sim10^{-1}$ m 的金属导线可将电输送到工厂和房间里；用直径为 10^{-3} m 的导线可以连接电视机及其他电子器件中的一系列子单元；用直径为 10^{-5} m 的导线可以连接电子计算机逻辑电路中的晶体管。如果将导线直径进一步缩小至 10^{-7} m 以下即进入了纳米分子世界。这无论在理论上还是在加工上都面临巨大的障碍，因为电子器件的尺寸不可能无限制地缩小。因此，如何克服电子器件的物理极限，促使逻辑运算单元和存储单元的进一步微型化成为微电子领域一个刻不容缓的问题。

在众多扮演着电子元件功能的分子器件中，分子导线（molecular wires）是最基本的器件。它像普通导线一样，允许电子由一个器件流向另一个器件，起到连接整个分子电子系统，使之形成完整回路的作用（图5.9），所以它的研究已受到广泛关注。

分子导线是由单分子或多分子构成的、

图 5.9　分子导线的电子传输作用

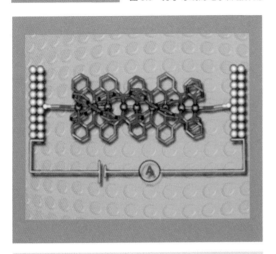

将具有电子传输能力的分子接入到电路中，能够形成电子的定向流动。该图解释了"分子导线"的概念，并说明其完成的功能和导线是完全一样的。

图 5.10　四氮杂 [14] 环轮烯的大环非平面结构

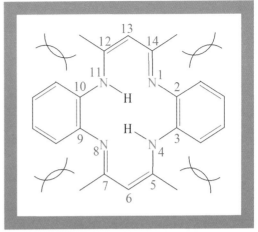

这是一个大环配体，由此出发，构建的含大环的配位聚合物具有导电性能。此类工作的例子不多，具有一定的新意。

能够起到传导作用的体系，其传导的对象不仅包括电子，还包括光子和离子。

　　卟啉和酞菁类金属配合物常被用来设计与制备分子导线，通过掺杂、引入混合价态金属原子等方法可以得到导电性能介于半导体和导体之间的分子导线。四氮杂 [14] 环轮烯（结构如图 5.10 所示）是卟啉和酞菁的类似化合物，具有许多与卟啉和酞菁相似或相近的性质，同时也具有其独特性：中间的配位孔洞尺寸要小于卟啉与酞菁的；由于甲基和苯并环的相互作用，整个分子具有非平面的马鞍状结构，因此金属进入孔洞后，轴向两侧的配位性能有所区别。另外，四氮杂 [14] 环轮烯与卟啉和酞菁相比较，具有较高的合成收率，作为卟啉和酞菁的替代化合物，在生物分子（尤其是酶）模拟、导电材料

（图 5.11）、催化剂、感应器件等领域将发挥越来越重要的作用。

　　分子开关

　　对于分子开关，通常有两种截然不同的表述。第一种是将分子开关描述为一种带有分子导线的分子级器件，它可以可逆地调节电子或电子的能量转移的过程，并且对一些外界刺激作出响应。第二种则是将分子开关与二进制的逻辑门计算联系起来，可以表述为：凡通过外界刺激可以可逆地在两种（或多种）不同状态间发生转化的任何分子体系都是分子开关。

　　通过合理地选择分子的组成单元，同时恰当地排列它们，我们能够设计出具有光致电子转移的、分子级别的光电开关。

图 5.11 基于四氮杂 [14] 环轮烯的导电配位聚合物

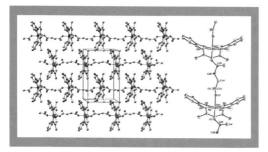

这张来源于本文作者论文的图片是首次报道的含非平面四氮杂 [14] 环轮烯的配位聚合物，具有一定的导电性能。

细胞中的能量

生物体内，三磷酸腺苷（ATP）水解失去一个磷酸根，即断裂一个高能磷酸键，会产生二磷酸腺苷，并释放出 7.3kCal 的能量（即为存储在核苷磷酸盐里的化学能）。反之，二磷酸腺苷与磷酸根反应（吸收能量）会生成三磷酸腺苷。在细胞膜两侧存在电位梯度，即存在电位差，有电位差就会有电位能。正如水坝两侧的水，在高位的水，势能要大于在低位的水。

1 kCal = 4185.85J。

分子马达

马达对人类文明的发展有着不可磨灭的作用。我们日常生活中使用的机械装置许多都是以旋转马达为基础的。它是人类获取能量最实际的形式之一，也可以引发机械部件的旋转。但人造分子级旋转马达的设计和建造一直具有很大的挑战性。

最重要也是被最广泛研究的天然分子旋转马达是三磷酸腺苷合成酶。这种微型马达以三磷酸腺苷酶为基础，依靠为细胞内化学反应提供能量的高能分子三磷酸腺苷为能源。细胞中的能量储存在核苷的磷酸盐和横跨膜的电位梯度里。分子马达就是利用这两个能源中的一个，但是 ATP 合成酶有着特殊的性质，能够同时利用这两种能源。

化学家们对分子马达的研究也获得了许多有趣的结果，并取得了较大的进展。1999年，美国波士顿学院的 T. Ross Kelly 及其同事在 *Nature* 杂志上报道了一例单向转动的分子马达 (图 5.12)。

该化合物是由一个三蝶烯组分和一个螺烃组分通过碳—碳单键连接在一起的。在这里碳—碳单键就是分子马达的转动轴，三蝶烯则相当于旋转叶片。在外加光气和三乙胺的作用下，三蝶烯上的取代胺基反应成为异氰酸酯（1 → 2）。接下来，虽然三蝶烯向两边都可以转动，但顺时针的转动可以驱使它靠近螺烃上的取代羟丙基（2 → 3），而这又将会使它们反应成为氨基甲酸酯（3 → 4），所以顺时针的转动实际上是更有利的。实验结果也表明，从光气与三乙胺的加入到氨基甲酸酯生成的这一过程非常迅速。接着，三蝶烯还能继续转动，从而达到一个较为稳定的分子构象（4 → 5），最后再加入还原剂使氨基甲酸酯断裂（5 → 6）。这样的分子马达，其转动并不是连续的（只转了 120° 角），也不是快速的（从 4 变到 5 花费了 6h 以上），但至少它是单向的，使人们看到了制造单向转动分子马达的可行性。

图 5.12　Kelly 等合成出的可做单向转动的分子马达

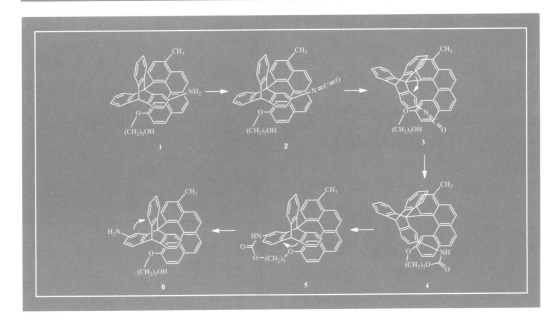

分子车（纳米车）

美国莱斯大学的 James M. Tour 教授等人通过八年的研发，于 2006 年利用纳米技术制造出了世界上最小的汽车——纳米车（图 5.13）。和真正的汽车一样，这种纳米车拥有能够转动的轮子。只是它们的体积如此之小，即使有两万辆纳米车并列行驶在一根头发上也不会发生交通拥堵。

整辆纳米车对角线的长度仅为 3~4nm，比单股的 DNA 稍宽，而一根头发丝的直径大约是 80000nm。车身虽小，但部件齐全。纳米车也拥有底盘、车轴等基本部件。其轮子是由圆形的富勒烯构成，这使得纳米车在外观上看起来像哑铃。它利用一种三合体做轴，连接每个轮子的轴都能独立转动，使得这种车能够在凹凸不平的原子表面行进。以前也曾有人制造过纳米级的超微型"汽车"。但新问世的这辆"汽车"却与其前辈们有着很大的不同：这辆纳米车首次利用了滚动前进的纳米结构物质，而此前的

图 5.13　世界上最小汽车，长仅 4nm

此图是第一张纳米汽车的示意图，来源于纳米车研究者、美国莱斯大学 James M. Tour 教授课题组网页，虽然和我们现实的汽车差别很大，但它给出的细节对后来者还是有很多启发。

所谓纳米车只是通过滑动来前进。

Tour 教授曾说："就是它了,不会再造出更小的分子运输工具了,而且建造一个可以在平面上滚动的纳米工具已经不是什么难题,但是,证明纳米物体可以旋转滚动,而不是仅仅依靠滑行来移动,才是这个工程中最困难的一部分。因此,这项突破是近些年来在微型领域中最重要的一项成果。"这台纳米车的体积十分小,这赋予了它一些特殊的性质,如不受摩擦力影响等,由于它的轮子是由结构紧密的单一分子 C_{60} 构成的,所以很难分散成单独的碳原子。

这辆纳米车 95% 的重量都是碳元素,此外还有一些氢原子和氧原子。整个制造过程大致与分子合成药物的步骤相似,分成 20 步。由于合成步骤多,即使单步合成的收率较高,最终目标化合物的收率仍然很低。所以合成此类分子车相当困难。

合成工作完成后,纳米车分子再被置于甲苯蒸气中,放置于金片表面,在常温下,纳米车的轮子与金片表面紧密结合,当把金片表面加热到 200℃后,放置在上面的纳米车由于发生变性便开始运动,运动一旦开始,将不会自动停止,除非停止加热。

分子大脑

分子器件和分子机器的发展甚至能够推进分子大脑的诞生。此项研究中,日本科学家大有突破,他们设计出了世界上首台大脑分子机器,它可以模仿大脑的工作原理。此发明能为同时控制许多分子机器提供一种可能,不仅加快了电脑的运行能力,或许也会让摩尔定律继续有效。迄今为止,这种分子大脑的运算速度是普通晶体管计算机的 16 倍。但研究人员声称,这项发明的运算

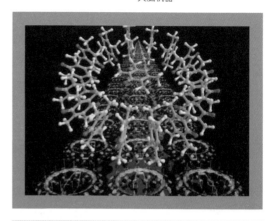

图 5.14 由 17 个杜醌分子组装成的分子大脑机器

这是一个分子大脑的例子,受大脑神经细胞工作原理的启发设计并组装出来的。

速度最终将会比普通晶体管计算机快 1000 倍。它不仅能充当超级计算机的基础,还可用于控制复杂装置的元件。此分子机器是由 17 个杜醌(duroquinone)分子所组成的,结构如图 5.14 所示。其中 1 个杜醌分子居中,充当"控制部",另外 16 个分子围绕着它,在金表面上通过 π-π 堆积自组装而成。杜醌的直径不到 1nm,它比可见光波长还要小数百倍。而且,杜醌分子具有六边形,有 4 个甲基基团和 2 个碳氧双键,看上去就像一辆小汽车。

研究人员是通过来自扫描隧道显微镜特别尖的导电针上的电脉冲来调节居中的杜醌分子,从而对此装置进行操作的。由于电脉冲强度的不同,杜醌分子及其环上的取代基团将出现多种方式的移位。而且居中的杜醌分子与周围的 16 个杜醌分子之间的连接不牢固,具有一定的柔性,从而导致每一个分子也会出现移位变化。这就如同只要推倒

π-π 堆积：一种常常发生在含芳香环的分子之间的超分子非共价弱相互作用，通常存在于相对富电子和缺电子的两个分子之间。常见的堆积方式有面对面和边对面两种（本文"分子大脑"中杜醌分子的堆积方式属于前者）。

一块就会引发一连串多米诺骨牌倒下的情形一样。另外，也可以想象为 1 只蜘蛛位于由 16 根蜘蛛丝编织的蜘蛛网中心，当蜘蛛向某一个方向移动时，每根连接它的蜘蛛丝就会各自感受稍有不同的拖拉。因为对居中杜醌分子的电脉冲可使其位置发生改变，而该分子与周围 16 个杜醌分子之间存在着非共价键弱相互作用，所以，居中杜醌分子位置的改变会触动周围 16 个杜醌分子位置的改

变，就像对这16个分子传送了位置改变指令。

研究人员称这一分子机器是受大脑细胞的启发而设计发明的，因为大脑神经细胞有树状一样的放射状神经分枝，每一个分枝都习惯于和其他大脑神经细胞沟通并传输指令。正是所有这些连接的存在才使得大脑如此强大。由于杜醌环上拥有 6 个取代基团，本身就有 6 个不同的配置。再由于此居中杜醌分子还同时控制其他 16 个分子，从算术上计算，这意味着一个电脉冲信号可以实现 6 的 16 次方（结果为数十亿）种不同的结果。相比之下，普通晶体管计算机一次仅能够执行一种指令，或0或1，仅有这两种不同结果。因此，计算机科学家表示未来几十年巨大的并行处理会革新电脑的思维方式。

5.5 结束语

以上这些只是分子器件与分子机器领域的冰山一角，但具有一定的代表性。试想一下，如果科学家能够将这些分子器件和分子机器进行组装，使分子大脑、分子车、分子开关、分子马达、分子剪刀通过分子导线进行合理的连接，并有办法使各部件能够整体性地协调运转，分子计算机，甚至是分子机器人从理论上来讲，是完全有可能制造出来的；如果再能够解决制造分子计算机、分子

机器人的分子设备的问题，那么，将来从互联网下载"硬件"也是完全有可能的。

化学家们已经通过精巧的设计得到了各种各样的、人造或半人造的分子机器。然而，如何在这些相对简单的分子机器的基础上进一步构造出可以执行更复杂功能的体系，以及如何完成分子机器和宏观世界的接轨，这些对人类来说仍然是巨大的挑战。

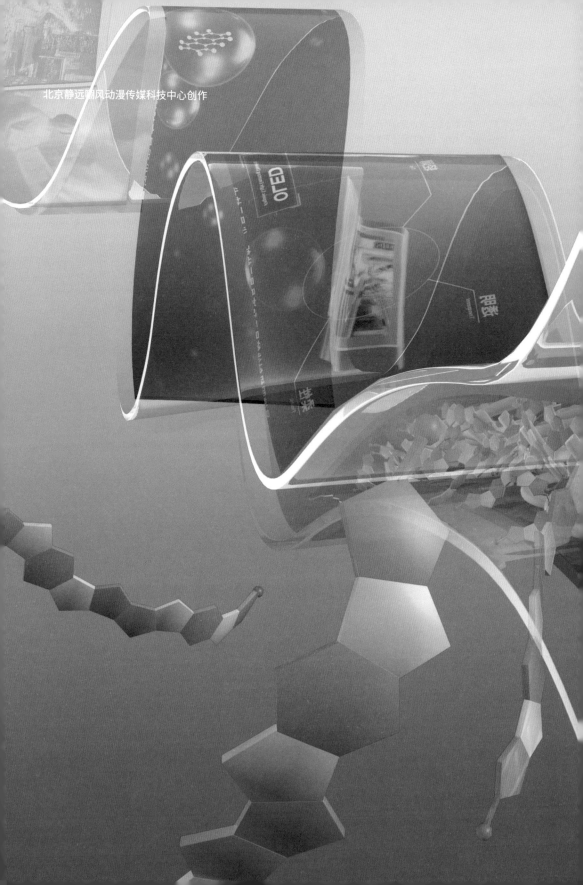
北京静远翔风动漫传媒科技中心创作

06 OLED 之梦

OLED Dream

奇幻的显示及照明技术

段炼 刘嵩

显像装置曾经无比厚重而脆弱，而现在的终端屏幕却可以小如掌片、薄如纸，任你随意弯折。科学家对发光和显示的追求永无止境。即便已经占尽了便利，我们还是忍不住向往哈利波特的魔法报纸，希望在自己的眼前，随意收放出绚丽多彩的画卷。

OLED 之梦
OLED Dream

奇幻的显示及照明技术
Fantastic Display and Lighting Technology

段炼 副教授（清华大学），刘嵩 高级工程师（维信诺研发中心）

　　显示器已经在我们的生活中无处不在，不管是学习、工作还是娱乐都与信息的显示息息相关。那么主要的显示器到底是怎么来的？经历了哪些变化？现在最新的显示产品是什么样的？它们又是如何实现显像的呢？让我们一起来了解新型显示背后隐藏的学问。

6.1 OLED 技术简介

在介绍新的显示技术——OLED 之前，让我们先一起回顾一下显示器的发展历程。

阴极射线管显示器（Cathode Ray Tube，CRT）是最早面世的显示器（图6.1），作为第一代显示器，CRT 显示器具有很高的显像能力。但是随着屏幕变大，CRT 显示器整体成比例地向宽厚发展，于是它就变得很厚重，同时也很耗电。CRT 显示器在很长一段时间里一直没有大的发展。

液晶显示器（Liquid Crystal Display，LCD）的发明打破了这一僵局。刚开始 LCD

图 6.1 阴极射线管显示器 (CRT 显示器)

图 6.2 液晶显示器 (LCD 显示器)

用于电子计算器上，后来随着液晶技术的改良而广泛用于家电产品的显示屏中（图6.2），并开创了笔记本电脑这一新兴市场，同时也成为手机、平板电脑、数码相机等不可或缺的部件。作为第二代显示器，LCD 最大的贡献在于它能使显示器变得更轻薄。

进入 21 世纪，人们需要性能更好、更能符合未来生活需求的新一代显示器，以迎接"4C"，即计算机（computer）、通信（communication）、消费类电子（consumer electronics）、汽车电子（car electronics）时代的来临。有机发光二极管（organic light emitting diode，OLED）

图 6.3   有机发光二极管 (OLED) 显示器

显示器则为人们提供了新的选择（图 6.3）。与传统的 CRT 和 LCD 相比，OLED 显示器具有主动发光、视角广（大于 175°以上）、响应时间短（小于 1μs）、高对比度、色域广、工作电压低（3~10V）、超薄（可小于 1mm）、可实现柔性显示的特点，因此被喻为"下一代的梦幻显示器"。

OLED 属于电致发光（electroluminescence，EL）器件，其发光的基本原理是有机材料在电场作用下发光。据文献报道，有机电致发光最早于 1963 年由 Pope 教授等人发现，当时他们将数百伏的电压施加于蒽晶体上，观察到了发光现象，但是由于过高的电压与差的发光效率，该现象在当时并未受到重视。直到 1987 年，美国柯达公司的华裔科学家邓青云（C.W. Tang）及 Steve Van Slyke 发布以真空蒸镀法制备的、类似"三明治"结构的 OLED 器件，可使空穴与电子在有机材料中结合而辐射发光，大幅提高了器件的性能，其商业应用潜力吸引了全球的目光，从此开启了 OLED 的新时代。

目前，中小尺寸的 OLED 显示器已经实现了大规模量产，OLED 电视也开始了商业化。同时，由于 OLED 具有可大面积成膜、功耗低以及其他优良特性，因此，OLED 还是一种理想的平面光源，在节能环保型照明领域也具有广泛的应用前景。但在大尺寸 OLED、柔性 OLED 等领域，还有一些技术难题有待突破。与此同时，伴随着显示器形态的变化，还有许多应用领域有待探索。

邓青云发现 OLED

　　新科学发现大多是从一些出人意料的小事件开始的，OLED 的发现也不例外。1979 年的一天晚上，在柯达公司从事科学研究工作的华裔科学家邓青云博士在回家的路上忽然想起自己把东西忘在了实验室里。等他回到实验室后，竟然发现一块做实验用的有机太阳能电池在黑暗中闪闪发光，这个意外为 OLED 的诞生拉开了序幕。

　　邓青云开始考虑将制作太阳能电池时使用的真空成膜技术、多层结构技术等应用到发光器件中，并且实现了高亮度的发光。但当时这一发明并未在柯达公司内部引起重视，这个项目面临被取消的处境。邓青云说"如果要终止项目的话，那就让我发表论文吧"。

　　于是，1987 年邓青云的论文发表在了 *Applied Physics Letters* 上。这篇文章引起了远隔太平洋的日本科研人员和企业技术人员的极大兴趣，日本的很多家企业纷纷去柯达拜访邓青云博士，这使得柯达高层的想法发生了改变，研发项目才得以延续下来。

　　现在世界上已经有很多国家和地区的企业在研发这项技术，并已成功实现了 OLED 的产业化，邓青云也因此被誉为"OLED 之父"。

6.2 有机半导体材料的光电原理

　　众所周知，塑料等有机物在通常情况下是不导电的。因此，在实际生活中，塑料通常作为一种绝缘体使用，塑料在电子电器中的广泛应用也正是基于这一点。

　　然而 2000 年诺贝尔化学奖获得者——美国科学家艾伦·黑格（Alan J.Heeger）、艾伦·马克迪尔米德（Alan G.MacDiarmid）和日本科学家白川英树（Hideki Shirakawa）打破了人们的常规认识，向人们习以为常的"观念"提出了挑战。他们通过研究发现，塑料经过特殊改造之后能够像金属一样具有导电性。利用其导电性，可以将其用于电池、显示等领域。

　　那么，有机材料为什么能导电，进而可以发光呢？这与固体物质的成键方式有着紧密的联系。下面先让我们了解一下固体物质的成键方式。

固体物质的成键方式

固体物质的主要成键方式包括离子键、金属键、分子键和共价键。

离子键是阴阳离子通过静电作用形成的化学键。离子化合物熔沸点较高，硬度较高，在固态时是不导电的，只有处于熔融状态或溶液状态时，才会因为离子键的断裂再次分为阴、阳离子而导电，如氯化钠（NaCl）。

金属键是一种由于自由电子和排列呈网格状的金属离子之间的静电吸引力形成的化学键。金属中存在大量的自由电子导致金属材料具有良好的导电性，在日常生活和生产中被广泛应用。

共价键是两个或多个原子之间共用它们之间的最外层电子而达到理想的饱和状态的相互作用力。这种力具有方向性和饱和性，大多数共价化合物具有很高的熔沸点和硬度。除了硅是半导体外，此类物质一般不具有导电性，如金刚石。

分子键是这四种主要成键方式中最弱的化学键，主要是通过分子偶极矩间的库仑作用形成的，由于分子键很弱，分子晶体具有低熔沸点、低硬度、易压缩等特性，如惰性气体。

有机材料分子中的主要成键方式是共价键，当共价键形成共轭结构时，电子会表现出离域性，有可能导致有机材料具有导电性。要进一步了解有机材料导电的原因，我们还需要了解有机材料分子内电子的运动情况。

价键理论和分子轨道理论

1927年，德国化学家海特勒（W.Heitler）和伦敦（F.London）成功地利用量子力学基本原理分析了氢分子形成的原因，标志着

可以利用现代量子力学理论说明共价键的本质，进而发展成现代化学键理论。然而利用量子力学方法处理分子体系的薛定谔方程计算复杂，严格求解困难，所以必须采取某些近似假定来简化计算过程。根据近似简化的方法不同，现代化学键理论主要分为两种理论：价键理论（valence bond theory）和分子轨道理论（molecular orbital theory）。

价键理论

美国化学家鲍林（L.Pauling）和斯莱特（J.C.Slater）提出的价键理论，是在分析化学键的本质时着眼于原子形成分子的原因，即化学键的成因及成键原子在成键过程中的行为和作用。关于价键理论可以翻阅前面 04 章"独特的原子结构"的内容。

分子轨道理论

另一种共价键理论是 1932 年由美国化学家莫利肯（R.S.Mulliken）和德国化学家洪特（F.Hund）提出的分子轨道理论。分子轨道理论着眼于成键过程的结果，即由化学键所构成的分子的整体。一旦形成了分子，成键分子就会在整个分子所形成的势场中运动，而非局限于成键原子之间。原子轨道能够有效形成分子轨道的三原则是对称性匹配、能量相近和最大重叠，三者缺一不可。根据分子轨道理论，2 个原子的 p 轨道线性组合形成 2 个分子轨道，即能量低于原来原子轨道的成键轨道 π 和能量高于原来原子轨道的反键轨道 π*，相应的键分别叫 π 键和 π* 键。分子在基态时，2 个 p 电子（π电子）处于成键轨道中，反键轨道空着。在前线分子轨道理论中，称已占据电子、能量最高的分子轨道为最高占据轨道（highest occupied molecular orbital，HOMO），未被电子占据、能量最低的分子轨道为最低空轨道（lowest unoccupied molecular orbital，LUMO），分子轨道的名称则相应地用 σ、π、δ 等符号表示。

> **HOMO**（highest occupied molecular orbital）：最高占据能级，为分子的填充轨道中能量最高的能级，此处电子受原子核的束缚最小，最容易移动。
>
> **LUMO**（lowest unoccupied molecular orbital）：最低空置能级，为分子的空置轨道中能量最低的能级，此处容易填充电子。

共价键分类

　　由于提供形成共价键的原子轨道类型不同，共价键可分为三类：σ 键，π 键和 δ 键，有机材料主要以前两种为主。如图 6.4 所示，当两个原子轨道沿轨道对称轴方向相互重叠，导致电子在核间出现概率增大而形成的共价键即以"头碰头"方式成键时，称为 σ键；当成键原子的未杂化 p 轨道，通过平行或侧面重叠即以"肩并肩"方式成键时，称为 π 键。由于 σ 键是以原子核连线为对称轴，原子轨道重叠较多，键相对就牢固，且 σ 键沿对称轴方向相对旋转并不会影响到键轴上的电子云分布，所以 σ 键是可以旋转的键。π 键是 p 轨道"肩并肩"形成的，这就要求两个 p 轨道必须平行才能重叠成键，所以 π 键是不能旋转的键，且由于重叠部分较小，故键相对较弱。

　　那么，σ 键和 π 键存在于什么样的分子中呢？当 1 个原子和邻近的 1 个原子之间共享 1 对电子对，形成单键，如乙烷（CH₃—

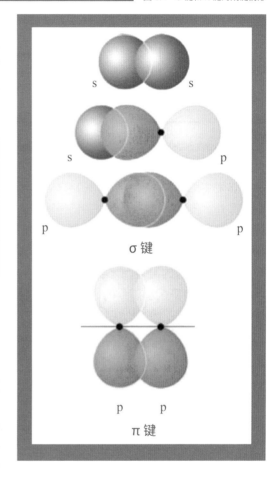

σ 键

π 键

CH₃），碳原子之间形成 1 个共价键，此时碳原子为 sp^3 杂化，形成的共价键就是 σ键。当 1 个原子和邻近的原子共享两对电子对时，形成 2 个共价键，如乙烯（$H_2C=CH_2$）中的碳碳双键，此时单个碳原子为 sp^2 杂化，所以 C＝C 键之间形成的一个是 σ 键，一个是 π 键。当 1 个原子和邻近的原子共享 3 对电子对时，形成 3 个共价键，如乙炔（HC≡CH）中的碳碳三键，此时单个碳原子为 sp 杂化，所以 C≡C 键之间形成 1 个 σ 键，2 个 π 键。由于 π 键键能小于 σ 键，

图 6.5　不同的能量差跃迁发射不同颜色的光

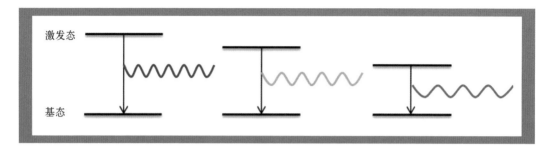

所以当发生取代等反应时，首先破坏的是 π键。另外，虽然含有 π 键的原子已经满足最外层 8 电子稳定结构的要求，但是由于原子没有达到与其他原子结合的最大数目，仍具有发生化学反应的潜力，化学性质相对于只含 σ 键的饱和原子比较活泼，如化学性质活泼程度：乙炔＞乙烯＞乙烷。

共轭分子

同样是有机物质，塑料不能发光，而有机光电材料为什么能够导电发光呢？这与有机光电材料具有关键影响力的结构——共轭π 键结构有关。共轭是不饱和化合物中两个或两个以上双键或三键通过单键相连接时发生的电子离位作用，即三个或三个以上的互相平行（也即共平面）的 p 轨道重叠形成大π 键。此时，共轭体系中的 π 电子不再局限于两个原子之间运动，而是发生离域作用，从而促使具有共轭结构的分子中电子云密度发生改变（共平面化）。轨道重叠越多，离域越容易，共轭性越强。这些离域的电子不停地移动，使得有机材料具有光电特性。如果把原子中的电子比作汽车，p 轨道比作公路，就如同汽车在两条平行的公路上奔跑，相互并不能跨越。当 p 轨道发生离域，电子云密度发生变化时，就如同在两条公路之间

搭建了桥梁，两条路上的汽车就可以相互跨越了，即电子可以在不同的 p 轨道之间实现移动。一旦有机材料外加电场后，材料就具有了导电能力。

有机材料中的载流子（电子和空穴）主要通过分子间跃迁方式进行传输，且导电性能与材料晶体的堆积结构、形貌及陷阱密切相关，这就导致了有机材料的导电特性比金属、无机半导体差。通常情况下，具有单晶堆积和较强的分子间 π-π 耦合的有机材料导电性能较好。

一般有机共轭材料受到光照后，将会激发 π 电子发生光学跃迁和辐射。由于 π 键的强度比 σ 键弱很多，因而 π 电子能量较高。HOMO 为 π 轨道，而 LUMO 是 π* 轨道，有机共轭材料的最低光学跃迁通常发生在 π电子中，表现为 π-π* 跃迁。π 电子吸收电能跃迁到高能量的不稳定的激发态，将趋向于回到低能量的稳定的基态，就如同人站在几米高的台阶上觉得不安全，必须站在平地上才能心安一样。从激发态回到基态的过程就是能量辐射的过程，这时的能量将以光能的形式辐射，即发光。理论上讲，发光的颜色取决于发射光子的能量，即激发态和基态的能量差，能量差越大，发射的光子能量越

图 6.6　苯环的分子结构和分子轨道

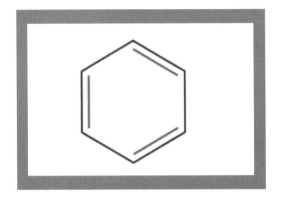 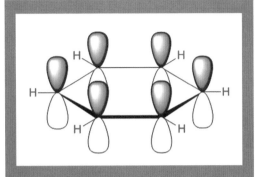

大（图 6.5）。也就是说，要改变发光的颜色，可以用不同的有机分子作为发光体，或通过设计有机材料的激发态和基态的能量差来实现。

　　苯环是单双键交替形成的正六元环，苯环上的碳原子均通过 sp^2 杂化后分别和两个碳原子和一个氢原子 1s 轨道重叠，形成 6 个碳碳 σ 键和 6 个碳氢 σ 键，两个 sp^2 杂化轨道的夹角是 120°，使得苯环上的 6 个碳处于同一平面。另外，苯环上的碳原子还各具有一个未杂化的 2p 轨道，这 6 个 2p 轨道处于同一平面，且互相平行重叠，形成大 π 键。来自 6 个碳原子的 6 个 π 电子可在大 π 轨道上离域，使得苯环表现出导电性（图 6.6）。正是由于苯环的环状共轭体系，使得它在有机光电材料上占据重要地位。

6.3 OLED 发光原理

OLED 发光原理

　　OLED 的基本结构类似三明治，由两个电极和夹在两者之间的多层有机材料组成。按照功能可将有机层分为空穴传输层（Hole Transport Layer，HTL），发光层（Emitting Layer，EML），电子传输层（Electron Transport Layer，ETL）等。

　　当器件两端施加一定的电压时，空穴（带正电）和电子（带负电）克服界面势垒后，分别由阳极和阴极进入空穴传输层和电子传

图 6.7　OLED 发光示意图

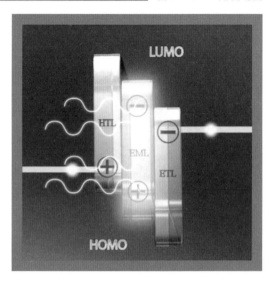

空穴（hole）：空穴又称电洞（electron hole），在固体物理学中指共价键上流失一个电子，最后在共价键上留下空位的现象。即共价键中的一些价电子由于热运动获得一些能量，从而摆脱共价键的约束成为自由电子，同时在共价键上留下空位，这些空位称为空穴。

激子（excition）：激子是指材料中以库仑力相互作用束缚的电子空穴对，其中电子处于较高能级，空穴处于较低能级。也可以说激子是材料捕获能量后的一种表现形式。

输层的两个不同的能级；电荷在外电场的作用下在传输层中传输，并进入发光层；它们在发光层中复合形成激子，这时激子处于高能量但不稳定的激发态，当它以发光的形式回到基态时即产生注入型电致发光（图 6.7）。

可将上述 OLED 发光过程概括为三步：第一步，载流子注入，如图 6.8（a）所示。即施加电压后，空穴和电子克服势垒，由阳极和阴极注入，分别进入空穴传输层的 HOMO 能级和电子传输层的 LUMO 能级；第二步，载流子传输，如图 6.8（b）所示。即空穴和电子在外部电场的驱动下传递至 EML 的界面，界面的能级差使得界面有电荷积累。第三步，载流子复合，如图 6.8（c）所示。即电子、空穴在有发光特性的有机物质内再结合，形成激子，此激发态在一般环境中不稳定，之后将以光或热的形式释放能量而回到稳定的基态。

下面介绍 OLED 发光过程的机理，理解它们对 OLED 器件性能有哪些具体的影响。

载流子注入机理

载流子注入是指电子和空穴通过电极 - 有机层的界面从电极进入有机层的过程。由于功能层总厚度仅为数十至数百纳米，大约 10 V 的电压便可在有机层中产生 10^5~10^6 V/cm 的电场。这样高的电场可以促进电子和空穴克服电极与有机材料之间的势垒，实现从电极到有机材料的注入。注入势垒分为空穴注入势垒和电子注入势垒。空穴注入势垒可视为阳极费米能级与相邻 HTL 的 HOMO 能级之差，电子注入势垒为阴极费米能级与相邻 ETL 的 LUMO 能级之差。

注入势垒的大小决定了载流子注入的难易程度，对器件的启亮电压、发光效率和工作寿命有着直接的影响。因此在 OLED 器件设计时，要设法降低注入势垒，这样有利于电荷注入，可降低器件启动电压，提升 OLED 器件性能。

降低注入势垒的首要方法是选取与邻近

图 6.8　OLED 的发光过程

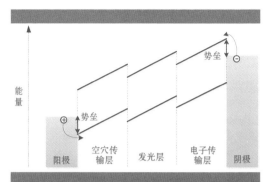

能量

(a) 载流子注入

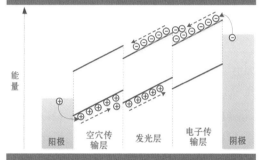

(b) 载流子传输

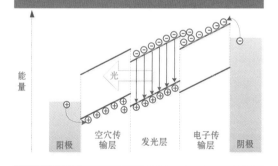

(c) 载流子复合

有机材料匹配的电极，即选取高功函的阳极材料以及低功函的阴极材料。铝（Al）是生活中常用的材料，它也是非常理想的 OLED 电极材料。铝的功函数为 4.3eV，与 ETL 的

LUMO 能级通常有一定的差距，需要引入一些其他材料来改变界面，使电极与有机传输层之间得到更好的匹配，其中氟化锂（LiF）是目前使用最广泛的铝电极修饰材料。

载流子传输机理

载流子传输是指将注入至有机层的载流子输运至复合界面处。载流子在有机分子薄膜中传输存在跳跃运动和隧穿运动两种形式。当载流子一旦从两极注入到有机分子中，有机分子就处在离子基（A^+、A^-）状态，并与相邻的分子通过传递的方式向对面电极运动。此种跳跃运动是靠电子云的重叠来实现的，从化学的角度解释，就是相邻的分子通过氧化 - 还原方式使载流子运动。而对于多层结构来讲，层与层之间的传输过程被认为是隧穿效应使载流子跨越一定势垒而进入复合区的。

激子复合与发射

电子和空穴从电极注入有机层中后，通过载流子迁移，电子和空穴在静电场的作用下束缚在一起形成激子，当发光材料分子中的激子由激发态以辐射跃迁的方式回到基态时，就可以观察到电致发光现象，而发射光的颜色由激发态到基态的能级差决定。

OLED 器件结构

实际上仅仅掌握了 OLED 的发光原理，距离生产出高效长寿命的 OLED 产品还具有相当长的距离，那么什么样的 OLED 器件结构是比较好的器件结构呢？

经过科学家们的不断探索，对于 OLED 的应用研究，可从以下四个方面进行改进：

（1）提高发光效率；　（2）降低驱动电压；

（3）优化光色纯度；　（4）提高器件稳定性

和寿命。随着研究的深入，研究者们提出了形形色色的 OLED 器件结构，根据器件中有机层的数量可将 OLED 器件简单地分为单层器件、双层器件、三层器件、多层器件等。如今许多高效率的器件都属于多层器件结构，并且新的器件结构仍在不断研发改进中。

6.4 有机材料——OLED 的根本

上面我们已经介绍了 OLED 器件的基本原理和结构，可以看出有机材料在 OLED 中扮演着非常重要的角色。首先，有机材料的原材料来源丰富，像塑料一样，有机材料也是以石油为原料的化学产品，这种资源优势有望使得 OLED 实现低成本化；其次，有机化合物的结构也是多样化的，因此 OLED 材料的种类也是多样化的，这使得我们可以合成出各种性质迥异的 OLED 功能材料。不同结构的有机分子可以实现不同的功能，如果想要改变 OLED 发光的颜色，只要改变发光层中材料的分子结构就可以得到不同颜色的光。

荧光发光材料

OLED 的核心部分是发光材料，最早的有机电致发光现象就是在蒽 (An) 单晶中加载 400V 的工作电压时发现的，蒽可说是有机发光材料的始祖，它开启了 OLED 的历史。蒽是蓝光荧光发光材料，在其分子结构（图 6.9）的基础上进行设计改造，其原来的蓝光可以向长波长移动。如 9，10- 二萘蒽（ADN）、9,10- 二 (2- 萘基)-2- 甲基蒽（MADN）、2- 叔丁基 -9,10- 二 (2- 萘基)蒽（TBADN）等，由于有相当好的荧光效率，这些二芳香基蒽衍生物已经被广泛地应用于 OLED 器件中。

注入材料与传输材料

虽然发光层是有机发光器件中最重要的组成部分，但 OLED 还需要包括各种功能材料，这些材料有利于降低器件驱动电压、平衡载流子传输、提高器件工作寿命等。按照

图 6.9 蒽（An）的分子结构

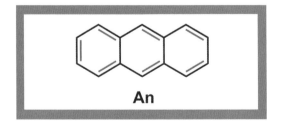

有机材料的功能，可以分为空穴注入材料、空穴传输材料、电子传输材料、电子注入材料等。

空穴注入材料

通常阳极材料的表面功函数小于 5eV，该值与大部分空穴传输材料的 HOMO 能级有一定的差距，不利于空穴的注入。在阳极材料和空穴传输材料之间加入一层空穴注入材料将有利于增加界面的空穴注入，达到改善器件电压、效率和寿命的作用。空穴注入材料通常选用 HOMO 能级与阳极材料功函数最匹配的材料，由于其也具有空穴传输能力，因此它有时也与空穴传输材料的作用类似，常见的材料有酞菁铜（CuPc）、聚乙撑二氧噻吩（PEDOT）等；另一类空穴注入材料具有拉电子特性的化学结构，如 2,3,6,7,10,11- 六氰基 -1,4,5,8,9,12- 六氮杂三亚苯（HAT）（图 6.10），电荷通过其 LUMO 能级进入空穴传输层的 HOMO 能级。除了利用能级匹配的材料外，还可以在具有空穴传输特性的材料中掺杂氧化剂，使其作为有效的空穴注入层。一方面，掺杂可增大

界面处能带弯曲的程度，使空穴有机会以隧穿的方式注入，形成近似欧姆接触；另一方面，由于主体 HOMO 上的电子可跃迁至掺杂剂中的 LUMO 能级，在该层中形成自由空穴，从而提高了该层的导电率。

空穴传输材料

三芳胺类物质是目前使用较为广泛的一类空穴传输材料，它是在发展影印技术时发明的，这类材料都具有较高的空穴迁移率。4,4'- 环己基二 [N,N- 二 (4- 甲基苯基) 苯胺]（TAPC）是一种良好的空穴传输材料，迁移率为 $1 \times 10^{-2} cm^2/Vs$，分子结构如图 6.11 所示。

咔唑类衍生物也是一类常用的空穴传输材料，这类材料能够提供合适的 HOMO 能级和 LUMO 能级，能够减少空穴的注入势垒并阻挡电子以避免激子淬灭。然而在有机发光器件中，除了空穴迁移率和能级的要求外，还要求其能够形成无针孔缺陷的薄膜。目前设计新的空穴传输材料的重点是有较高的热稳定性，在器件的制作过程中形成稳定的非晶态薄膜。通常三种方式可获得更好的非晶

图 6.10　空穴注入材料 HAT 的分子结构

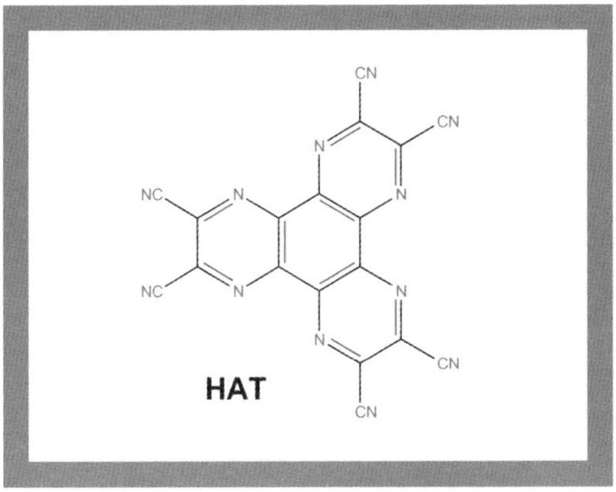

图 6.11　空穴传输材料 TAPC 的分子结构

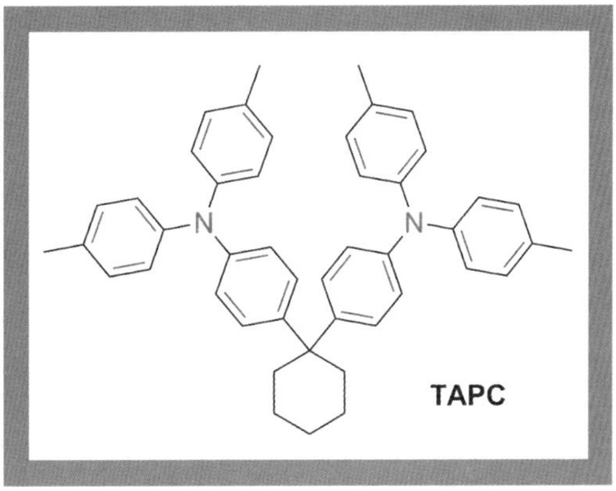

态的分子结构：

（1）以非平面分子结构增加分子几何构型；

（2）使用大相对分子质量的取代基，提高分子体积及相对分子质量，并达到维持玻璃状态的稳定性；

（3）利用刚性基团或由分子间氢键与非平面分子的结合，提高有效相对分子质量。

电子传输材料

为提高 OLED 效率、降低 OLED 电压、增加 OLED 寿命等，通常金属络合物、吡啶类、噁唑类衍生物被用作电子传输材料，Alq_3 是最经典的金属络合物，其结构如图 6.12 所示。这类材料普遍具备以下性质：

（1）具有可逆的电化学还原和足够高的还原电位，这是因为电子在有机薄膜中的传输过程是一连串的氧化还原反应；

（2）具有较高的电子迁移率，以使电荷结合区域远离阴极，提高激子生成率；

（3）具有合适的 HOMO 能级和 LUMO 能级，一方面减少电子的注入势垒，减少器件的驱动电压，另一方面能够阻挡空穴并避免激子淬灭；

（4）具备较高的玻璃化温度和热稳定性，

以避免由于器件驱动过程中产生的焦耳热影响寿命；

（5）可经过热蒸镀方式形成均匀、无针孔的薄膜；

（6）具有形成非结晶薄膜的能力，以避免光散射或结晶导致的衰变。

磷光发光材料

和前面讲到的荧光发光材料不同的另一种发光材料是磷光发光材料。电致磷光发光现象的发现是近年来有机发光科学及技术上具有突破性的关键发展之一，它使得一般常规荧光 OLED 的内量子效率由 25% 提升至 100%。

当电子、空穴在有机分子中再结合后，会因电子自旋对称方式的不同，产生两种激发态的形式。一种是非自旋对称的激发态电子形成的单线态激子，会以荧光的形式释放能量回到基态；另一种是自旋对称的激发态电子形成的三线态激子，会以磷光的形式释放能量回到基态，由电子、空穴再结合的几率计算，两种激子的比例是单线态激子:三线态激子为 1:3（图 6.13）。但由于从三线态回到基态的过程产生一对自旋方向相同的电子，这违反了泡利不相容原理，因此三

图 6.12　电子传输材料 Alq_3 的分子结构

图 6.13　电子、空穴结合后两种激发态

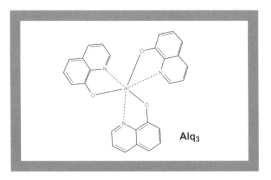

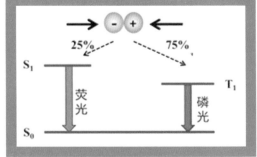

线态在常温下通常由分子键的旋转、伸缩或分子间相互碰撞的形式，以非辐射跃迁详述释放能量，这将极大地影响有机材料的发光效率。1998 年，普林斯顿大学的 Baldo 和 Forrest 教授等人使用了具有特殊构型的由重金属原子所组成的络合物，可利用重原子效应的强烈自旋轨道耦合作用，使得原本被禁止的三线态激子能量都可以发光的形式释放，从而大幅提高了 OLED 的效率。

目前普遍使用的磷光客体材料都是铱金属配合物，通过使用不同的配位基获得不同的发光颜色，红光材料如 Ir(piq)$_3$、Ir(MDQ)$_2$(acac) 等，绿光材料如 Ir(ppy)$_3$、Ir(mppy)$_3$ 等，蓝光材料如 FIrpic、FIrtaz 等，以下为其中几个的分子结构示意图（图 6.14）。

激子阻挡层材料

由于三线态激子的寿命较长，在器件中的扩散距离能达到 100nm。为了保证激子能被限制在发光层中，需要用一层激子阻挡层材料隔开发光层和传输层。这一材料不仅要具有较高的三线态能级来阻挡三线态激子

> 泡利不相容原理：在费米子组成的系统中，不能有两个或两个以上的粒子处于完全相同的状态。在原子中完全确定一个电子的状态需要四个量子数，所以泡利不相容原理在原子中就表现为：不能有两个或两个以上的电子具有完全相同的四个量子数，这成为电子在核外排布形成周期性从而解释元素周期表的准则之一。
>
> 重原子效应：磷光测定体系中（待测分子内或加入含有重原子的试剂）有原子序数较大的原子存在时，由于重原子的高核电荷引起或增强了溶质分子的自旋 - 轨道耦合作用，从而增大了 $S_0 \rightarrow T_1$ 吸收跃迁和 $S_1 \rightarrow T_1$ 系间窜跃的几率，即增加了 T_1 态粒子的布居数，有利于磷光的产生和增大磷光的量子产率。

的扩散，还要有适当的 HOMO 和 LUMO 能级避免影响电荷向发光层的注入。

以上介绍的几种只是有机发光材料的冰山一角，从最早的单一材料到具有明确分工的发光层材料、传输材料等各种功能材料，有机发光材料从未停止其发展的脚步，各种性能优异的材料正在不断地被开发出来。总之，有机发光材料以其多样性和丰富性，不断地推动 OLED 技术的发展。

图 6.14　几种磷光材料分子结构

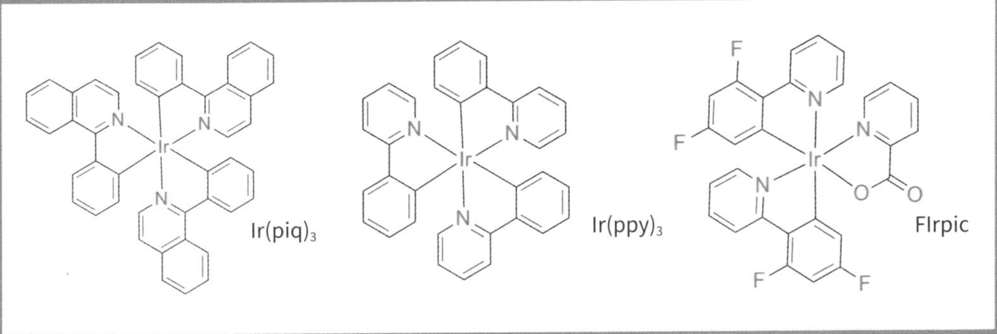

6.5 神奇的有机材料设计与合成

上一节我们了解到有机材料在 OLED 中扮演着十分重要的角色，它是 OLED 的根本，那么我们是否只能从大自然中寻找我们所需要的有机材料呢？实际上，有机材料完全可以通过材料的设计开发而获取，已有的理论就可以指导我们"变出"这些神奇的材料。

众所周知，化学是一门实验科学，是一门研究化合物分子的微观结构与其宏观性能关系的科学，早期的化学大多是在无数次实验的基础上总结出来的定性的科学。但是随着化学的发展，人们逐渐发现如同人的基因排列决定了人体机能一样，材料显微组织及其中的原子排列也基本上决定了材料的性能；因此，化学家开始寻找和建立材料从原子排列到相的形成、显微组织的形成、材料宏观性能与使用寿命之间的相互关系，并逐渐积累了大量的数据。同时通过物理学方法的引入而发展起来的理论化学和量子化学的研究成果以及计算机科学的发展，使得人们对化合物分子结构对分子性质的影响给出了半定量的结果；把成分 - 结构 - 性能关系和数据库与计算模型结合起来就可以大大加快

材料的研发速度，降低材料研发的成本，提高材料设计的成功率。

如何根据制造需求提出材料的性能需求，再根据性能需求来快速、准确地设计研发出所需材料是材料科学的目标。在 OLED 材料研发过程中，首先根据材料的研究经验设计出一系列的有机分子结构；然后使用计算软件对目标分子进行结构优化，使之达到能量最小；最后通过对此结构方式的分子进行量化计算，我们就可以获得一系列有用的信息，包括分子的 HOMO 能级、LUMO 能级、三线态能级、分子轨道的电子云分布等。这些信息对预测材料性能有着非常重要的作用，下面我们以在 OLED 器件中广泛使用的 NPB 为例，对化合物的量化计算作一简要说明。

NPB 作为 OLED 中常用的空穴传输材料，其结构如图 6.15 所示，我们很难凭空想象出分子中各个基团间的排布方式。例如和 N 原子相连的三个基团是否在同一个平面上，其相互间的角度是多少，等等。这些连接方式直接影响到在固相中分子与分子之间

图 6.15 空穴传输材料 NPB 的分子结构

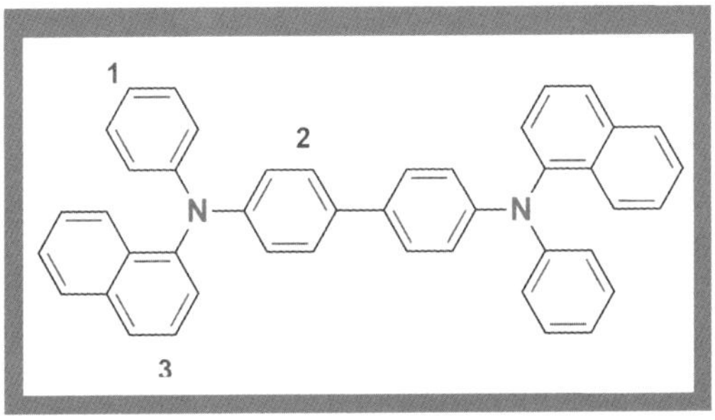

图 6.16 NPB 分子拟合计算空间结构

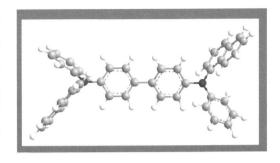

的堆积排列方式，进而影响到材料的各种性能（轨道能级、载流子迁移率等）。

使用 Gaussian03 软件可以对我们所画出的分子结构进行结构优化，分子中的各个基团以图 6.16 所示的方式进行连接能够使得分子的能量处于最低。

接着对所优化得到的分子进行量化计算，根据计算结果我们可以给出 NPB 分子的不同分子轨道的电子云分布图，其中最有用的是 HOMO 能级（图 6.17）和 LUMO 能级（图 6.18），这两个轨道直接影响到材料的电子和空穴注入性能，以及材料的光物理参数等。从图中可以看到 NPB 分子的各个基团上均有电子云分布，表明对分子的 HOMO 能级均有贡献，因而对这些基团的任何修饰及改变均会对材料的空穴注入性能产生影响；而从 LUMO 的电子云分布图上来看，和 N 原子相连的苯环基本上没有电子云分布，说明这个苯环对整个分子的 LUMO 能级基本上不产生影响，所以对这个苯环的修饰不会对分子的 LUMO 产生影响，也不会影响材料的电子注入性能，我们可以通过改变

图 6.17 NPB 的 HOMO 轨道电子云分布图

图 6.18 NPB 的 LUMO 轨道电子云分布图

这个苯环上的取代基团调整分子的能隙，进而改变材料的吸收和发射性能。

根据获得的数据，对分子结构进行进一步的改进，周而复始，直到获得满意的数据。使用量化计算对材料的设计进行指导，减少了合成的盲目性，缩小了目标分子的范围，

从而减少材料筛选的工作量，大大提高了新型 OLED 材料开发的效率，使得原来纯粹经验科学的、定性的有机材料合成化学向半定量科学发展。

不过需要指出的是，由于量化理论本身的近似性以及算法的限制，使得我们得到的计算结果与实际测量值尚有较大的误差，例如以 Gaussian03 软件计算出来的 NPB 的 HOMO 能级和 LUMO 能级分别是 $-4.7eV$ 和 $-1.2eV$，能隙为 $3.5eV$；而实际的实验数据（实验数据也可能有不小的误差）为 $-5.4eV$ 和 $-2.4eV$，能隙为 $3.0eV$。一般来说实测值都会比计算值小（绝对值更大）。尽管如此，量化计算仍对我们理解材料的性质以及新材料的开发提供了非常有价值的信息。

OLED 材料的结构种类繁多，性质功能各不相同，但是为了能够充分地发挥有机材料在载流子传输、载流子复合以及激子的产生、能量转移和光的发射中的作用，绝大多数 OLED 材料存在多环芳烃的结构，且通过 C—C 键或者 C—N 键将不同的多环芳烃基团相互连接起来，因此在 OLED 材料的合成过程中一般都会使用钯催化的碳 - 碳偶联反应（最常见的是 Suzuki 反应）或者碳 - 氮偶联反应（Buchwald-Hartwig 反应）。正是因为钯催化的偶联反应越来越多地在药物开发、新材料开发的过程中被广泛应用，大大提高了有机分子的合成效率。

总体来说 OLED 材料的合成相对于药物分子的合成反应类型简单，而钯催化反应的成功应用使得大部分 OLED 材料的合成像搭积木一样简单。我们首先筛选出具有潜在应用价值的母体结构的中间体（一般为高共轭的多环芳烃体系，例如蒽、芘、苯并菲等），再合成出具有不同电子及空间效应的各种功能结构有机芳烃模块单元（这些基团可能也会具有 100~200g/mol 的相对分子质量），根据所需的目标材料分子的性质要求，将相应基团进行组合就可以拼接出各种各样的 OLED 材料。虽然现在 OLED 材料的价格昂贵（每克几百至几千元之间），但这是由于 OLED 产业尚未发展起来，而且中间体市场也相对较小。如果 OLED 中间体模块能够像汽车配件一样实现批量化，则会降低 OLED 材料的价格，这种合成模式在一定程度上也有利于实现 OLED 材料的终极低成本。

为了更好地发挥 OLED 材料的应用效果及使用寿命，大多数的小分子体系材料的相对分子质量需要控制在 500~900g/mol 之间。相对分子质量太小会导致材料的玻璃化温度太低，容易降低器件的使用寿命；而如果材料的相对分子质量太大（大于 1000g/mol），则材料的蒸镀温度会升高，会使材料蒸镀过程中分解倾向增大，不利于材料的应用。具有这种相对分子质量的多环芳烃类化合物一般具有较小的极性和较差的有机溶剂溶解性，所以 OLED 材料一般很难通过重结晶的方法进行材料纯化；另一方面，由于有机分子的分子间作用较弱，也使得有机材料很难像无机半导体材料那样通过生长单晶的方法制备超高纯度材料。作为高端电子材料，OLED 材料必须具有非常高的纯度

（>99.9%），实践中 OLED 材料的提纯通常用升华的方法来实现。OLED 材料升华前仍然需要将产品的纯度提高到某种高度（例如大于99.5%），然后在高真空下经过一次甚至多次升华，最终达到 OLED 材料的使用标准。

在 OLED 材料的开发过程中，往往伴随着多次的材料合成→器件验证→材料结构改进→器件验证等反复过程，才有可能开发出一款具有合成可操作性、性能优异、器件表现良好的材料，下面我们以早期开发的一款红色荧光染料为例来描述一下 OLED 材料的开发过程。

图 6.19 是 DCM 分子结构示意图，它是一种高效的激光染料，早在 1989 年的时候，就被柯达公司的邓青云等人首先应用掺杂技术，将 DCM 掺杂在以 Alq₃ 为主体的发光层中，实现了由绿光转变为红光的器件，其发射波长为 596nm，掺杂后器件效率提高一倍达到 2.3%，但是作为红光来说，颜色有些偏黄。

为了改变 DCM 的发光光谱，使其发射

图 6.20　红色荧光染料 DCJ 的分子结构

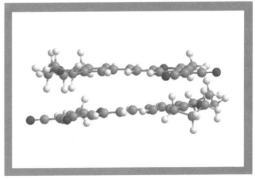

波长红移，可以通过加大这个分子中 N 原子与苯环的共轭程度来实现。化合物 4-(二氰基亚甲基)-2- 甲基 -6-[2-(2,3,6,7- 四氢 -1H,5H- 苯并 [ij] 喹嗪 -9- 基) 乙烯基]-4H-吡喃（DCJ）可以实现这一想法，它的分子结构如图 6.20 所示，在 DCJ 分子中，苯环与含有氮原子的两个杂环并联起来，使得 N 原子上的孤对电子与苯环处于同一平面上，因而增强了共轭作用，化合物的发射波长也红移了 34nm，达到了 630nm，是属于真正红色的区域。但由于共轭性增大，使得分子的平面性加强，从而引起了分子与分子间相互作用的增强（图 6.21），这将使器件里

图 6.19　激光染料 DCM 的分子结构

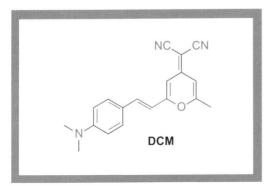

图 6.21　DCJ 分子间的紧密堆积

图 6.22　红色荧光染料 DCJT 的分子结构

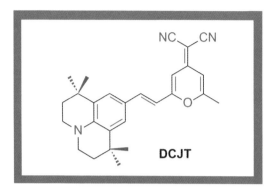

DCJT

图 6.23　甲基减弱了 DCJT 分子间的堆积

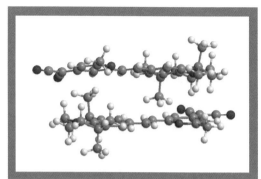

图 6.24　红色荧光染料 DCJTB 的分子结构

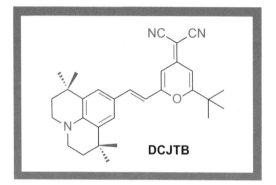

DCJTB

浓度淬灭现象变得更严重，使器件效率有所降低。

为了降低染料分子间的相互作用，也就是降低浓度淬灭现象，可以采用在分子内增加取代基的方法，这将会减少分子的堆积效应，如化合物 2-[2- 甲基 -6-[2-(2,3,6,7-四氢 -1,1,7,7- 四甲基 -1H,5H- 苯并 [ij] 喹嗪 -9- 基) 乙烯基]-4H- 吡喃 -4- 亚基] 丙二

腈（DCJT）（图 6.22）。DCJT 分子中增加了四个甲基，这四个甲基的存在有效地拉长了分子与分子间的距离，减弱了分子与分子间的相互作用（图 6.23），极大地降低了器件发生浓度淬灭现象的几率。

之后，人们发现在合成 DCJT 这个染料的过程中，总会存在一些很难除去的杂质，使得合成高纯度的 DCJT 变得非常困难，这将影响器件效率和稳定性。研究发现，这些杂质的产生是由于 DCJT 分子内呋喃环上活泼的甲基引起的。为了消除甲基中活泼 H 原子的影响，又合成了以叔丁基替代甲基的化合物 DCJTB，分子结构如图 6.24 所示，由于没有了活泼 H 原子的存在，材料在合成中纯度得到很好控制，应用在 OLED 器件中也表现优异：以 Alq$_3$ 为主体，分别掺杂 2% 的 DCJTB、6% 的 NPB 以及 5% 的红荧烯的器件可在 600cd/m^2 下连续工作 8000h。

6.6 OLED 的应用

随着 OLED 的逐步产业化，它开始应用于我们的生活中，主要应用于显示和照明两大领域。

OLED 显示

OLED 技术在显示领域的发展相对成熟，按照驱动方式的不同，OLED 可分为无源驱动型（passive matrix OLED，PMOLED）和有源驱动型（active matrix OLED，AMOLED）。

PMOLED 由于生产工艺相对简单，较早实现了产业化。由于受驱动方式的限制，PMOLED 产品的尺寸大多在 2 英寸（1 英寸 = 2.54cm) 以下，主要应用于消费类电子、工控仪表、金融通信、智能穿戴等领域。全球 PMOLED 市场相对比较平稳，从事 PMOLED 生产的企业主要有中国大陆的维信诺、中国台湾的铼宝、日本先锋和双叶等，其中维信诺公司是中国大陆第一家实现 PMOLED 量产的公司，自 2012 年至今出货量一直位居全球首位。

AMOLED 每一个像素都可连续独立驱动，并可以记忆驱动信号，不需要在大脉冲电流下工作，效率较高，适用于高清晰度、高分辨率、大尺寸的全彩显示。目前 AMOLED 成本较高，制程相较 PMOLED 复杂，但仍比 TFT-LCD（thin film transistor-LCD，薄膜场效应晶体管 - 液晶显示器）简单。韩国三星已经实现了中小尺寸 AMOLED 的大规模生产,其采用的是"LTPS(低温多晶硅）背板 +RGB(红绿蓝)OLED"技术。LG 公司采用"oxide TFT (氧化物 TFT) 背板 + 白光 OLED"技术实现了 AMOLED 电视的批量生产。目前我国平板显示厂商也在积极地推进 AMOLED 的产业化进程，多条 AMOLED 生产线正在建设中。

OLED 还拥有其杀手级应用——柔性显示，由于 OLED 是一种全固态的发光器件，因此被认为最适用于柔性显示。OLED 柔性显示具有超轻、超薄、可卷曲、便携、抗冲击等诸多优点，相比现有的平板显示技术，OLED 柔性显示技术有望进一步拓展显示技术至可穿戴电子等应用领域，在提升人类视觉享受的同时，也是一种创造人类美好新生活非常重要的前瞻技术。

在 OLED 柔性显示技术发展的推动下，以及穿戴式产品、移动终端的强大需求的拉

图 6.25　曲面 OLED 在手机和电视中的应用

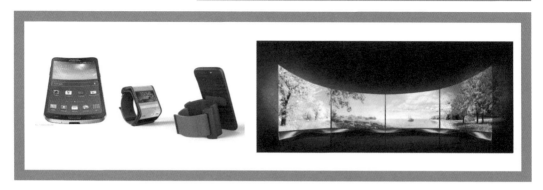

动下，OLED 柔性显示得到了快速发展。当前 LG、三星等公司已推出曲面 OLED 手机与电视（图 6.25）。目前这些柔性产品只是"可弯曲的"，距真正意义上的形状可变的柔性显示还有一定的距离。

此外 OLED 技术还可以用于透明显示。透明显示屏可以实现在观看屏幕显示图像的同时透过屏幕观察外部环境。OLED 材料本身具有透明性，只要将衬底和驱动电极都选用透明材料，制备的 OLED 即为透明 OLED。透明 OLED 自身能发光，而且外部光线也能透过它形成一种特殊的视觉感受。第一款透明 OLED 显示产品为三星 2010 年推出的 Samsung Ice Touch，同年三星开发出了一款 14 英寸透明屏幕的笔记本原型机，该笔记本显示屏的透明度能达到 40%，而透明塑料制成的屏幕外壳更是加强了这种"通透感"（图 6.26）。

OLED 照明

照明产品是 OLED 另一重大应用领域，和传统的照明相比有更多优点，譬如具有无紫外、无红外辐射、光线柔和、无眩光、无频闪、光谱丰富、显色质量高等，是一种健康的照明光源，将来可应用于通用照明，以及博物馆、汽车等特殊照明。与显示产品一样，由于本身是全固态器件，同样可以实现柔性照明、透明照明等。

照明灯具

近些年来，学生近视眼发病率持续增长。导致近视的原因是多方面的，有升学压力、用眼不卫生等，其中照明质量差是重要的原因之一，健康的护眼照明有待被研制和开发。OLED 作为直流驱动的面光源，所拥有的无

图 6.26　透明 OLED 显示器

图 6.27　OLED 台灯

频闪、无眩光、光线柔和等特点决定了其非常适合护眼灯领域，将成为未来护眼灯的主流（图 6.27）。

博物馆照明

博物馆以及陈列室照明也是 OLED 照明的应用领域之一。由于展览品最怕受到红外线、紫外线及热量的影响，而有机半导体照明具有无紫外、红外、低热等特点，恰能满足这一需求。虽然在产业发展的初期 OLED 照明产品价格偏高，但相比于高价值的展览艺术品，OLED 照明依然是不错的选择。

家居装饰照明

有机半导体照明具备柔软、可任意裁切的特性，具有很强的可塑性，还可以实现透明照明，为设计者提供了多样化的设计空间，图 6.28 所示为一些 OLED 装饰照明产品。此外，有机半导体照明发光光谱中蓝光所占比例比日光灯或 LED 灯等都要低，与烛光等低色温产品接近，具有超高的颜色还原性，

将是夜间照明的最佳选择。

植物生长照明

植物工厂是未来的发展趋势，栽培设施内的人工光环境对蔬菜生长影响重大，是实现高产优质的首要条件。仅靠自然光照已经远不能满足现代种植的需要，因此人工光源被普遍采用。有机半导体照明的发光光谱连续，接近自然光，不发热，光亮和光质均可调节，无毒、无污染，作为农业领域促进植

图 6.28　OLED 装饰照明产品

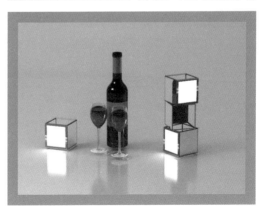

物生长的光源非常合适，将来再能结合工程学科、园艺学科，将对发展设施栽培产业意义重大。

医疗照明

OLED 照明还可以用于医学领域，例如，用于婴儿黄疸的治疗（图 6.29）。以往治疗黄疸采用蓝色荧光灯照射的方式，为了保护婴儿眼睛会将其双目遮蔽。OLED 照明由于具备可调旋光性质，可保护接受治疗婴儿的眼睛；同时由于 OLED 具有柔性的特点，还可做成如棉被一样的黄疸治疗工具；另外，OLED 照明也能用于手术室照明，作为一种面光源，照明时不会有阴影及照明死角，且散热低，因此非常适合像手术室这样有高标准要求的环境需求。

汽车照明

除了可用于汽车内部照明，透明的 OLED 照明还可安装于车顶天窗，使汽车别具风格。另外，OLED 固有的漫反射、面发光的特点将使这项技术成为汽车尾灯和刹车灯的最理想光源（图 6.30）。

OLED 照明正在逐步进入其适合的领域，随着技术的发展和市场的开拓，相信还会有更多待开发的未知应用领域，OLED 照明将成为照明应用市场上的新霸主。

图 6.29　OLED 在医疗领域的应用　　　　　图 6.30　OLED 在汽车照明中的应用

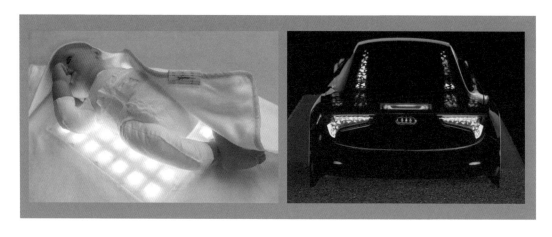

6.7 OLED 为人类提供更美好的生活体验

将化学与材料、电子、机械、物理、半导体技术相结合，人们创造出了 OLED 这项新型显示技术，这项技术正在引起全球多个平板显示强国的关注和重视，并被列入未来新技术开发的重点。伴随着 OLED 柔性、透明技术的进一步发展，未来这项技术将不仅用于手机、平板电脑、电视等领域，还会应用于更多新的领域，使越来越多的人得以体验其优异的视觉效果。

虽然目前 OLED 的市场规模还比较小，但是伴随着这项技术的改进，相信其将会拥有更广阔的发展空间。据国外的行业预测报告显示，OLED 市场将从 2014 年的 100 亿美元增至 2020 年的 750 亿美元，到 2020 年有望占据平板显示器件近一半的市场。更令我们振奋的是，与传统的 CRT 和 LCD 相比，中国在 OLED 核心关键技术方面保持了与全球同步，这使我国在新型平板显示产业步入全球第一梯队成为可能。未来中国有望依靠这项新技术由平板显示大国走向平板显示强国。

实际上，OLED 技术只是有机电子学的一个小分支，有机电子学包括有机太阳能电池、有机场效应晶体管、有机传感器、有机存储器等，这些技术都正发挥着自身独特的作用。以有机太阳能电池为例，作为一项清洁能源技术，它可以与水力发电、风力发电、核能发电等相互补充，这种多层次的供电体系既可以保证社会正常运转，也充分利用了资源。

科学家和工程师们正利用自身的专业知识，使我们生活的环境更加绿色环保，以此获得更好的生活体验。同时，也希望更多有远大抱负的同学加入到有机光电子学和化学的研究中来，让我们的世界变得越来越美好！

北京静远嘲风动漫传媒科技中心创作

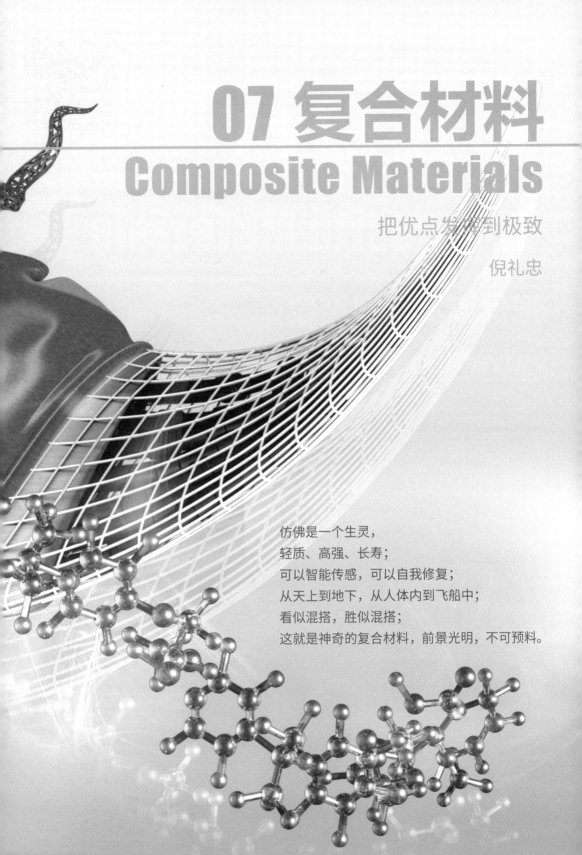

07 复合材料
Composite Materials

把优点发挥到极致

倪礼忠

仿佛是一个生灵，
轻质、高强、长寿；
可以智能传感，可以自我修复；
从天上到地下，从人体内到飞船中；
看似混搭，胜似混搭；
这就是神奇的复合材料，前景光明，不可预料。

复合材料
Composite Materials

把优点发挥到极致

Advantages to the Extreme

倪礼忠 教授（华东理工大学）

　　复合材料由两种或两种以上不同性质的材料复合而成，具有轻质高强、可设计性好、耐腐蚀性能好、介电性能优良和成型制造方便等优点，因此被广泛用在航空航天、交通运输、化学化工、电机电工、建筑材料、体育用品等领域。随着纳米材料、石墨烯等新材料新技术的发展，不断涌现出许多像纳米复合材料、生物复合材料等新型复合材料。复合材料发展前景光明，发展潜力巨大，未来在许多领域都有待我们创新性地去开发、应用。

7.1 复合材料的由来

西安半坡村遗址考古发现，早在七千多年前我们的祖先就使用草拌泥制成墙壁、砖坯，以增加房屋的牢固程度，这是人类早期使用复合材料的先例。

出现在四千年以前的漆器是现代复合材料的雏形，它用丝、麻织物作为增强材料，生漆为黏合剂一层一层铺贴在模具上，生漆固化后从模具上脱下来制成漆器。用这种方法制成的漆器表面光洁、经久耐用。保存在扬州的鉴真法师漆器像，距今已有一千多年，仍保存完好。图 7.1 是汉代漆器，图 7.2 是精美的现代漆器工艺品。漆器不但具有实用

价值，而且具有艺术收藏价值。

现代复合材料的应用始于第二次世界大战期间，当时美国用玻璃纤维织成的布增强聚酯树脂制造了军用飞机的雷达罩、机身、机翼等。"二战"结束后，这种材料迅速扩展到民用，风靡一时。发展到今天，复合材料已经在航空航天、电机电工、交通运输、化学化工、体育用品、绿色能源、医疗器械等工业部门得到了广泛应用。现代复合材料主要是指树脂基复合材料（用树脂作为黏合剂，将纤维增强材料粘合在一起形成产品）、金属基复合材料、陶瓷基复合材料，其中以

图 7.1 汉代漆器

图 7.2 现代漆器工艺品

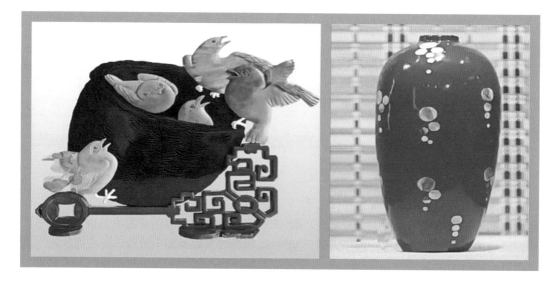

树脂基复合材料产量最大、用途最广。

材料为什么要复合

以树脂基复合材料为例，复合材料是以玻璃纤维、碳纤维、芳纶纤维等为增强材料，环氧树脂、酚醛树脂、不饱和聚酯树脂、聚丙烯、尼龙等合成树脂为基体材料，采用缠绕成型工艺（纤维增强材料浸了树脂以后缠绕在一定形状的模具上，树脂固化后得到产品）、模压成型工艺（将树脂和纤维增强材料混合后放入模具中，加热加压使树脂固化得到产品）、树脂传递模塑成型工艺（将纤维增强材料预先铺设到模具中，再将树脂注射到模具中，树脂固化后得到产品）等工艺方法制造复合材料产品。不同的增强材料、不同的树脂基体、不同的成型工艺可以制造许多种不同应用要求的复合材料产品。如果将复合材料比作我们人体，增强材料的作用就如同人体的骨骼、树脂基体如同人体的肌肤，将两者复合在一起，使复合材料的性能明显优于单一材料。

材料的拉伸强度是指材料断裂时单位面积上受到的载荷值。纤维增强材料类似于我们常见的绳子，尽管它的拉伸强度很高，却不能承受压缩应力和弯曲应力。单根纤维的拉伸强度很高，但是将几百根几千根纤维放在一起时，因为这些纤维不能同时受力，拉伸强度会大幅度下降，纤维的总体性能不能得到充分发挥。这时我们采用一种粘接力很强的黏合剂将这些纤维粘接起来形成一个整体，黏合剂起到分散应力和均衡应力的作用，使每根纤维都分担一些应力，纤维的性能就能得到充分发挥（图 7.3）。制成的复合材料不但具有很高的拉伸强度，而且还具有很高的弯曲强度和压缩强度；复合材料的拉伸强度和冲击强度要比基体树脂高 30 倍左右，弯曲强度高 10 倍左右。所以复合材料的总体性能不但大大优于增强材料，也大大优于基体树脂。

图 7.3   纤维受力情况示意图

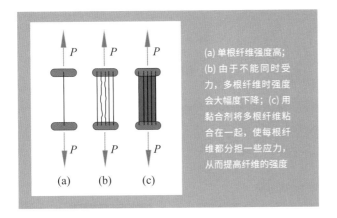

(a) 单根纤维强度高；
(b) 由于不能同时受力，多根纤维时强度会大幅度下降；(c) 用黏合剂将多根纤维粘合在一起，使每根纤维都分担一些应力，从而提高纤维的强度

什么是基体材料

前面多次提到的基体材料，在复合材料中起着非常重要的作用，那么基体材料到底是什么材料？其实基体材料大部分属于高分子材料，也就是我们通常所说的树脂。割开松树后流出的分泌物就是一种天然树脂，用来制造漆器的生漆也是一种天然树脂，但是因为在性能上和产量上的局限性，天然树脂完全不能满足现代工业对树脂的需求。随着化学工业的发展，合成树脂应运而生。

合成树脂的制造是将含有活性基团的低分子化合物聚合形成相对分子质量很大的高分子，如果把低分子化合物比喻成小铁圈，那高分子就类似于很多小铁圈扣在一起形成的铁链。如果树脂分子中含有两个以上能进一步反应的活性基团，我们称之为热固性树脂。在复合材料制造过程中，在加热或催化剂作用下，热固性树脂的分子与分子之间可以通过活性基团的反应联接起来，此反应称为交联反应，也称为树脂的固化反应。通过交联反应，树脂的分子结构由线型结构变

成了三维（3D）立体网状结构，图 7.4 是不饱和聚酯树脂合成和固化过程的示意图，以邻苯二甲酸、顺丁烯二酸和丙二醇为原料，在 180~210℃通过缩聚反应合成不饱和聚酯树脂，然后在复合材料成型时与苯乙烯进行自由基共聚反应生成 3D 网状结构。3D 网状结构的树脂在高温下不熔融，具有很好的耐热性能，有些树脂在强酸作用下也不会被破坏，具有很好的耐腐蚀性能和综合性能。

纤维增强材料和树脂基体之间如何连接

纤维增强材料以玻璃纤维为例，它是一种无机非金属材料，如果是硅酸盐玻璃纤维，其主要成分是二氧化硅，可通过添加一些碱金属氧化物（如 Na_2O, K_2O 等）或碱土金属的氧化物 (如 CaO, MgO 等) 以改善其性能；树脂基体是有机高分子材料，以来源于石油化工、煤化工、动植物等基础有机化合物为原料，通过聚合反应得到。要将两种性质完全不同的材料复合在一起，则需要解决无机材料和有机材料之间的界面粘接问题。复合材料的界面面积巨大，例如，质量为 1g，2mm 厚玻璃，其表面积为 $5.1cm^2$，而质量为 1g，直径为 $5\mu m$ 的玻璃纤维的表面积则为 $3100cm^2$，所以用玻璃纤维与树脂基体制成复合材料后就形成巨大的界面面积。因此，界面性能成为影响复合材料性能的重要因素之一。为了提高复合材料的界面粘接性能，

图 7.4 不饱和聚酯树脂的合成和固化过程

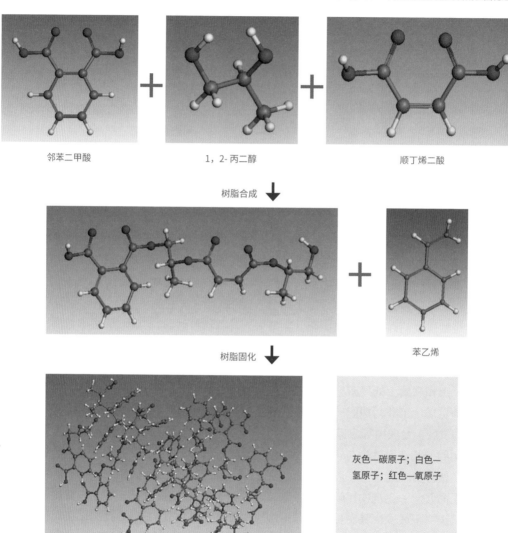

邻苯二甲酸　　　　　　　　　1，2-丙二醇　　　　　　　　　顺丁烯二酸

树脂合成

树脂固化

苯乙烯

灰色—碳原子；白色—
氢原子；红色—氧原子

科学家发明了一种叫偶联剂的化合物。图 7.5 所示的是一种硅烷偶联剂的分子结构，偶联剂的一端含有能与玻璃纤维进行化学反应的活性基团，另一端含有能与树脂基体发生化学反应的活性基团，通过偶联剂与增强材料和基体材料的化学反应，将玻璃纤维和树脂基体通过化学键粘接在一起，形成一种牢固的粘接，偶联剂在复合材料界面上反应形成的分子结构如图 7.6 所示。大量的研究和应用结果表明：只要极少量的偶联剂就能大幅度提高复合材料的综合性能和使用寿命，这就是化学的神奇之处。

图 7.5　一种硅烷偶联剂的分子结构

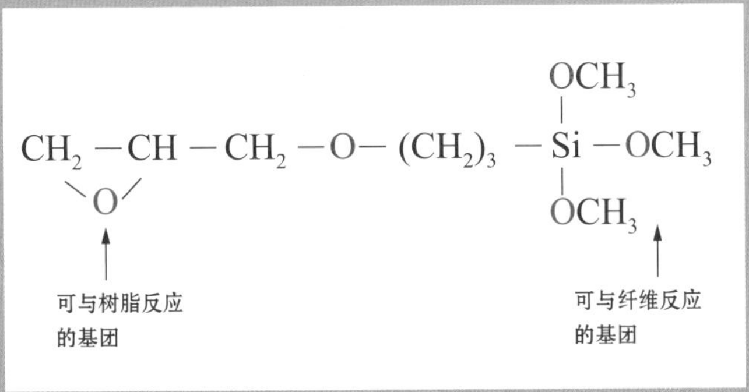

图 7.6　偶联剂在复合材料界面上反应形成的分子结构

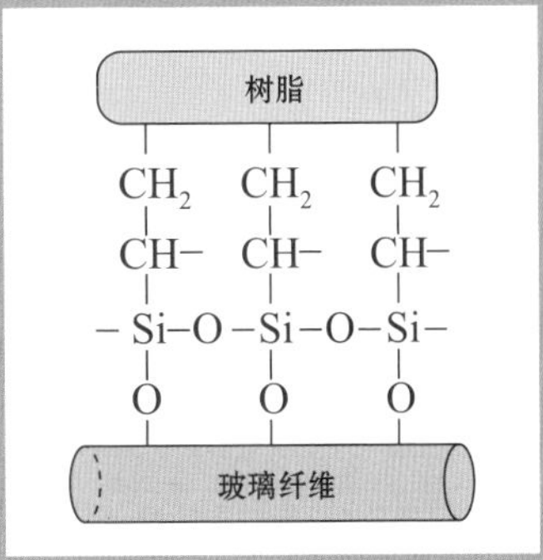

$$CH_2 - CH - CH_2 - O - (CH_2)_3 - Si - OCH_3$$

可与树脂反应的基团

可与纤维反应的基团

树脂

玻璃纤维

7.2 复合材料的特点和应用

制造金属材料产品时，先通过冶炼制造金属板材、金属棒、金属管等，再用这些材料通过车、钳、刨、冲压、焊接等工艺制造出产品。与传统金属材料不同，复合材料的材料制造和产品制造是一次完成的；复合材料是一种可设计的材料，可以根据不同的用途要求，灵活地进行产品设计。对于结构件来说，可以根据受力情况合理布置增强材料，达到节约材料、减轻质量等目的。复合材料具有质量轻、强度高、可设计性好、耐化学腐蚀、介电性能好、耐烧蚀等很多优点，在航空航天等工业部门得到广泛应用。

轻质高强的复合材料

碳纤维增强树脂基复合材料的密度为 $1.4g/cm^3$ 左右，只有碳钢的 1/5，比铝合金还要轻 1/2 左右，而机械强度却能超过特殊合金钢。在航空、航天部门，通常用比强度来衡量材料轻质高强的程度，比强度是指强度与密度的比值，若按比强度计算，碳纤维复合材料是特殊合金钢的 5 倍多。复合材料的轻质高强特性，其他材料是无法企及的，用其制成的交通工具，燃料消耗大幅度降低，安全性能大大提高，因此，复合材料是一种低碳、安全的材料。

图 7.7 战斗机   图 7.8 导弹   图 7.9 国际空间站

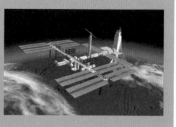

轻质高强的复合材料，已经在以下领域得到广泛应用。

（1）在航空、航天方面的应用

在航空方面，复合材料主要用作为战斗机的机翼蒙皮、机身、垂尾、副翼、水平尾翼和雷达罩等主承力构件（图 7.7）。

为什么要用复合材料制造飞机？复合材料在战斗机上的使用，大幅度降低了战斗机的质量。由于复合材料构件的整体性好，极大地减少了构件的数量，减少连接，有效地提高了战斗机的安全可靠性。

复合材料在战斗机上得到成功应用后，逐渐转向用于商用飞机，特别是在大型商用飞机上，复合材料被大量使用，其中在波音787、空客 350 飞机中复合材料的用量已经达到 50% 左右。正是由于这种轻质高强复合材料的使用，使特大型客机的制造成为可能。波音 787 的筒形机身就是用碳纤维增强的树脂基复合材料通过缠绕成型制得的。由于商用飞机体积大、数量多，所以复合材料在航空工业中的用量快速增长。

复合材料在宇航方面的应用主要用于导弹的壳体（图 7.8）、宇宙飞船的构件、国际空间站（图 7.9）、卫星构件（图 7.10）等。

用复合材料制造的导弹壳体比高级合金钢壳体的质量轻很多，因此，可以大幅度提高导弹的射程。现在先进的战略导弹和防空导弹的壳体多是采用芳纶纤维增强的环氧树脂复合材料制成的。

用复合材料制造人造卫星的优势是什么？人造地球卫星的质量减轻 1kg，运载它的火箭可减重 500~1000kg，因此用轻质高强的复合材料来制造人造卫星具有非常大的优势。现代卫星所用材料中 90% 以上是复合材料。用复合材料制造的卫星部件有仪器舱本体、框、梁、桁、蒙皮、支架、太阳能电池的基板、天线反射面等。

在航空航天领域，还有一种重任在肩的碳 / 碳复合材料。碳 / 碳复合材料是碳

图 7.10 卫星

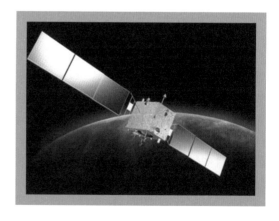

纤维及其织物增强的碳基体复合材料，是载人宇宙飞船和多次往返太空飞行器的理想材料，用于制造宇宙飞行器的鼻锥部、机翼、尾翼前缘等承受高温载荷的部件。由于固体火箭发动机喷管的工作温度高达3000～3500℃，为了提高发动机效率，还要在推进剂中掺入固体粒子，因此固体火箭发动机喷管的工作环境可概括为高温、化学腐蚀、固体粒子高速冲刷，而碳/碳复合材料却能承受这样的工作环境。

（2）在交通运输方面的应用

复合材料在交通运输方面的应用已有几十年的历史，发达国家复合材料产量的30%以上用于交通工具的制造。由于复合材料制成的汽车质量较轻，在相同条件下的耗油量只有钢制汽车的1/4。而且在受到撞击时复合材料能大量吸收冲击能量，从而保障了人员的安全。因此，用复合材料制造的汽车具有节能、环保、安全等特点，符合汽车发展的趋势。用复合材料制造的汽车部件较多，如车体、驾驶室、挡泥板、保险杠、引擎罩、仪表盘、驱动轴、板簧等，图7.11是用复合材料制造的汽车。

随着列车速度的不断提高，用复合材料来制造列车部件也是很好的选择。复合材料常被用于制造高速列车的车箱外壳、内装饰材料、整体卫生间、车门窗、水箱等（图7.12）。

用复合材料制造的船舶（图7.13），具有燃料消耗低、外观漂亮、耐海水腐蚀性好、维护费用低等优点，因此被广泛用于制造渔船、快艇、豪华游艇等，目前绝大部分的快艇和游艇都是由复合材料制造的。

（3）在绿色能源方面的应用

复合材料在绿色能源领域的贡献巨大，用复合材料制成的风力发电机叶片具有力学性能好、质量轻、耐腐蚀、制造容易等优点。图7.14所示的大型风力发电机叶片都是由复合材料制造的。1台2MW的风力发电机，制造三个叶片与一个机舱罩，复合材料的总用量在10t左右，其中单个叶片的长度为37.5~40.5m。1台5MW的风力发电机，单个叶片的长度为60m左右。风力发电机越大其叶片越长、越重，则需要轻质高强的复合材料就越多。据统计，中国在2013年用于风力发电机制造的复合材料为$11×10^4$ t左右，全球为$27×10^4$t左右。

在体育用品方面的应用，复合材料被用于制造赛车、赛艇（图7.15）、撑杆、球拍、弓箭等。用碳纤维增强环氧树脂制造的赛艇非常轻，能有效地提高比赛成绩。

图 7.11　用复合材料制造的汽车　　　　　图 7.12　高铁　　　　　图 7.13　游艇

图 7.14 风力发电机

图 7.15 赛艇

图 7.16 头盔

图 7.17 复合材料水箱

用复合材料制成的头盔（图 7.16）同样具有质轻、抗冲击性能强等优点。当头盔受到冲击时，大部分冲击能量能被头盔吸收掉，从而保护了头部的安全，因此，头盔是赛车时必不可少的防护用具。

在建筑工业方面的应用，玻璃纤维增强的树脂基复合材料具有优异的力学性能，良好的隔热、隔音性能，吸水率低，耐腐蚀性能好和很好的装饰性等特性，因此，它还是一种理想的建筑材料。在建筑上，复合材料常被用于制成承重结构、围护结构、冷却塔、水箱（图 7.17）、卫生洁具、门窗等。用复合材料钢筋代替金属钢筋制成的混凝土建筑具有更好的耐海水腐蚀性能，并能极大地减少金属钢筋对电磁波的屏蔽作用，因此这种混凝土适合于码头、海防构件等，也适合于电信大楼等建筑，能避免大楼里存在手机信号死角。

复合材料在建筑工业方面的另一个应用是用于建筑物的修补，当建筑物、桥梁等因损坏而需要修补时，用复合材料作为修补材料是一种理想的选择，因为用复合材料对建筑物进行修补后，不仅能恢复其原有的强度，而且有很长的使用寿命。特别是发生地震以后，需要修补大量受损的建筑物和桥梁时就特别需要这种复合材料。在建筑物修补时常用的复合材料是碳纤维增强的环氧树脂基复合材料，这种复合材料的力学性能优异，用其修补的建筑物更加坚固，目前已经被广泛采用。

介电性能好的复合材料

离不开复合材料的还有电机、电工和电子行业。玻璃纤维增强的树脂基复合材料具有优良的介电性能，可用作电机、电器的绝缘材料。百万千瓦发电机大锥环（图7.18）就是用玻璃纤维增强环氧树脂制成的，单件重量达3t多。由于复合材料具有绝缘性能好、力学性能优良等特点，在电机、电工、电子等行业已经得到广泛应用。例如，每台家用电器（如电视机、洗衣机、空调等）都要用到线路板，线路板就是表面覆盖铜箔的复合材料，它是在热压机中通过加热加压使树脂交联固化后制成的。

介电性能好的复合材料还具有良好的透波性能，因此也被广泛用于制造机载、舰载和地面雷达罩等（图7.19）。

耐酸性能好的复合材料

树脂基复合材料具有优异的耐酸性能，即使将其浸泡在盐酸、硫酸等强酸中也不会被腐蚀掉，因此，它是一种优良的耐腐蚀材料。用其制成的化工管道（图7.20）、储罐、塔器等，主要用于输送和储存盐酸、硫酸等腐蚀性物质，具有较长的使用寿命、极低的维护费用等。这种防腐蚀的复合材料产品在发电厂、冶炼厂、化工厂已经得到广泛应用。

图 7.18　百万千瓦发电机大锥环

图 7.19　地面雷达罩

图 7.20　复合材料管道

7.3 伤口自愈合复合材料航天器构件的制造

航天器受伤了怎么办？随着人类探索太空、利用太空的活动增多，在地球轨道上的卫星、空间站乃至飞向月球和更遥远火星的航天器等也越来越多，这些航天器一旦受伤了怎么办？当动物和植物受伤后，伤口会自己长好，在医学上叫愈合。科学家模仿动植物的伤口自愈合功能，开发了一种神奇的能使伤口自愈合的复合材料，用这种复合材料制造的航天器在太空中受伤后能自己愈合伤口，复合材料的力学性能得到恢复，从而大大延长了航天器的寿命。

那么，复合材料的伤口是怎样愈合的呢？在制造复合材料时，预先将包了活性树脂的微胶囊和催化剂分散在复合材料中。微胶囊的结构类似于我们经常吃的鸡蛋，一个硬质外壳里面包着液体树脂，但是它很小，直径在 1~500μm，只有鸡蛋直径的 1/100 左右。当复合材料受伤开裂时，微胶囊的外壳发生破裂，树脂流出来遇到催化剂后发生化学反应，树脂则从液态转变成坚硬的、具有很好力学性能的固态，从而将复合材料的伤口粘合起来（图 7.21）。

如此神奇的伤口自愈合复合材料是如何制造的呢？

其实，复合材料的种类繁多，生产工艺各异，伤口自愈合复合材料的很多工艺方法也是具有独特性的，例如，制备树脂基复合材料有缠绕成型工艺、拉挤成型工艺、树脂

图 7.21 复合材料伤口自愈合过程

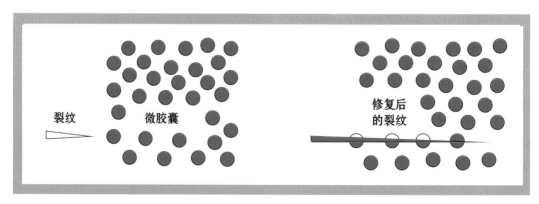

裂纹　微胶囊　修复后的裂纹

传递模塑成型（RTM）工艺、模压成型工艺等。不同的成型工艺制造的复合材料制品具有不同的性能特点，缠绕成型工艺适合于制造正曲率回转体形状的复合材料制品，如氧气瓶、燃料仓等压力容器、航天器的筒形壳体、圆管构件等，这些产品都具有轻质高强的特点。

采用缠绕成型法制备伤口能自愈合的复合材料航天器构件的工艺过程是：将碳纤维浸渍混合有微胶囊和催化剂的环氧树脂基体后，在计算机控制的全自动缠绕机上，按一定的规律缠绕到模具上（图 7.22），达到设计所需的厚度后送到固化炉中，在加热下环氧树脂发生交联反应而固化，树脂固化后将产品从模具上脱下来，就制成了伤口能自愈合的复合材料航天器构件。这种复合材料航天器构件在使用中一旦受伤，会自动修复伤口，力学性能得到恢复，从而延长了航天器的寿命，提高了空间探索项目的成功率。

用缠绕成型工艺方法制造复合材料构件的关键工序之一是产品的固化，由于在固化前产品是软的，故不能受力，随着固化反应的进行，产品由软逐渐变硬，则力学性能有所提高。固化反应达到所需的程度后，力学

性能达到设计要求。在产品的固化过程中，环氧树脂通过与固化剂发生交联反应，使它的分子结构由线型逐渐变为 3D 网状结构（图 7.23）。也有少量环氧树脂分子与碳纤维上的活性基团发生反应，使碳纤维与环氧树脂这两种性质完全不同的材料通过化学键结合在一起，从而大大提高了复合材料构件的性能，延长了复合材料的寿命。包裹有活性环氧树脂的微胶囊在复合材料制造过程中不受任何影响。

■ 图 7.23　环氧树脂固化反应

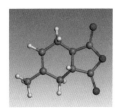

固化剂：甲基四氢苯酐

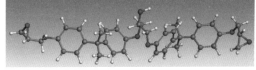

环氧树脂

树脂固化 ↓

■ 图 7.22　缠绕成型工艺示意图

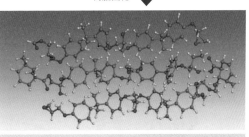

灰色—碳原子；白色—氢原子；

红色—氧原子

7.4 复合材料的未来

到目前为止,复合材料从开发、制造到应用已经发展成一个较为完整的工业体系,在许多工业领域已经得到广泛应用。复合材料在未来的发展主要是在以下几个方面。

高性能复合材料

高性能复合材料是指具有高强度、高模量、耐高温等特性的复合材料。随着人类探索太空事业的不断发展,以及 10 倍音速、20 倍音速空天飞机(图 7.24)的研制,航空航天工业对高性能复合材料的需求量越来越大,而且也提出了更高的性能要求,如超高强度复合材料、超耐高温复合材料等,因此高性能复合材料的进一步研究和开发是复合材料今后的发展趋势之一。

图 7.24 空天飞机

功能复合材料

功能复合材料是指具有透波、烧蚀、摩擦、吸声、阻尼等功能的复合材料。功能复合材料的应用领域广泛,这些应用领域对其不断提出新的要求,许多功能复合材料的性能是其他材料难以达到的,如透波复合材料、耐烧蚀复合材料等。功能复合材料是复合材料的一个重要发展方向。纳米材料的一个重要用途就是制造功能材料,随着纳米技术的发展,功能复合材料也将得到快速发展。

飞机刹车片(图 7.25)是一种典型的具有摩擦功能的复合材料产品,是由碳 / 碳复合材料制得的。黄伯云院士因发明该产品而荣获 2004 年度国家技术发明一等奖,结束了该奖项连续六年空缺的历史。

智能复合材料

智能复合材料是指具有感知、识别及处理能力的复合材料。在技术上是通过传感器、驱动器、控制器来实现复合材料的上述功能。传感器感受复合材料结构的变化信息,例如材料受损伤的信息,并将这些信息传递给控制器。控制器根据所获得的信息产生决策,然后发出控制驱动器动作的信号。

图 7.25　飞机刹车片

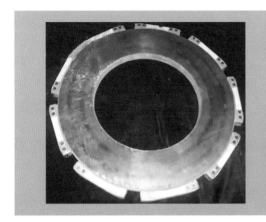

例如，当用智能复合材料制造的飞机部件发
生损伤时，可由埋入的传感器（如光导纤维）
在线检测到该损伤，通过控制器决策后，控
制埋入的形状记忆合金动作，在损伤周围产
生压应力，从而防止损伤的继续发展。如果
该技术在飞机上得到应用，将大大提高飞机
（图 7.26）的安全性能。

图 7.26　商用飞机

仿生复合材料

　　仿生复合材料是参考生命系统的结构规
律而设计制造的一种复合材料。复合材料内
部损伤的愈合就是仿生的实例，当复合材料
受到损伤产生裂纹后，复合材料本身能自愈
合使材料性能得以恢复。这种复合材料在航
空航天领域尤其重要，当航天器（如卫星或
空间探测器，图 7.27）在太空中受损伤后，
使用这种复合材料可以自己愈合损伤，恢复
力学性能，延长了航天器的寿命。目前这种
技术还在发展过程中，有待进一步的完善和
提高。

图 7.27　玉兔号月球车

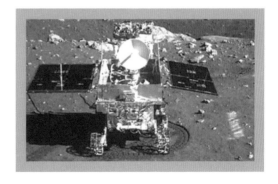

7.5 结束语

复合材料性能独特，制备简单，适用面广，是航空航天、电子技术等尖端技术的基础和先导，也与我们的生活密切相关。随着纳米材料、石墨烯等新材料新技术的发展，像纳米复合材料、生物复合材料等新型复合材料不断涌现。复合材料发展前景光明，发展潜力巨大，在许多领域都亟待我们创新性地去开发、应用。

复合材料目前尚存在原材料成本高、制造成本高、回收利用成本高的"三高"难题，影响了复合材料在某些领域的大规模应用，一旦这些难题被攻克，复合材料将会产生跨跃式的发展。

北京静远嘲风动漫传媒科技中心创作

08 病毒制造
Virus Manufacturing

从负到正的大变革

于慧敏 张帅 杨继

病毒，微小却并不渺小的生物。

在本世纪，病毒是最不容小觑的生物。与病毒并肩的名词往往是各种可怕的疾病、伤害和恐惧。病毒似乎一直站在人类健康的对角线上。如此可怕的生物却在科学家的魔术手中，调转矛头，将其强大的威力锐变成人类活的能源与材料。

病毒制造
Virus Manufacturing

从负到正的大变革

Huge Transformation from Negative to Positive

于慧敏 教授，张帅 博士生 ，杨继 博士后（清华大学）

　　凡事都有正反两面，病毒这个概念，也许你很熟悉，但未必了解。让人们谈之色变的病毒颗粒，因其独特的超微结构和非凡的自我复制能力，反过来却可以被化学化工专家们有所利用，来制造和组装各种功能结构、介导合成新物质、实现各种新功能。以 M13 噬菌体病毒为例，作为纳米级的丝状生物模板，通过对其 p8 和 p3 等衣壳蛋白的基因进行改造，M13 噬菌体已在新型电子材料和病毒电池开发、重金属和化学品污染清除、介导靶向给药、医学诊断或检测、化学工业新型催化剂制备、生物传感器开发和痕量化学品检测等诸多领域发挥了巨大的作用。

8.1 病毒制造——从大千世界说起

大千世界，生机盎然，蕴涵着无数神奇的奥秘。宇宙无垠，日月轮转，星空明灭闪烁。海阔天高，鱼跃鹰飞，阳光普照大地。种子破土萌发，花朵迎风绽放，数不清的细菌、真菌和病毒在水中、在空气中、在土壤里、在肉眼看不见的世界中分裂繁殖，生灭轮回。不管是动物、植物还是微生物，都是几亿年自然进化的产物。生物的世界，是"活"的世界，生物体内，无数新陈代谢反应在瞬间发生；细胞内，一个个超微的核糖体机器在精密地加工合成着各种功能的蛋白质。基因在复制，信息在传递，生命在传承不息（图8.1）。

我们闻之色变的"病毒（virus）"，也在时时刻刻地进行着复制和扩增。病毒这个概念，也许你很熟悉，但未必了解。它是由蛋白质外壳与一个被包裹、保护的核酸分子（DNA或RNA）构成的非细胞形态的、靠寄生生活的生命体。提起病毒，它使人们感到恐惧的重要原因是它看不见、摸不着，但却能够快速侵染活体细胞（宿主细胞），并且以超乎人想象的速度利用宿主的细胞系统进行复制和扩张。作为地球上最微小的非细胞生物和病原体，病毒几

图 8.1 "活"的生物世界

乎能感染所有的细胞型生物并影响其生命活动的正常进行。从常见的感冒、肝炎，到流行性出血热、艾滋病和某些癌症类型，以及禽流感、非典型性肺炎……人类相当多的传染病都是由于病毒的感染所引起的。数百年来，医生们想尽一切办法来阻断有害病毒的繁殖。

但是，凡事都有正反两面。恰恰是病毒的这种超微结构和非凡的自我复制能力，反过来被化学化工专家所利用制造和组装了使

人类从中受益的各种功能结构。利用生物体系实现化工产品生产的生物化工技术，是化学化工的一个重要方向。"活"的生物体，拥有最神奇的化学分子合成、新物质创造的能力。形形色色、形态各异的微生物，包括病毒，都是生物化工的主要研究对象。

病毒颗粒的大小，通常都处于纳米级别（10^{-9}m）。和 DNA、RNA、蛋白质等生物分子一样，病毒的衣壳蛋白、内表面和中间界面都可以进行基因工程改造或化学修饰。作为纳米级的生物模板，病毒在新型电子材料和电池开发、化学工业催化剂制备、生物传感器开发和痕量化学品检测，以及重大疾病治疗等许多领域将发挥巨大的作用。小病毒，大贡献，病毒制造的时代，正在向我们走来。

8.2 病毒制造的科学基础

病毒是目前已知的结构最简单的、"活"的生命单位。自然界中存在着各种不同形态和不同功能的病毒。图 8.2 是电子显微镜下所呈现的几种病毒的形貌结构。其中有些病毒侵染的对象是特定的微生物或植物，对人类安全无害，比如，丝状的 M13 噬菌体、球状的 MS2 和 T7 噬菌体、长杆状的烟草花叶病毒、多面体形状的豇豆花叶病毒等。对人体无害的噬菌体病毒或植物病毒颗粒，由于具有合适的纳米级尺寸、明确的结构、可以进行基因工程操作、能够实现自我复制、增殖和自组装等特性，成为病毒制造的核心对象。

1 纳米（nm，10^{-9}m）的长度到底有多长呢？想象一下，我们自己的一根头发的直径大约为 0.05mm，把它径向平均切割成 5 万根，每根的直径大约为 1nm。这要在放大 100 万倍的高分辨率电子显微镜下才能刚刚看得见。作为科学研究热点的"纳米技术"，通常就是指在 0.1~100nm 尺度范围内对原子和分子进行操纵和加工的技术。在这么微小的尺度上进行操作，尤其是对"活"的病毒进行基因、结构和功能改造，真是太神奇了！

那么，化学化工专家为什么要采用纳米级别的"病毒"颗粒作为模板，来制造

图 8.2　几种病毒结构的电子显微形貌

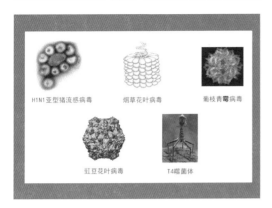

H1N1亚型猪流感病毒　　烟草花叶病毒　　葡枝青霉病毒

豇豆花叶病毒　　　　T4噬菌体

所需要的分子机器或材料，实现所期望的功能呢？

　　原来，在纳米尺度下的几个、几十个原子或分子，能够显著地表现出许多全新的特性。例如，当材料的尺寸降低至纳米尺度时，其表面结构和电子性质会发生显著改变，会产生表面效应、量子尺寸效应、量子隧道效应及库仑阻塞效应等新性质，使得纳米材料往往在光、热、力、电、磁等物理性能和化学性能上表现出与相应的宏观材料所不同的

特性和功能。例如，晶粒尺寸在纳米量级的金属催化剂具有更高的催化活性、选择性和更好的稳定性。作为最廉价的金属催化剂，铁广泛应用于 CO 和 H_2 反应生成烃的费托反应（Fischer-Tropsch）中。研究表明，小到纳米级别的铁纳米颗粒的催化活性能够提高到传统材料的 6 倍左右。

　　另一方面，生物是几亿年自然进化的产物，拥有最神奇的靶标定位和检测以及材料合成、加工和实现特定功能的能力。例如，抗体蛋白能够在成千上万个配体分子中寻找到自己特异性识别的抗原并与之结合，两条单链 DNA 分子依靠碱基之间特定的互补配对规则精确自组装形成双螺旋结构（图 8.3），酶分子可以特异并专一地与特定的底物结合进行高效催化反应，等等。生物体中这些独特的性能，往往是用常规的方法很难或无法达到的。对于具有精确组装结构的病毒颗粒，结合现有成熟的基因工程和蛋白质改造技术，就能迅速得到大量具有特定结构的病毒单元，在此基础上对其进行改造以达到预期目的。

图 8.3　纳米级生物分子的一些特性

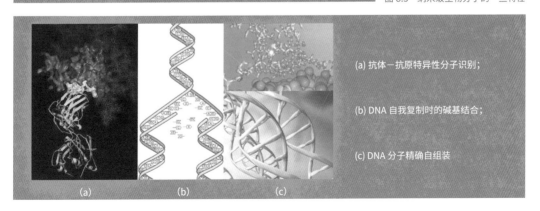

(a) 抗体－抗原特异性分子识别；

(b) DNA 自我复制时的碱基结合；

(c) DNA 分子精确自组装

(a)　　　　(b)　　　　(c)

图 8.4   M13 噬菌体的结构

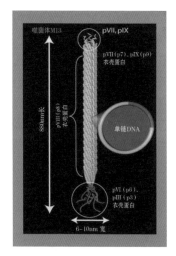

因此，科学地利用病毒的自我复制和自组装能力，将会使病毒反过来为人类所利用。利用天然的或基因改造后的病毒颗粒来完成预期的任务，将为我们制造各种各样的产品，实现各种各样的功能，包括化学分子合成、化学反应催化、新材料和新器件开发与制备、痕量化学品检测以及重大疾病治疗等，提供行之有效的方法，使我们的化工科技更加飞速地发展。

病毒制造的实质，就是一种多学科交叉的生物纳米前沿技术。它将纳米技术和生物体系的独特优势相结合，借助迅速兴起的生物纳米技术，模仿生物系统的能力来转化和传输能量、创造

生物质、合成专用有机化学品、实现特异性识别和检测、发送和传导信号、储存信息、进行有序和可控运动、自组装和复制等，这些都构成了生物纳米技术的主要研究内容。

简单地说，只要我们改造病毒的基因，就能够得到我们需要的特殊病毒结构，从而具有精心设计的新功能。

以对人体无害的丝状 M13 噬菌体（filamentous M13 phage）病毒为例。与其他病毒颗粒一样，M13 噬菌体病毒也被自然赋予了纳米级的、非常精巧的结构。野生型 M13 噬菌体的结构如图 8.4 所示，它长 800~900nm，直径 6~10nm。它的单链环状 DNA 分子有 6407 个碱基，编码噬菌体的 11 种蛋白，其中，最终成熟的噬菌体颗粒由 5 种衣壳蛋白（也叫作结构蛋白）组成，包括周身包覆的 p8 衣壳蛋白（有时也写作 pVIII 蛋白或 g8p）、一个末端的 p3 衣壳蛋白（pIII 蛋白或 g3p）和 p6（pVI 或 g6p）以及另一个末端的 p7（pVII）和 p9（pIX）衣壳蛋白。其他 6 种由其 DNA 编码的蛋白仅出现在 DNA 复制和噬菌体装配的过程中。

在 M13 噬菌体的 5 种衣壳蛋白中，应用最广的是末端蛋白 p3 和周身蛋白 p8，这两种蛋白通过基因改造可以实现各种新功能，如图 8.5(a) 所示。在高分辨率电子透射电镜下，一个 M13 噬菌体分子的形貌为细长丝状，如图 8.5(b) 所示；多个噬菌体分子的形貌如图 8.5(c) 所示。M13 噬菌

图 8.5   高倍电子透射电镜下的 M13 噬菌体

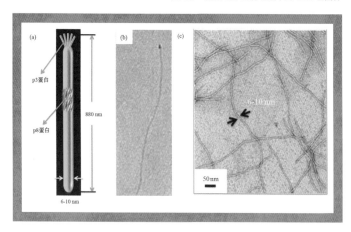

图 8.6 M13 噬菌体 p8 蛋白螺旋结构和末端氨基酸序列

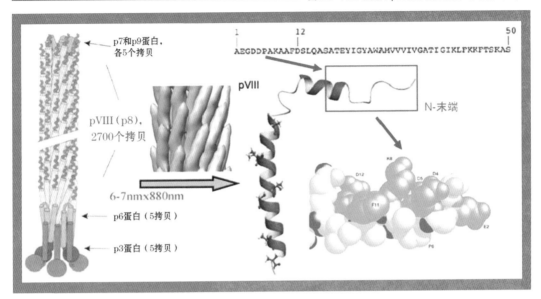

体表面是 2700 拷贝的主要衣壳蛋白——p8 蛋白（基因 gVIII 的表达产物）。成熟的 p8 蛋白呈螺旋状，含有 50 个氨基酸残基，在噬菌体表面按五倍螺旋对称重复排列形成柔性圆柱体衣壳，将单链环状 DNA 包裹于其内。天然噬菌体 p8 蛋白的末端螺旋结构如图 8.6 所示。

在噬菌体的一端，是 5 拷贝的次要衣壳蛋白——p3 蛋白（基因 gIII 的表达产物），

它通过 p6 蛋白附着在噬菌体颗粒上，是噬菌体吸附宿主细胞所必需的，如图 8.7(a) 所示。

这些蛋白的结构由它的单链 DNA 基因决定。通过剪切、插入和连接新设计的基因序列到 p3 或 p8 等基因的上游，扩增后的新 M13 噬菌体就可以在相应衣壳蛋白的末端展示出新的精细结构，并具有相应的新功能，比如，特异性地吸附不同的金属离子（图 8.7(b)）。

图 8.7 M13 噬菌体的衣壳蛋白改造（a），以及吸附不同金属离子（b）示意图

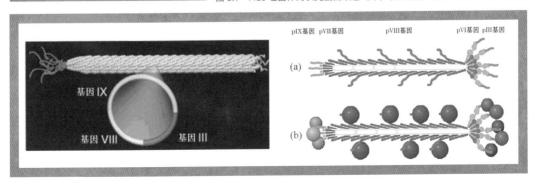

M13 噬菌体特异性侵染雄性大肠杆菌（带有由 F 质粒编码的性菌毛）。侵染过程为：M13 噬菌体通过末端的 p3 蛋白结合大肠杆菌的性菌毛，再去除蛋白外壳并将噬菌体 DNA 注入到大肠杆菌内。被 M13 感染的大肠杆菌不会裂解，而是继续生长和分裂，但生长速率较未感染时低。

每个宿主细菌细胞每代可产生几百个病毒颗粒，从细胞内释放后就可以在培养液中大量积累（图 8.8），产生不计其数的具有新外壳结构的 M13 病毒颗粒，其在细菌培养液中的滴度常大于每毫升 10^{12} PFU/mL（病毒计数单位）。

这样，用基因改造后的噬菌体侵染大肠杆菌来进行扩增，即可获得大量的具有新衣壳蛋白结构的噬菌体，可将其应用于能源、环境、医药等各个领域。

图 8.8　侵染大肠杆菌细胞并复制扩增后的 M13 噬菌体从细胞内释放出来

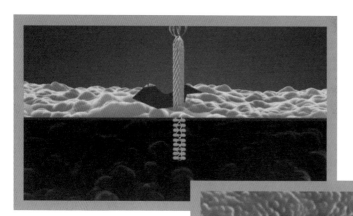

（a）一个 M13 噬菌体在大肠杆菌细胞内组装后释放出胞外

（b）大量扩增并释放到胞外的 M13 噬菌体

8.3 病毒制造的大事业

改造基因使我们获得了需要的病毒。掌控了病毒改造的规律，那么对它的应用就可以拓展到我们生产和生活中的方方面面。

制造病毒电池

首先，让我们来看如何利用 M13 病毒颗粒来制造病毒电池。

大家都知道，两百多年来，电池已经同我们的日常生活息息相关。小到手机、照相机，大到笔记本电脑、电动汽车，电池无处不在。图 8.9 列举了电池的发展历程。

在众多不同的电池中，锂电池具有许多独特的优势，比如额定电压高、自放电低、使用寿命长等。然而，锂电池在使用过程中仍然具有一些缺点，比如内阻大、成本高、待机时间仍然不够长，等等。以手机为例，目前普遍使用的锂离子电池平均待机时间一般只有几天，远远不能满足需要。那么，造成电池电量不够充足的原因在哪里呢？

先让我们看看常规锂离子电池是如何产生电的。

图 8.9　电池的发展

图 8.10　电池电量不足的手机

图 8.11　锂离子电池的工作原理

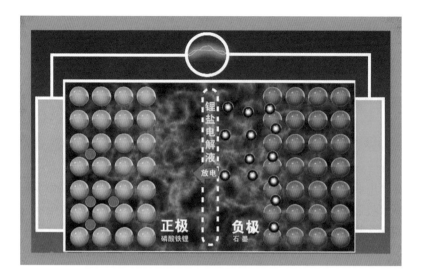

搭建成了高效的病毒电池。改造后的病毒电池如图 8.13 所示。

　　这种奇妙的病毒电池，具有储能高、体积小、环境友好、常温自组装等多种优点。它的功率能够比锂电池提升 10 倍！手机的待机时间有望保持数周甚至数月。

　　锂离子电池由正极、负极和电解液组成。正极材料通常采用磷酸铁锂；负极采用石墨；电解液采用锂盐的有机溶剂溶液，以提供锂离子。正极材料的锂离子嵌入位点越多，电池电量越大，其工作原理如图 8.11 所示。当常规的磷酸铁锂作为正极时，提供的锂离子嵌入位点数量还不够多，因此不能满足手机电池长时间待机的需求。

　　在这个问题上，美国麻省理工学院的 Belcher 教授研究组提出了一个奇妙的构想——开发 M13 噬菌体作为生物模板，来制备病毒电池！

　　那么，到底怎样利用病毒来构建电池呢？首先，Belcher 教授通过对 M13 噬菌体周身 p8 蛋白进行基因工程改造，使之特异性地结合磷酸铁；接着改造末端 p3 蛋白，使其能够特异性地"抓住"碳纳米管，改造的示意图如图 8.12 所示。最后，这些特殊的噬菌体分子进行自组装，装配成病毒电池的正极和负极石墨，之后，它们与锂盐电解液

清除重金属和化学品污染

　　在环保领域，M13 噬菌体病毒能够帮助我们净化被污染的水。大家知道，对于人类

图 8.12　改造 M13 噬菌体用于病毒电池

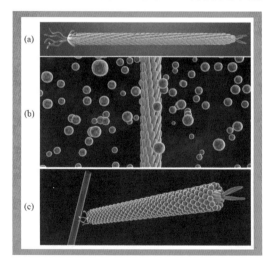

(a) M13 噬菌体分子
(b) 周身 p8 衣壳蛋白吸附磷酸铁
(c) 末端 p3 蛋白识别并"抓住"碳纳米管

图 8.13 改造后的 M13 噬菌体自组装用于锂离子电池正极（左）及成功搭建的病毒电池（右）

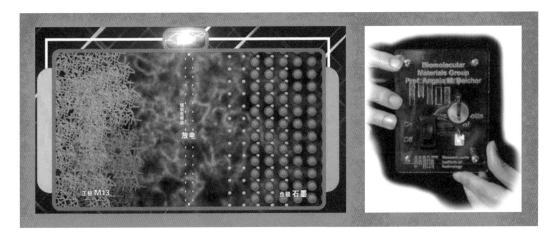

生存具有致命威胁的核污染通常都是由能够溶解在地下水中、随地下水到处扩散的六价铀离子造成的。把可溶于水的六价铀高效还原成不溶于水的四价铀，是治理核污染的重要手段。应对未来核能发展中的隐患及核武器的威胁，开发新型的核污染处理技术，对于人类的可持续发展具有重要的意义。

清华大学的研究人员同样采用基因重组的 M13 噬菌体为模板，首先在温和条件下快速合成了分散性很好的直径约为 10 nm 的球形单晶面心立方（FCC）-Fe 纳米颗粒，其结构如图 8.14。

进一步利用 M13 噬菌体和 FCC-Fe 纳米颗粒形成的耦合体系，把携带着纳米铁颗粒的 M13 噬菌体病毒加入到含有六价铀的污水中，纳米铁可以立即和六价铀发生氧化还原反应，使其快速还原成不溶于水的、2~5 nm 的 UO_2 纳米晶，沉积在 M13 噬菌体病毒的表面（图 8.15），并可以和病毒颗粒一起，方便地进行回收。这样我们就得到了无污染的水。

图 8.14 M13 噬菌体介导合成的面心立方（FCC）-Fe 纳米颗粒

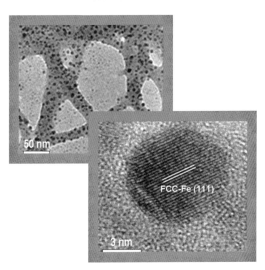

上图，M13 噬菌体上 Fe 纳米颗粒的电镜照片；下图，高倍电镜下的 1 个（FCC）-Fe 纳米颗粒

在地下水污染中还有一种常见的污染物是镉（Cd(II)）离子。镉可通过食物链于生物体内富集，从而引起人体的慢性中毒，

图 8.15 采用噬菌体介导的铁纳米颗粒高效还原六价铀的过程示意图

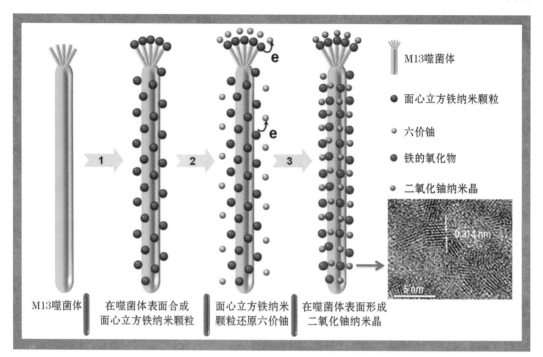

M13噬菌体

● 面心立方铁纳米颗粒

● 六价铀

● 铁的氧化物

● 二氧化铀纳米晶

M13噬菌体　在噬菌体表面合成面心立方铁纳米颗粒　面心立方铁纳米颗粒还原六价铀　在噬菌体表面形成二氧化铀纳米晶

对肾、脾、胰等内脏器官和毛发、骨骼都能产生不同程度的损害。更糟糕的是，镉离子能够溶解在水中，随水到处流动，污染得到扩散。

利用单质铁还原镉离子生成不溶于水的物质是一种有效的污染治理方法。同样，利用 M13 噬菌体病毒作为纳米模板材料，能够制备出均匀分散的纳米铁颗粒，其平均粒径只有几个纳米，而且非常稳定。携带着纳米铁颗粒的 M13 噬菌体病毒加入到含有六价镉的污水中，纳米铁可以立即和六价镉发生氧化还原反应，使六价镉快速还原成不溶于水的三价镉，沉积在噬菌体病毒的表面，并可以和病毒颗粒一起，方便地进行回收，同样能得到无污染的水。

但由于水体中纳米铁颗粒易于聚集成团，或还原生成的镉颗粒易于覆盖在零价铁颗粒的表面，从而导致氧化还原反应效率显著降低。

如前所述，利用 M13 噬菌体的 p8 衣壳蛋白吸附，可以制备均匀分散的纳米铁颗粒。进一步采用基因工程方法改造 M13 噬菌体的 p8 衣壳蛋白，可以获得能够特异性地识别和吸附镉离子的新型基因重组 M13 噬菌体，其过程如图 8.16 所示。采用这两种具有不同吸附特异性的 M13 噬菌体作为铁和镉的双分散体系，不仅可以有效避免铁纳米颗粒的自聚团效应，还可以避免还原后的镉纳米晶直接沉积在铁单质的表面所导致的氧化还原反应进程的中断，从而显著提高纳米

图 8.16　分别用不同的病毒模板对纳米铁和镉进行负载后再进行氧化还原反应

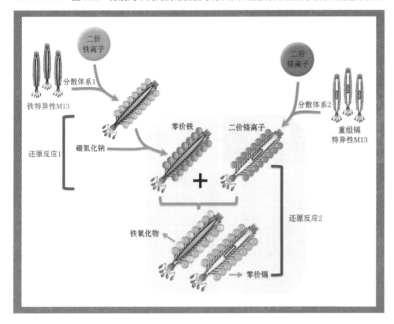

铁还原镉离子的氧化还原反应效率。

类似地，受到重金属铬、铅等污染的水，都可以采用 M13 噬菌体病毒介导的方法来进行处理。不仅如此，一些有机污染物的治理同样可以采用类似的方式，例如对氯硝基苯还原等。

介导靶向给药、医学诊断或检测

健康问题是全世界一直都在关注的首要问题之一。癌症、艾滋病、脑神经病变、血液疾病等各种严重威胁人类健康的重大疾病的诊断和治疗呼唤着新理念的发展和新技术的应用。在这一领域，利用病毒颗粒作为筛选手段已经成为寻找新型蛋白和多肽药物的一个强大而有力的工具，病毒颗粒作为生物模板对医

疗的推动作用也同样引起了人们的强烈兴趣和关注。

噬菌体展示（phage display）技术是一种大规模生物筛选技术，通过将不同的外源多肽或蛋白与 M13 噬菌体病毒的 p3 蛋白末端相融合，可以构建得到含有大量待筛选多肽或蛋白分子的 M13 病毒文库。以某个靶标蛋白或重要物质为目标进行生物筛选，就可以快速获得能和靶向目的物质特异结合的多肽或蛋白分子（图 8.17）。这些筛选得到的分子既可以作为一种检测靶标物质的试剂，也可以作为"跟踪导弹"，在生物体内定向跑到靶标物质处。

图 8.17　通过噬菌体展示技术筛选得到与目标分子（黄色凹块）特异性结合的多肽或蛋白分子（蓝色圆形）

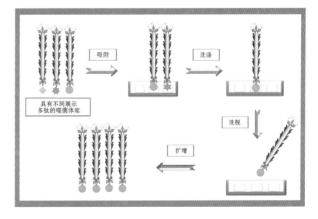

图 8.18　特异性识别癌细胞的多肽药物的靶向定位

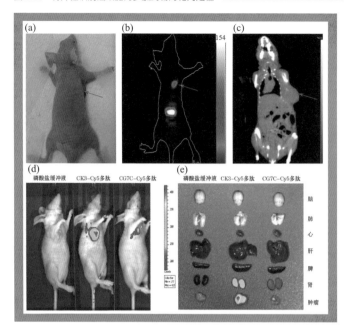

(a)~(c) 是分别用可见光、SPECT 和 CT 成像的老鼠照片，箭头所指处为癌细胞所在位置；(d) 和 (e) 为近红外荧光成像的老鼠照片，可见大部分药物定向到了癌症病灶处

例如，癌细胞生长的关键一步，就是在血管内皮生长因子（VEGF）与其受体（VEGFR）相结合的刺激下产生新生血管，以给癌细胞提供养料。通过噬菌体展示技术，筛选得到能与 VEGFR 相结合的多肽或抗体蛋白分子，就能阻断 VEFG 同 VEGFR 的结合，进而抑制癌细胞的生长。类似地，根据对癌细胞生长和免疫抑制机理的不断研究，并找出其中的关键靶标分子（如癌症免疫法中的 PD-1 和 PD-L1），就能筛选得到各种扼制癌细胞生长的关键药物分子。

此外，当前的癌症治疗方案主要是利用化学（化疗）或物理（放疗）的方法，来达到消灭癌细胞的目的。但这些方法就像没长眼睛的士兵，对癌细胞和正常的人体细胞不加区分，一视同仁地发起进攻，因此病人在治疗过程中会出现很多不良反应。

现在，人们已经筛选到很多能与癌细胞表面受体特异性结合的多肽或抗体分子，将这些分子连接在化疗所用的药物上，就好比给士兵添上了眼睛，可以使他们指哪打哪，选择性地去攻击癌细胞；如果将这些分子连接上成像分子，则可以通过仪器观测癌细胞的位置（图 8.18），对特异性识别癌细胞的多肽药物的靶向定位研究表明，癌细胞靶向定位多肽 CK3-Cy5 和 CG7C-Cy5 分子把大部分药物定向到了癌症病灶处，但也有不少集中在肾脏里，说明癌细胞靶向定位分子的筛选在未来还有很大的改进空间。

利用噬菌体展示技术，同样可以筛选到药物分子来检测对人体构成威胁的病毒和细菌（如艾滋病病毒 HIV、埃博拉病毒等），诊断和治疗相关的疾病。通过筛选得到的能与病原体表面抗原相结合的多肽或抗体蛋白分子，结合芯片实验室（lab-on-a-chip）技术，人们已经做出体积小巧、使用方便的病原检测试纸（图 8.19）。同样，只要筛选出能与人体血液中各种指标分子相结合的多肽或蛋白分子，就可以制备出各种能快速检测人体健康状况的试纸。

图 8.19　病原检测试纸示意图

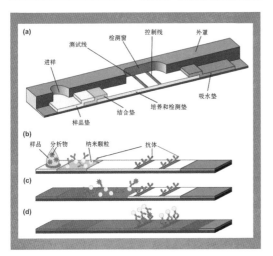

通过将能和病原抗原分子特异性结合的抗体分子（通过噬菌体展示技术筛选得到）固定在试纸上，从而可以检测到含病原的样品

图 8.20　通过噬菌体为模板构建得到的纳米药物

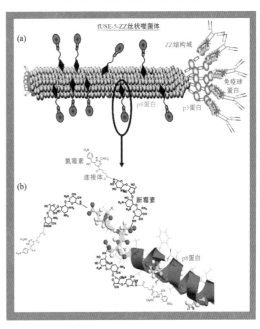

噬菌体病毒还可以直接作为载体，用于疾病的治疗。例如，在噬菌体 p3 蛋白处连接上靶向定位病原体的抗体分子，而在噬菌体 p8 蛋白上通过化学修饰连接上药物分子，可以构建得到一个高效的抗病菌纳米药物，比同等的普通药物分子效果高出约 20000 倍（图 8.20）。作为基因传递载体，噬菌体能够将药物基因分子运送到人体细胞中，相比于其他的基因运送载体，噬菌体对人体几乎没有任何副作用，且稳定性更好、基因运载能力更强、相对易于制备，从而有希望成为基因治疗的一个重要武器。

此外，研究人员还发现，经过基因工程改造，噬菌体模板不仅可以特异性识别或吸附金属离子，还能够特异性结合人类神经细胞，从而作为神经细胞再生的模板，用于人类脑科疾病的治疗等。

制备化工新型催化剂

同样，在化工催化领域，使用基因改造后的 M13 噬菌体病毒，可以辅助制备各种高效催化剂。

大家都知道，催化是化学工业的技术核心，它是涵盖化学、生物学和材料科学的一门综合性交叉学科，在能源、环境和生命健康等领域发挥着非常重要的作用。化学工业中 85% 以上的过程依赖催化技术来实现。

催化技术的关键就是设计和开发具有高活性、高选择性和高稳定性的催化剂。在化学工业中，金属是多数工业催化剂的活性组分。新型金属催化材料的开发、制备、表征及其催化作用本质，是未来催化剂研究的主要方向。由于纳米级催化剂在催化性能上表现出突出的优势，利用生物模板高效制备尺度均一，结构均一的纳米金属催化剂，也成

图 8.21   采用噬菌体模板高效制备的纳米催化剂用于氢气制备反应

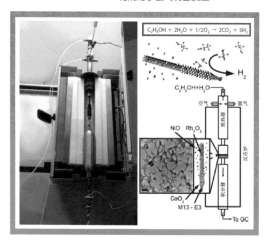

左图：乙醇制氢反应的反应器；

右图：基因工程改造的噬菌体模板介导金属纳米催化剂的合成并用于乙醇制氢气的反应

图 8.22   M13病毒模板介导光催化水分解的氧化半反应

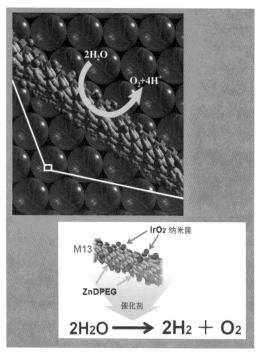

为生物纳米技术领域的研究热点。

研究发现，催化剂的催化位点位于金属表面的晶格缺陷部位，催化活性跟催化剂本身的表面积密切相关。用传统的干燥或煅烧方法制备的金属纳米微球，催化位点在载体表面随机分布，且不稳定，可以迁移。为了提高纳米催化剂的催化活性和稳定性，Belcher 教授研究小组提出将基因工程改造后的 M13 噬菌体模板与多种金属氯化物溶液均匀混合再氧化，从而获得高效纳米金属催化剂（图 8.21）。

利用该方法，Belcher 教授研究小组成功制备了噬菌体耦合的纳米镍-铑-铈催化剂，用于乙醇重整制氢反应。结果惊喜地发现，新型催化剂可以使催化反应温度从 650℃下降到 300℃。

由于氢燃料电池的高产能、无污染特性，从乙醇原料出发催化重整高效制备氢气，将为人类成功解决清洁能源问题提供良好的方案。又由于乙醇能够从天然可再生的生物质资源大量生产，上述研究路线的成功还保证了氢能源的可持续发展。

另外，Belcher 教授和她的学生们，还采用 M13 噬菌体分子作为支架，制备了光敏化剂锌卟啉（ZnDPEG）和氧化铱共组装的新型光催化剂，成功实现了光催化分解水制氢的氧化半反应（图 8.22），这为人类快速地获取高效氢能源提供了新思路和新方法。

开发纳米材料和新型检测器件

病毒（噬菌体）分子由于具有合适的大小、明确的结构、可以进行基因工程操作、能够实现自我复制增殖和自组装等特性，因此还可以被广泛用于纳米颗粒、纳米线、纳

图 8.23　M13 噬菌体介导合成的纳米颗粒、纳米线和纳米薄膜

图 8.24　由 M13 噬菌体病毒颗粒有序排列制成的高精度变色检测器

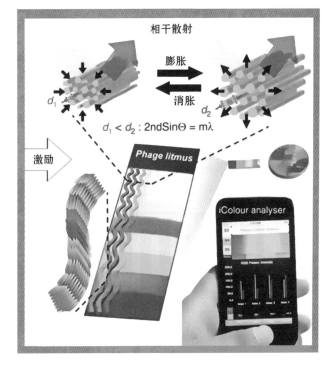

米薄膜以及多层纳米材料的合成等，图 8.23 是 M13 噬菌体介导合成的纳米材料。

随着科学技术日新月异地发展，人们也越来越关心环境安全与人体健康，因此对痕量化学品的快速、高效、可视化检测技术的需求变得越来越迫切。M13 噬菌体病毒模板在新型检测器件开发中的应用逐渐进入人们的研究视野。

显色检测是一种监控大气和水体污染物的常用方法。当被测物经过检测器后，不同浓度的污染物呈现不同颜色的变化，从而实现对污染物浓度的监测。然而，常规的化学检测方法通常不能直接对大气和水体中的污染物进行实时监测，且准确性和灵敏度也通常不够高，对浓度在检出限以外的痕量有害化学品往往无能为力。2014年在 *Nature Communications* 发表的论文中，研究人员报道了一种将基因工程改造后的 M13 噬菌体自组装成为具有高特异性的病毒显色检测器的方法，有望解决上述问题。这种检测器由纳米级的、在基底材料上有序排列的 M13 噬菌体束或噬菌体层组成，噬菌体排布结构的微小变化，就会引

起光散射的显著不同，从而呈现肉眼可见的颜色差异。

当环境中存在待测的痕量化学品并接触到噬菌体检测器时，由于这些化学品极性的差异，就会引起噬菌体排布结构的迅速变化，从而导致噬菌体检测器呈现出显著的颜色变化。根据待测有机物种类的不同，噬菌体检测器会进一步产生各种精细的色泽表现，图 8.24 为一种由 M13 噬菌体病毒颗粒制成的检测器。

举个更为具体的例子，一种在病毒表面展示了能够特异结合三硝基甲苯（TNT）的多肽的 M13 噬菌体，经提拉法有序排列制备成的病毒检测显色传感器，能够在环境 TNT 浓度低至 300 ppb 时，成功将其与其他结构类似的化学物质准确区分开来，给出令人满意的检测结果，图 8.25 展示了噬菌体检测痕量 TNT 的测试结果。

图 8.25　基因工程噬菌体显色检测痕量 TNT

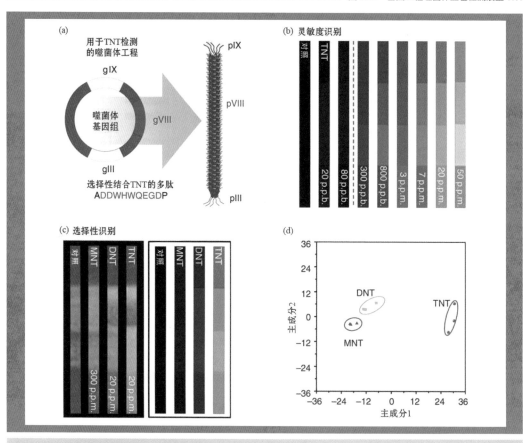

(a) 基因工程改造 M13 噬菌体的 pVIII 蛋白使其展示特异性结合 TNT 的多肽；

(b) M13 噬菌体显色试纸检测 TNT 的灵敏度评价；

(c) M13 噬菌体显色试纸检测 TNT 的选择性评价；

(d) M13 噬菌体显色试纸接触 TNT 等化学物质后产生颜色变化的主成分分析（PCA）示意图

8.4　放飞梦想——病毒制造的大时代

　　M13 噬菌体病毒带给现代化学化工的成就还远不止于此，它将在更多个领域为我们的生活服务，不仅仅是病毒电池、病毒计算机，未来的病毒产品将会超乎人类的想象，我们可以展望，未来高速路上奔跑的汽车可以由病毒来驱动，人们身上穿的衣服可以用病毒来保暖……

　　然而，除了在生命科学、材料科学以及工业生产方面的科学和应用价值外，病毒同样能作为生化武器而造成人类社会的恐慌。如同核、激光等很多新兴事物一样，它们既能造福于人类社会，也拥有摧毁人类文明的能力，其关键还是掌握在人们自己的手上，就在于人们如何去应用它们。

　　既然病毒总是迫不及待地想要扩增，那就让它们生长吧，只要是按照我们规定和希望的方向，越多越好……

图 8.26　几种病毒颗粒

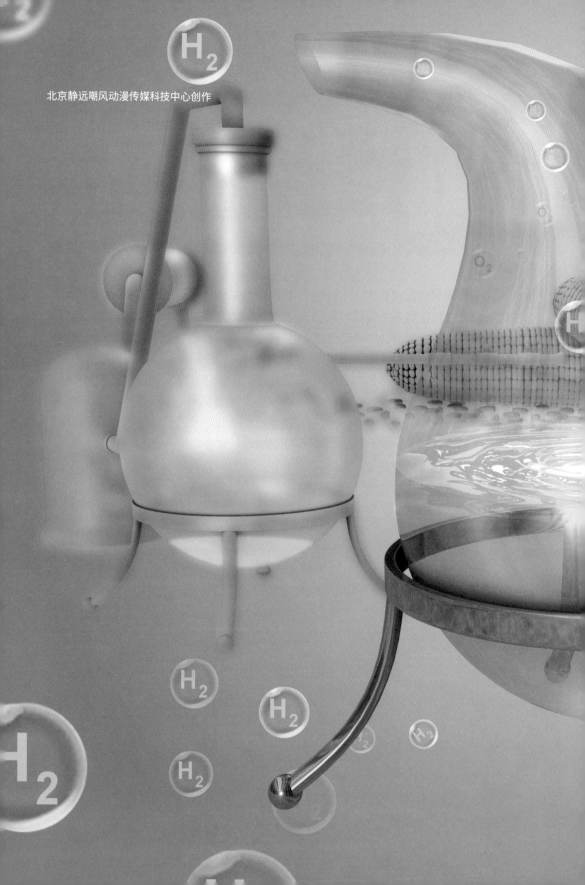
北京静远嘲风动漫传媒科技中心创作

09 生物炼制
Biorefinery

解决资源和环境问题的金钥匙

陈振

经过千万年沉积之后，生物在地球深处变成了现代科技社会的动力之源。

在地表之上，在广袤的天地间，春去秋来，生命不断更新交替。这鲜活的生物体中除了少量的果实被攫取采摘，大量的生命能源正在失落中沉寂。现代科学对生物的研究，已经超越了人们对果腹的理解，跨越了以往对食物的需求。

生物炼制
Biorefinery

解决资源和环境问题的金钥匙
Golden Key to the Challenge of Resource and Environmental Crisis

陈振 博士（清华大学）

　　资源、能源与环境与人类的发展息息相关，人类社会的发展需要消耗大量的资源和能源，同时对环境产生不可逆转的影响。进入 21 世纪，如何协调经济社会高速发展与资源、能源的短缺以及环境恶化的关系，已成为人类发展所必须面临的重要挑战。石化炼制为社会提供基础的能源产品以及大量的基础材料和化学品，是推动社会经济高速发展的重要动力，成为国民经济发展的基础。然而，进入 21 世纪以来，随着石油资源的不断枯竭以及石化炼制所带来的一系列环境问题，人们开始寻找一种新的可持续的发展模式来替代传统的石化炼制这一重要的基础工业产业链。在这一背景下，生物炼制应运而生。本章就生物炼制与石化炼制的过程进行类比，并就生物炼制目前的发展情况及未来的发展前景做一些介绍。

9.1 石化炼制的过程 及其存在的问题

提起石化炼制，也许你很熟悉这个名词，但未必了解其内涵和全部意义。我们生活中的一切几乎都和石化炼制有关。平常我们所见到的天上飞的飞机，地上跑的火车，海上航行的轮船等，它们所用的燃料都是由石化炼制所产生；我们身上穿的五颜六色的衣服、鞋子、帽子，所用的材料也大多来自于石化炼制；电脑、手机、iPad，这些高科技产品也需要石化炼制为它们提供原材料。图 9.1 是典型的石油化工厂。

那么，什么是石化炼制呢？石化炼制的主要原料是石油和天然气，石化炼制即通过一系列复杂的物理变化和化学反应对石油和天然气等进行加工，得到人们所需要的产品。从油田里开采出来的原油，它是一种包含十分复杂的烃类和非烃类化合物的混合物，主要成分是各种烷烃、环烷烃、芳香烃以及在分子中同时含有这几种烃结构的混合烃，故其沸点的覆盖范围可以从常温一直到 500℃以上，若要对石油进行研究和利用，则需要

图 9.1　典型的石油化工厂

对石油进行加工处理，以便得到各种用途的石油产品。而石化炼制即是中间的加工处理过程，其中分馏是现在非常常见的对原油的一种处理方法，即利用不同大小分子的沸点不同的原理，将石油分离成若干的馏分，这些馏分经过进一步的加工，如裂化、

图 9.2 石油炼制产业链

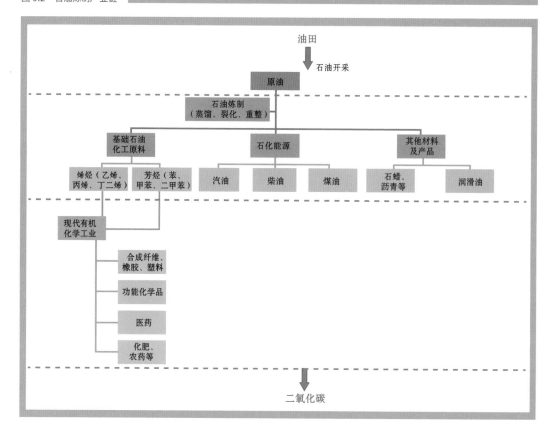

加氢、重整等工艺，就得到各种产品如润滑油、石蜡、沥青等，主要是还能得到能源产品比如汽油、柴油、煤油等。同时石油也可以通过多次加工，生产各种基础的化工原料，其常用加工途径有催化、加氢裂化、加氢精制等，然后再通过裂解工艺制取所谓的"三烯三苯"即乙烯、丙烯、丁二烯以及苯、甲苯、二甲苯等重要化工原料，这些基础化工原料进一步通过现代的有机化学工业体系合成纤维、塑料、橡胶、医药品、化肥、农药等。图 9.2 所示为石油天然气的产品链。

石化炼制已经渗透在人们生活的方方面面，首先石化炼制生产的燃料类产品如汽油、

煤油、柴油等成为各国能源供应不可或缺的部分，据估计全球每年消耗的能源 40% 以上都来自于石化炼制。其次石化炼制生产的烯烃和芳烃等基础化工原料是带动整个下游化工行业的基础。石油炼制具有完整的产业链，在一个国家现代化的过程中，石化炼制也占有重要地位，石化经济是各国经济的重要部分，它成为现代文明的标志之一，也是一个国家工业化水平的标志之一。

然而石化炼制也存在不可忽视的两个大问题。第一个就是原料问题，石油的形成需要自然界孕育至少 200 万年的时间，是一种不可再生能源，储存量有限，无法长期供应

人类发展需要，以现阶段人类这种极高的开采速度来开采石油，预计石油会在几十年内就被开采光，再考虑到石化炼制在人类发展中扮演的重要角色，当石油被开采光时就极有可能爆发能源危机，对人类的经济和社会都会造成重大冲击。第二个就是环境问题，石油中的碳是经过很长时间才聚集起来，但是石化炼制生成产品后却经过极短的时间以二氧化碳、一氧化碳的形式放出，则必定会造成二氧化碳的过度排放问题，加剧温室效应，并且石油中不可避免会含有硫和氮，加工成燃料后燃烧生成的二氧化硫和氮氧化物也会危害人体健康和污染环境，环境问题越发严重，也越来越受到人们的关注，石化炼制企业也开始着手研发如何降低生产过程中的污染排放。

9.2 生物炼制的概念

　　面对资源和环境双重危机，人类需要找到一种新的可持续的发展模式来替代传统的石化炼制这一重要的基础工业产业链。在这一背景下，生物炼制应运而生。所谓的生物炼制，就是以地球上可不断再生的生物质为资源，通过化工与生物技术相结合的加工过程，将其转变为能源、化学品、原材料等，使其能够部分或者全部替代石化炼制的产品链。

　　生物炼制的优势首先体现在原料的选择上，与石油的不可再生相比，生物炼制所用原料可以是木质纤维素、糖基化品、生物基油脂、蛋白基材料等生物质资源。地球上蕴涵着极为丰富的生物质资源，如遍布陆地的植物以及遍布海洋的微藻等，最重要的是这些生物质资源是可再生资源，这些生物质资源能够通过生态圈循环不断再生，取之不尽、用之不竭。据估计，全球每年能产生相当于 650×10^8 t 碳的生物质，仅需利用小于 10% 生物质资源，即可替代化石资源。且生物质在加工生产的过程中产生的二氧化碳，又可以作为植物光合作用的原料被消耗掉，因此整个过程是一个绿色可循环的生态工业过程，理论上可以实现碳的零排放，不会给环境保护造成巨大压力，这样既可解决人类面临的资源能源危机问题，又减少了环境的压力，在化石资源被高速开采导致逐渐匮乏的今天，生物质资源是一种非常可行和绿色的替代资源（图 9.3）。

　　通过对自然界大量可再生生物质资源的充分利用，可以同时解决环境与资源之间的矛盾。例如生物炼制就能够以农业废弃物

图 9.3　生物炼制过程的碳循环

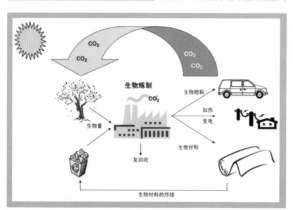

为原料进行加工炼制，将农业生产中流失的资源再利用起来，真正做到变"废"为"宝"，并且能够减轻农业垃圾造成的环境污染和土壤问题，其产生的一系列产品也能帮助农村改善经济状况，节约能源消耗。以秸秆为例，我国每年有 7×10^8 t 吨左右的作物秸秆，其中被焚烧的量就有 15% 左右，焚烧秸秆不仅是一种资源的浪费，且其焚烧产生大量的 CO、CO_2、氮氧化物、多环芳烃等会造成环境污染，给人类的健康带来威胁。如果将秸秆变废为宝，就可以将其加工成纤维素、半纤维素等，成为生物炼制的原料。地球上还有大量的非粮作物，这些植物不能够直接成为人类的食物，但是通过生物炼制过程就能将它们分离成木质纤维素、淀粉、油脂、蛋白质等基础原料。还有海洋上的微藻，微藻在自然界中含量丰富，易于大量培养，并且不占用耕地，也不会因为大量收货而造成生态系统的破坏，它的光合作用的效率也非常高，生长的周期较短，单位面积年产量是粮食的几十倍乃至上百倍，而且其干细胞中含油较高，能够通过生物炼制合成生物柴油替代石化炼制生产的燃料，是非常理想的生物炼制原料。

9.3 生物炼制过程

生物炼制过程就是将生物质通过物理、化学、生物方法或这几种方法集成的方法进行成分分离和加工，使其转化成基础原料糖、脂肪、蛋白质等，其中糖类化合物可以通过生物催化的方法生产各种不同碳链长度的平台化合物，这些平台化合物可以进一步通过现代的化学工业体系合成纤维、塑料、橡胶、医药品、化肥、农药等；油脂类需要可以通过酶催化的方法合成生物柴油等能源化学品；蛋白质既可以直接作为营养产品，也可

图 9.4 生物炼制过程的产业链

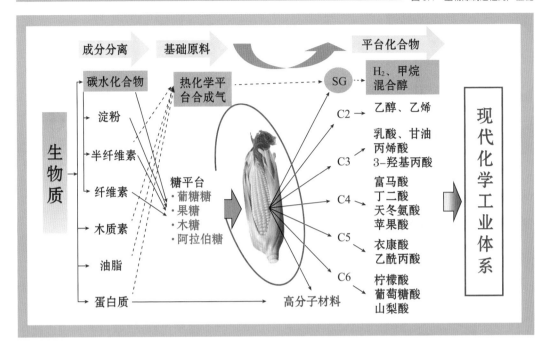

以通过进一步的聚合工艺合成高分子材料；当然生物质也可以直接通过热电处理，直接进行发电。生物炼制也具有与石油炼制类似的产业链结构（图 9.4），因此理论上，生物炼制可以全部或者部分替代石油炼制过程。生物炼制的发展需要将生物、化学、化工以及工程的技术充分地结合起来，实现对原料的高效、低成本的转化。

以玉米为例，对于生物炼制来说玉米全身都是宝，无论是玉米粒籽还是秸秆及穗轴都可以作为生物炼制的原料。玉米粒籽富含淀粉、蛋白质和油脂等，秸秆又富含纤维素、半纤维素等碳水化合物。通过现代化学加工的方法，可以将玉米进行原料成分分离，获得淀粉、纤维素、半纤维素、木质素、油脂和蛋白质等基础原料。这些基础原料既可直接作为产品，又可以进行进一步的深

加工。其中淀粉、纤维素、半纤维素等碳水化合物进一步在酶催化或者化学催化的作用下分解成五碳糖和六碳糖，这两类糖可以直接作为微生物发酵的原料合成二碳到六碳的平台化合物，如乙醇、乳酸、丁二醇等。木质素可以作为原料通过化学催化生成芳烃类化合物。二碳到六碳的平台化合物及芳烃类化合物又可以作为基础的化工原料，通过现代的有机化学工业体系合成纤维、塑料、橡胶、医药品、化肥、农药等。玉米油脂可以在脂肪酶的催化下合成生物柴油。生物柴油、乙醇、丁醇等可以作为能源产品，用作燃料供汽车、飞机及轮船等使用。由此可见，经过生物炼制，小小的玉米将变成一个资源宝藏，生产出传统上由石油才能炼制出的各种产品。

9.4 木质纤维素的生物炼制

图 9.5　木质纤维素的结构示意图

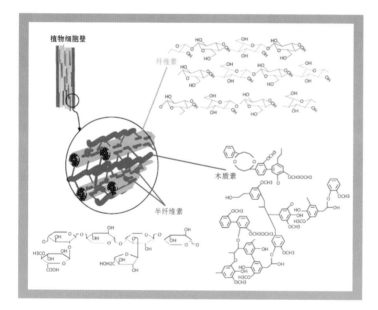

学品。

预处理过程

纤维素类植物细胞壁结构复杂，其主要由三种成分组成，纤维素、半纤维素以及木质素，它们之间还通过各种键连接在一起，十分稳定，难以被微生物直接利用，成为限制生物质高效转化的重要难题之一。纤维素是一种由 D- 葡萄糖吡喃糖基以 1,4-β 苷键连接而成的大分子多糖，半纤维素则主要是由几种不同类型的单糖构成的异质多聚体，这些糖主要是五碳糖和六碳糖，包括木糖、阿拉伯糖和半乳糖等。木质素主要是由四种醇单体形成的一种复杂酚类聚合物（图 9.5）。为了使木质纤维素得到充分利用，对木质纤维素进行适当的预处理以破坏其化学结构，将其中的纤维素、半纤维素和木质素都一一分离开来，再进行进一步的转化和利用是木质纤维素生物炼制过程的首要环节。

由于木质纤维素原料易得，成本低廉，并且地球上木质纤维原料储量巨大又可以不断再生，可以说是地球上最为丰富的生物质资源，因此利用木质纤维素原料进行生物炼制生产各种化学品成为国内外研究的热点。木质纤维素的处理工艺通常包括三个部分，即原料生物质的预处理过程，纤维素酶解过程转化成微生物能利用吸收的糖类物质，最后通过发酵过程将糖类物质转化成所需化预处理的工作原理则是通过一些方法改变纤维素的结构来增加与酶的接触面积，从而达到提高生产效率的作用。预处理常用的方法有物理法、化学法、物理化学法等，为了得到更好的预处理效果，通常按照原料和工艺需求的不同而采用不同的方法，但是每种方法都有一定的优缺点。其中物理法常用的有剪切和研磨以及高温分解法，例如剪切和研磨就是通过降低纤维素与木质素和半纤维素之间的物理化学结合，改善原料在后续处理过程中传质传热的效率，但是此法能耗较高，且产物并不稳定，粉碎的物质容易再度结晶化，影响使用。化学法常用的有酸水解，碱水解以及有机溶剂法等，例如有机溶剂法就是使用有机溶剂和无机酸催化剂混合物断裂木质素和半纤维素之间的化学键，但存在回收试剂的问题，并且可能造成一定的环境污染。物理化学法常用的有蒸汽爆破法和氨爆破处理法等，例如氨爆破处理法是将原料用液氨在高温高压下处理，之后突然降低压力，使纤维素晶体爆裂，这样做的优点是不会产生一些对微生物有抑制作用的物质，原料也会得到极大利用，缺点就是对工艺条件要求高，操作也比较复杂。

目前预处理技术的难点在于如何有限地降低处理过程的成本，并且进一步降低这一过程中产生的有毒有害物质对后续过程的影响。这一技术还有很大的提升空间，需要进一步的研究生物质原料组成结构以及性质，才能有效分离木质纤维素原料。

酶解过程

预处理过程中产生的纤维素，半纤维素等很难为大多数微生物所直接利用。半纤维素可以通过酸催化水解的过程转化成五碳糖或者六碳糖。预处理过程中产生的纤维素则需要通过酶解转化成为葡萄糖，作为后续发酵过程的主要原料。酶解过程即在纤维素酶作为催化剂的条件下将纤维素水解的过程。由于纤维素的结构复杂，所以纤维素酶通常是多种酶的混合体系，按催化功能区分主要有三大类，分别为内切葡聚糖酶和外切纤维素酶以及纤维二糖酶，在这三种酶的协同作用下，纤维素分子才能被有效分解。

就目前的利用纤维素工艺情况而言，纤维素转化成还原糖还是制约工艺进步的最大问题，纤维素酶的催化效率一直不高，导致了纤维素降解的成本维持在较高的水平，从而制约了生物炼制的发展，为了降低纤维素酶的生产成本，人们对纤维素酶进行了大量的研究，不仅从纤维素酶的超分子结构着手，越来越深入了解其结构和功能，还研究了能够大量生产纤维素酶的纤维素分解微生物，以期能够找到廉价、高效生产纤维素酶的菌种，木霉和曲霉是其中应用最广的生产纤维素酶的菌株。

发酵过程

发酵过程就是利用微生物的代谢功能，使其将加入的碳源，例如纤维素降解产生的葡萄糖或者半纤维素降解过程产生的木糖等，转化成我们需要的化学产品。不同的微生物具有不同的催化能力，可以将同样的原料转变成为不同的产品。发酵过程通常都是先进行高性能生产菌株的选育和改造，然后在人工或计算机控制的生化反应器中进行大规模培养，生产目的代谢产物，最后收集目的产物并进行分离纯化，最终获得所需要的产品。图 9.6 是典型的乙醇发酵厂。

在木质纤维素生产燃料乙醇等化学品的

图 9.6　典型的乙醇发酵厂

酶解和发酵都能在各自最优化的条件下生产，但是酶解时由于产物浓度会逐渐升高，此时会极大地抑制纤维素酶的活性，所以酶用量会增加而导致成本过高；由于 SHF 的缺点，人们想到了同时糖化和发酵 (SSF)，即木质纤维素在一个反应器中酶解和发酵同时进行，这样就不会有产物对纤维素酶的抑制作用，此发酵方式是现在工艺中比较广泛应用的方式，但是也有其缺点，就是酶解和发酵不在各自最适宜的条件，这样也会导致达不到最高生产效率；同时糖化和共发酵 (SSCF)，即在 SSF 中增加对半纤维素的酶解和利用其产生的还原糖，此方法不仅有 SSF 的优点，还提高了底物的利用效率并降低了生产成本，但是需要利用基因改造得到能够同时利用纤维素和半纤维素水解还原糖的菌株；联合生物加工 (CBP) 是将许多工艺联合在一个反应器中加工，包括纤维素水解酶的产生、水解糖化、戊糖和己糖的发酵，而整个过程只用单个微生物或者微生物的一个集合体来进行。这一过程工艺简单、易操作，但是找到相应的微生物和微生物集合体成为限制该工艺发展的难点。整体看来发酵工艺过程也有许多地方需要深入研究和改进，有很大的提升空间。

发酵工艺中，首要问题就是菌种的选择和改造，自然界有很多种能利用糖类生产乙醇的微生物，但由于利用底物的范围和生产效率各有不同，各种菌种的适用条件也不太一样。由于纤维素原料在预处理后有相当一部分会降解成木糖，故选用能够利用木糖的生产菌会占有一定优势。为获得较成功的菌种，人们利用生物技术手段对菌种改造，得到不仅能利用包括木糖在内的多种底物，还能在一些有利条件下高效转化生产乙醇的菌种，当然，如果能找到或构建出能同时降解纤维素并利用降解的底物生产乙醇的菌种，则可极大简化炼制的过程，使两个步骤整合为一个。

其次，发酵方式也会对发酵过程的经济效益产生重大的影响。目前利用木质纤维素生产燃料乙醇工艺就主要有四种发酵方式，各有特点。分步糖化和发酵 (SHF)，即是在酶解后转到其他反应器进行发酵生产，虽然

9.5 典型的生物炼制产品

虽然目前对生物炼制技术的研究还没有达到成熟，但随着研究的逐渐深入，技术也在慢慢发展和进步，现在很多新的生物炼制工艺不断涌现，相当一部分石化炼制的产品都能够通过生物炼制过程来制取。目前已经工业化的生物炼制产品主要分为三类：生物能源、生物基化学品，以及生物材料。

9.5.1 生物能源

由于化石能源的短缺以及人们对环境的日益关注，人类迫切需要开发新的可再生能源来填补未来石化能源短缺造成的能源缺口，生物能源以其原料易得、环保、可再生成为 21 世纪发展可再生能源的重要选择之一，对于延缓能源危机，促进人类的可持续发展具有重要意义。工业和生产中主要用到的石化能源产品包括汽油、柴油和煤油等。这些产品可以用生物能源中的产品如燃料乙醇、生物柴油等进行部分的替代，以减少对化石资源的过度依赖并减少二氧化碳的排放。以下就介绍两种典型的生物能源。

燃料乙醇

燃料乙醇是体积分数超过 99.5% 的无水乙醇，通常是以玉米、薯类或其他植物为原料，经过发酵、蒸馏后制成的。燃料乙醇能够与汽油按一定比例混合代替普通汽油，乙醇比例低于 10% 时，混合的燃料不会需要对汽车发动机进行改造，这就使得其能减少汽油的消耗量，降低对石油的依存度，提高能源多样性，燃料乙醇还能使汽车有害尾气总量下降 33%，起到一定的环保作用。燃料乙醇作为一种新兴的、燃烧清洁的可再生能源，已经成为各国发展替代能源的重要研究对象。

生物炼制燃料乙醇的生产工艺主要有两代技术，第一代是用糖和淀粉为原料，经过液化、糖化、发酵、蒸馏、脱水这五个阶段来生产燃料乙醇，目前第一代技术已经趋向成熟，转化率能达到 90% 以上，但是以粮食为原料，成本过高，并且对土地和粮食安全造成一定的影响，这样导致其发展受到一定制约；第二代则是以木质纤维素为原料，经预处理、酶解和发酵来生产燃料乙醇，第二代工艺前面已提到，由于第二代是利用非粮食原料来转化为燃料乙醇，该工艺得到各国的大力支持，各国也颁布了许多有利政策，为第二代工艺的发展铺平道路，例如欧洲和美国都推出补贴计划，对只有以第二代工艺生产的燃料乙醇给予补贴，虽然该工艺技术发展缓慢，但是在世界各国的努力下，相信会有突破。

生物柴油

生物柴油，燃烧性能与石化柴油类似，其主要成分是长链的脂肪酸甲酯（FAME），一般是由脂肪酸甘油三酯与甲醇（或者乙醇）经酯交换反应而得（图 9.7）。生物柴油与石化柴油相比具有两个显著的优点，一是生物柴油是可再生能源，原料丰富，任何动植物油脂，工业和餐饮上的废油等都能作为合成生物柴油的原料加以利用；二是生物柴油比石化柴油更加绿色环保，并能与柴油以任意比例混合使用，其产生的污染气体比石化柴油产生的少 70% 左右。

从原料来说，制取生物柴油的原料需要根据不同地区的实际情况考虑，如美国和巴西适合种大豆，就利用大豆油为原料生产生物柴油，而我们国家由于人口密集，人均占有的可耕地面积很小，远远低于世界平均水平，使用耕地种植油科植物会占用耕地面积，与民争地。现阶段我国生物柴油产业主要是以废弃油脂为原料生产生物柴油，这一方面不但可以解决地沟油回流到餐桌的食品安全问题，同时也为解决能源和环境问题提供一种重要的解决方案。同时近些年新兴生物柴油炼制原料微藻具有快速增长能力，油的含量高，培养简单方便，还能进行光合作用，对温室效应有一定改善效果，各国也正在开发微藻制生物柴油的方法和工艺。

从制取加工来说，催化合成技术是制取生物柴油的关键所在，它至今已经历了三代。第一代生物柴油技术通常是以植物油为原料在酸或碱的催化下将脂肪酸甘油酯转变成为脂肪酸甲酯。由于植物油脂价格昂贵，且存在与人争粮等问题，这一技术主要是在传统的农业大国如巴西、美国等得到较大的发展。第二代生物柴油通常是以地沟油或者非食用酯为原料，通过化学法或者酶法将其转变成生物柴油。这一技术在我国得到了迅猛发展。清华大学开发的生物酶法生产生物柴油工艺是世界上首套酶法制备生物柴油的工艺，其技术特点是可以利用酶在温和的条件下进行催化反应，与化学法相比，酶法技术对原料的要求更低，可以利用富含脂肪酸的地沟油等为原料，并且生产过程不会产生大量的废酸废碱等污染物。酶法生物柴油的反应物为地沟油和甲醇，催化剂为脂肪酶。整个工艺的流程大致为：地沟油和甲醇在脂肪酶的催化下首先在不同的反应罐里进行酯交换反应，生成脂肪酸甲酯和甘油。然后将反应液蒸馏，获得甲醇以回收利用。剩余液体静置分离，分别获得生物柴油粗品和粗甘油。生物柴油粗品进一步通过水洗，精馏获得满足要求的产品。由于整个工艺的难点在于反应物甲醇对脂肪酶具有毒性作用，很容易使得脂肪酶失活。因此，为了提高转化率，

图 9.7 生物柴油的反应方程式

$$CH_2-OOC-R_1 \qquad\qquad CH_3-OOC-R_1 \qquad CH_2-OH$$
$$CH-OOC-R_2 + 3CH_3OH \longrightarrow CH_3-OOC-R_2 + CH-OH$$
$$CH_2-OOC-R_3 \qquad\qquad CH_3-OOC-R_3 \qquad CH_2-OH$$

甲醇需要逐级添加。同时，由于酯化反应是一个可逆反应，因此为了进一步提高转化率，需要添加分子筛等以及时除去反应过程产生的水。

第三代生物柴油催化合成技术主要表现在原料范围上的开拓，它以微生物油脂或者微藻油脂为原料，生产生物柴油。第一代和第二代生物柴油的催化合成技术经过了多年的发展已日趋成熟，在世界各国实现了大规模的工业化生产，但还需要大力研究解决成本和环境的问题。第三代生物柴油合成技术发展时间较短，但微生物的快速增长、含油量高、能吸收二氧化碳这些特点使其获得广泛关注，有望成为主流，逐步取代化石能源。

生物柴油是现阶段新型生物能源的一个热点，现在制约生物柴油发展的一个重要因素就是其原料成本占生物柴油生产成本的75%左右，原料的制约导致其生产成本较高。因此，世界各国一方面在努力开发生物柴油原料资源，提高技术水平，降低生产成本；另一方面，大力研究生物柴油深加工技术，拓展生物柴油应用新领域。

9.5.2 生物基化学品

利用廉价生物质原料生产生物基化学品以替代石化路线是生物炼制产业的重要发展方向。生物基化学品的生产已经有超过半个世纪以上的历史，一些典型的产品如抗生素、氨基酸等都是通过微生物发酵进行生产的。这里介绍两个典型的例子，即氨基酸和1,3-丙二醇。

氨基酸

氨基酸是世界上最大的工业发酵产品，可以说是整个工业生物技术发展的缩影。氨基酸是组成生命的基本物质，是构成蛋白质的最基础单元。氨基酸可以作为营养化学品，还可以作为药物、饲料添加剂等。谷氨酸是世界上最大的发酵氨基酸，也是发酵工业最重要的产品之一，其主要用途是作为调味品味精的原料。目前全世界谷氨酸的产量达到 300×10^4t 以上，中国是世界上最大的谷氨酸生产国，产能达到 200×10^4t 以上。赖氨酸和苏氨酸也是重要的发酵氨基酸，其产量也分别达到了 150×10^4t 和 100×10^4t 以上。其主要的用途是作为饲料添加剂，可以显著提高牲畜的生长速度。通过微生物发酵，例如利用谷氨酸棒杆菌或者大肠杆菌可以高效地将葡萄糖等原料转化成谷氨酸、赖氨酸和苏氨酸等，产量达到 150g/L 以上。

典型的谷氨酸生物炼制过程如图 9.8 所示。谷氨酸的生产原料包括玉米、小麦、甘薯、大米等，其中玉米、甘薯等较为常用。谷氨酸生产用的微生物是一种从土壤里分离的革兰氏阳性菌，叫做谷氨酸棒杆菌。这种微生物是不能直接利用淀粉的，因此在发酵之前必须把淀粉水解成微生物可以直接利用的小分子化合物如葡萄糖。以大米为例，大米首先进行浸泡磨浆制成米浆，再加入细菌淀粉酶、糖化酶等进行液化和糖化制成糖浆。糖浆经过过滤滤除固体残渣之后获得葡萄糖液，可以直接作为微生物发酵的碳源。微生物发酵除了需要碳源之外，还需要加入如硫酸铵、尿素、玉米浆或者糖蜜等。除此之外还需要加入其他的营养成分如无机盐、维生素等，满足微生物生长代谢的需求。将这些丰富的培养基加入发酵罐并灭菌之后，就可以接入微生物谷氨酸棒杆菌。在发酵的过程中需要控制温度，溶氧量和 pH 值保持在一个相对恒定的水平，满足细胞生长和谷氨酸

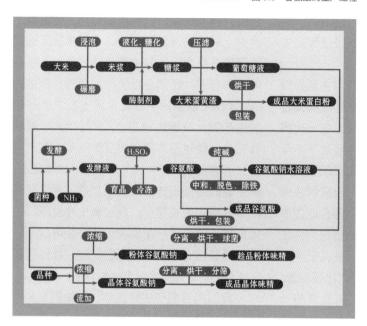

图 9.8 谷氨酸的生产过程

与聚对苯二甲酸共聚，生产高分子材料聚对苯二甲酸丙二醇酯（PTT）。PTT 被称为聚酯之王，具有极其良好的延展性，低温染色性，抗紫外线等突出优点，是作为高档纤维材料的理想原料之一。1,3- 丙二醇的生产之前主要是通过化学法，而且生产工艺复杂，成本高且产生大量的污染。2003 年，杜邦公司开发了以大肠杆菌直接发酵植物来源的葡萄糖生产 1,3- 丙二醇的绿色生产工艺，这一工艺迅速替代了化学法路线。

生产的要求。在发酵罐中，细胞先利用碳源进行迅速的繁殖，当细胞生长到一定阶段时，培养基当中的生物素被消耗殆尽，这时候细胞生长停止，细胞开始向胞外分泌谷氨酸。通常发酵结束时，发酵液当中谷氨酸的浓度可以达到 130~150g/L，质量转化率在 50%~60% 之间，这个过程产生的副产物很少，原料的损失主要用于菌体的生长和释放二氧化碳。发酵完成之后，发酵液需要经过分离纯化获得纯的谷氨酸及谷氨酸钠（味精）。这个过程通过包括过滤除菌，酸化结晶，NaOH 中和，浓缩，再结晶，烘干等，直到获得纯的味精。

1,3- 丙二醇

1,3- 丙二醇是一个非常简单的二元醇，与 1,2- 乙二醇和 1,4- 丁二醇类似，它可以

杜邦公司因此获得了美国总统绿色化学挑战奖，成为生物炼制的一个典型案例（图 9.9）。

自然界当中没有可以直接利用葡萄糖或者淀粉等生物质直接生产 1,3- 丙二醇的微生物。杜邦公司首先从酿酒酵母里获取转化葡萄糖生产甘油的两个关键酶基因，即甘油 3- 磷酸脱氢酶和甘油 3- 磷酸磷酸酶，并将它们转入到大肠杆菌中，使得大肠杆菌能够利用葡萄糖来合成甘油。接着他们将来自于克雷伯氏肺炎杆菌的两个关键酶基因，即甘油脱水酶和醇脱氢酶进一步转入到上述大肠杆菌重组菌中。这两个酶可以催化甘油到 1,3- 丙二醇的生物转化。他们进一步对这一大肠杆菌进行大量的基因改造使得这个微生物能够非常高效地将葡萄糖直接转化为 1,3- 丙二醇。而葡萄糖如上所述可以

通过植物来源的淀粉水解获得。因此他们利用现代生物技术实现了传统法所无法实现的绿色生物炼制过程。

清华大学应化化学所开发了另外一套1,3-丙二醇的生物炼制工艺。他们利用生物柴油的副产物甘油为原料，通过微生物发酵同样实现了1,3-丙二醇的高效生产。近年来，随着生物柴油产业的迅速发展，其副产物甘油的产量也大幅提升，价格急剧下降。目前，粗甘油的价格低于葡萄糖。因此以甘油为发酵底物，利用微生物如克雷伯氏肺炎杆菌等可以将甘油转化成1,3-丙二醇。当然，这一过程同时也会产生副产物如乙酸、丁二酸、乳酸等。通过现代基因工程手段可以阻断这些副产物的合成支路，进而减少副产物的产量，进一步提高1,3-丙二醇的产量。通过基因工程获得高产菌株之后，进一步在发酵罐里优化其发酵参数，以及设计完整的分离后提取工艺即1,3-丙二醇的生产、分离与提取。

9.5.3　生物基材料

生物基材料是指用可再生生物质为原料，然后通过生物转化获得生物高分子材料或单体，然后进一步聚合形成的高分子材料。由于潜在的能源危机和环境保护的压力越来越大，生物基材料产业已经成为了世界主要国家新材料产业的重要方向，生物基材料最大限度代替石化材料已经成为各国努力的目

图 9.9　生物基 1,3-丙二醇及其工业应用

标，这样不仅给日渐匮乏的石化资源减轻压力，还有利于发展循环和低碳经济，对实现人类的可持续发展具有重要意义。

生物基材料不仅能替代石化材料，还能具有传统石化材料没有的优点，主要是原料绿色可再生以及能够生物降解。随着技术进步，生物基材料的合成技术和性能都会不断提高，成本也会逐渐下降，在与传统石化材料的竞争中会越来越占优势，终将逐步部分或完全取代石化材料。目前已经工业化的生物基材料聚合物有：聚乳酸（PLA）、聚羟基脂肪酸酯（PHA）、聚丁二酸丁二酯（PBS）等。

聚乳酸（PLA）

当前生物基材料中使用最广泛和用量最大的就是 PLA，其由微生物发酵得到的乳酸聚合反应生成，生产过程中不会产生二氧化碳，其在土壤中也能够完全降解，生成的二氧化碳和水经过光合作用循环会再合成为初始原料（图 9.10）。PLA 是经过美国食品和药物管理局批准的能够用于人体的可降解材

料，在人体内也一样降解成二氧化碳和水，对人体没有伤害。所以 PLA 的使用范围广，具有广阔的应用前景，目前主要的限制性因素还是合成成本较高，所以现在关键是从培养具有高转化率并能高产乳酸的生产菌种和提高从乳酸聚合成 PLA 的聚合技术这两个方面来提高 PLA 的产量和效率。

聚羟基脂肪酸酯（PHA）

PHA 是微生物体内的一类聚酯，其由 3-羟基脂肪酸线性聚合而成，其相对分子质量

也较高。与其他 PLA、PGA 等材料相比较，PHA 的结构多元化，并具有生物相容性、生物可降解性，在材料的应用中存在明显优势。所以 PHA 也是如今生物材料研究中的一个重要方向，是目前最具有发展前景的生物基塑料之一。同样，PHA 也面临着生产成本高于石油原料生产的塑料等问题，因此研究重点也需要集中在提高原料转化率和开发新的 PHA 材料。

图 9.10 聚乳酸生态循环过程

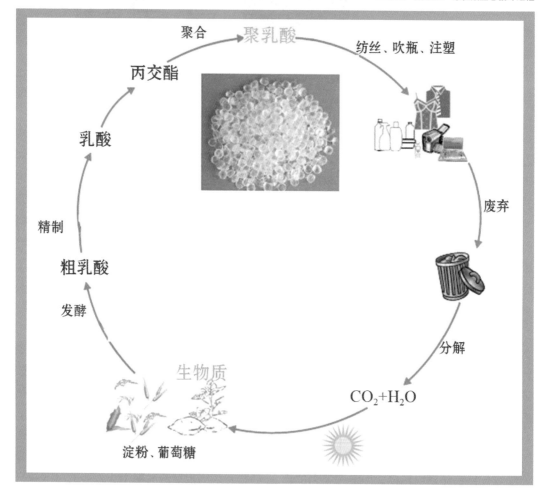

9.6 我国的生物炼制产业的发展现状与机遇

随着化工技术特别是工业生物技术的进步，生物炼制技术正在日趋成熟，逐渐形成自己的产业链。基于生物质资源生产的燃料乙醇、生物柴油等生物能源被各个国家广泛应用，生物基化学品如乳酸、1，3- 丙二醇等已经替代石油基产品被应用到我们的日常生活中。世界各个国家也在紧锣密鼓地制定各自的生物炼制路线图，实现化石经济到生物经济的转变。

我国人口众多，虽然近些年经济快速发展，但是经济结构并不理想，不计消耗、牺牲环境的经济模式导致环境问题日益突出，已经在逐渐失去其可行性。发展生物炼制不仅是世界的趋势，也是我国国情决定的必由之路，我国多煤贫油少气，人均占有的资源少，"三农"问题一直没有很好的解决办法，导致如今我们的能源资源比较单一，石油对外依存度高，环境问题也相当严重，迫切需要新的经济发展模式，近年来我国已经开始不只寻求经济增长的数值，而是在保证经济

稳定增长的同时增加经济发展的多元化，增强经济的稳定性。

我国政府和企业现在也都在努力变革，将重点放在生物炼制产业上，政府相继启动了一批与生物炼制有关的"973"、"863"以及自然科学基金等研究项目，并对一些生物炼制产业给予一定补贴，为生物炼制的发展提供良好环境，企业也在引进国外先进技术的同时加强自身科研能力，争取做到自我创新，开发新技术。

虽然我国很多生物炼制产品的产量已经排在世界首位，但是技术上并没有较大的革新，成本高、效率低已经成为制约我国生物炼制产业发展的主要瓶颈，我们还需要将更多的精力投入到生物炼制产业，努力发展成生物炼制强国。但我国也有丰富可再生生物质资源的优势，我们只要抓住机遇，认清国情，加大开发力度，我国必将在生物炼制领域取得成果，赶超国际先进水平。

9.7 展望

面临石化资源日益枯竭和环境问题逐渐突出等问题，生物炼制成了时代的必然选择，多个国家都制定了利用生物质资源的发展框架，许多大公司也大力投入精力参与生物炼制的研究，人类过度依赖石油炼制的生活模式必将得到改善。目前，生物炼制的主要制约因素还是成本太高，如何降低过程成本成为其发展的关键。随着技术的进步，特别是对廉价可再生原料利用技术的提高，可以想象，在不久的将来，基于可再生生物质资源和清洁的加工方式为基础的生物炼制，可以从根本上转变我们对资源的加工和利用过程，实现工业与生态的协调发展。人类与地球的和谐发展，或许不会是遥远的梦想。

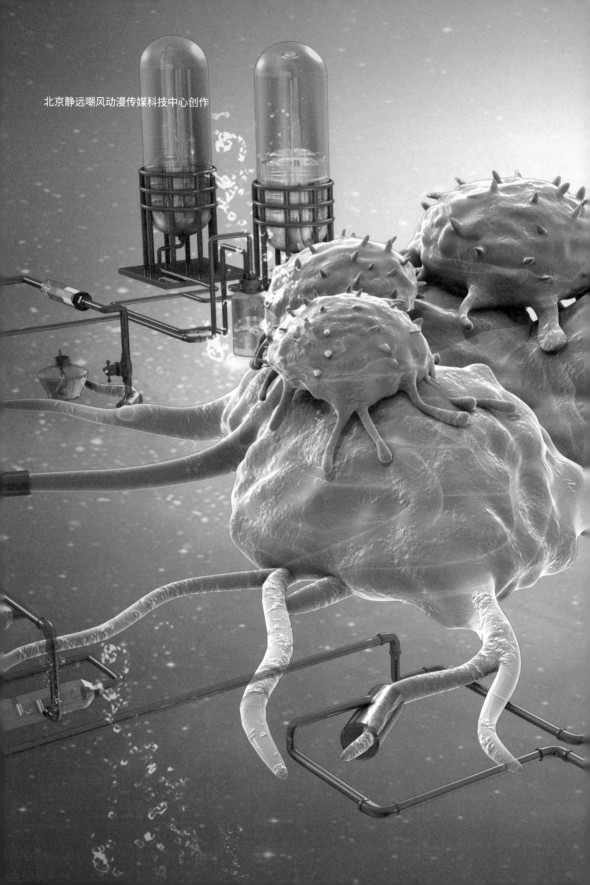

北京静远嘲风动漫传媒科技中心创作

10 细胞工厂
Cell Factory

化学品绿色制造的生力军

张翀　王天民　李刚　吴亦楠　郑翔　季洋　刘树德

在显微镜头的另一端，有一群小精灵活泼又健壮，细致又精准，不眠不休，协同作战，不断进行着化学合成。他们就是最好的化学合成师，他们就是我们看不见的微观世界中的强大兵种——细胞军团。

细胞工厂
Cell Factory

化学品绿色制造的生力军
New Force for the Green Manufacturing of Chemicals

张翀 副教授，王天民，李刚，吴亦楠，郑翔，季洋，刘树德（清华大学）

　　微生物是涵盖细菌、病毒、真菌以及一些小型的原生生物、显微藻类等在内的一大类生物群体，它个体微小，与人类关系密切。人类对微生物的利用甚早，它们被广泛应用来生产白酒、奶酪、面包、泡菜、啤酒和葡萄酒。随着对微生物认识的深入，它们还在农业、医药、环保等各个领域发挥着巨大作用。但是，你有没有想过，小小微生物，就像一个复杂的化学品加工厂，在体内执行着成百上千的代谢反应，推动着自身生命过程的正常运转。如果我们能够利用这些代谢反应，合理地规划出目的产品的生产流程，就可以生产各种各样的化学品了。

　　但是，这样的方式只能生产微生物代谢通路所具备的化学品，我们有没有可能赋予微生物全新的能力，让它制造能源、材料、药物等各种产品，满足人类在资源、能源、健康、安全等领域的诸多需求呢？

　　答案是肯定的。

　　它们是怎么做的呢，让我们来听有关微生物细胞工厂的故事吧。

10.1 微生物细胞工厂的科学基础

大家都知道的一个事实是，在 1953 年，詹姆斯·沃森和弗朗西斯·克里克发现了承载遗传信息的物质基础——脱氧核糖核酸（DNA）的双螺旋结构（图 10.1），从而开启了现代生物学研究的大门。DNA 作为遗传物质被确定和其结构的发现，改变了经典的生物学研究模式，引发了从分子层面研究生物学现象的热潮。而我们的故事也就从此开始。

10.1.1 遗传信息的解析

在进入了分子生物学的大门之后，一些具有前瞻性眼光的科学家认识到，有两方面的工作迫切需要开展，也就是遗传信息的解析和遗传物质的操作。想象一下我们面对着一部天书，里面的内容就是五彩斑斓的生命世界运行所依赖的法则。可 20 世纪 50 年代的现实是，科学家们连其中所使用的语言也无法读出，更妄论读懂，今后半个多世纪，遗传信息解析的工作就围绕着解读这部生命天书而进行。与此同时，科学家们怀揣着一个更为远大的理想，就是在读懂这本天书之后，利用这门语言，写一部更加伟大的作品。这部作品将是人类利用自然法则发展自身历史上最壮丽的一部史诗，其中的每一个章节都将是人类重构生物系统，利用生物系统的华丽篇章。为了这一理想，迄今为止科学家

图 10.1 沃森、克里克和 DNA 双螺旋的发现（右图为原始的 X 射线照片）

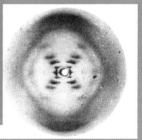

图 10.2 桑格发明的 DNA 测序方法和桑格本人照片

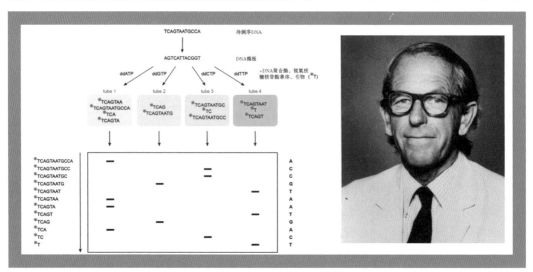

们开发了一系列遗传物质的操作工具，这些工具就仿佛我们手里的铅笔和橡皮，写下了这部史诗里面稚嫩却足以被后人铭记的第一章。下面，就让我们重新回顾这两部平行开展、相互影响的历史，再次展现人类为了解读并改写生命天书奋斗历程中的几个经典片段。

Sanger 测序和遗传密码

读懂生命天书的第一步，在于对于其中的每一个字符进行放大。现在已经知道，人类基因组由 23 对染色体，约 30 亿个碱基对构成。想象一下即使《战争与和平》这样的巨著，也只有区区几百万字、三卷本而已。而生命的天书，却令人难以置信地编码在染色体这样纳米级的区间内，就好像把《大英百科全书》放进了微缩胶片一样。因此，科学家需要发展出一个类似放大镜的工具，让我们看清这本书的每一个字符。当时已经知道，DNA 这种语言其实非常简单，仅仅由 A、T、C、G 这四种字符按照不同的顺序构成。在 1977 年，英国科学家弗雷德里克·桑格发明了一套非常巧妙的方法，通过在正常的 DNA 合成过程中随机地引入双脱氧的 A、T、C、G（天然状态为单脱氧），从而终止 DNA 合成，这样就产生了很多不同长度的 DNA 片段，其中的每一个有一个确定的末端碱基。通过电泳将这些片段分离之后，就可以分析出 DNA 的序列（图 10.2）。自此之后，人类掌握了解读生命天书的入门技术，桑格教授也因为这一贡献赢得了 1980 年的诺贝尔化学奖（这只是他的第二项重要成就）。在这一时间点的前后，基于一系列同样重要的技术，人们陆续对于生命天书有了基本的认识。就像人类语言由字、词和段落构成一样，科学家发现并解析了生命之书的词，也就是三联遗传密码（三个碱基编码一个氨基酸、蛋白质的基本组成成分，1968 年诺贝尔生理和医学奖），以及生命之书的段落，基因的组织结构和影响基因表达的元件（乳糖操纵子，1965 年诺贝尔生理和医学奖）。

人类基因组计划和二代、三代测序技术

接下来是大家耳熟能详的人类基因组计划。尽管到 20 世纪 80 年代人类已经对于生命的运行法则有了初步的认识，但是当时的技术，例如 Sanger 测序，对于数以亿计待破解的生命天书来说是远远不够的。为此，以美国为主导，科学界在 1990 年正式启动了人类历史上最大的科研项目之一——人类基因组计划（图 10.3）。该计划旨在通过对于人类基因组的 30 亿个碱基对进行解析，详细描绘生命运行背后所遵循的图谱，同时推动一系列相关技术的发展。截至 2003 年，该计划宣告完成。历史上第一次，人类拿到了关于自己这一物种的完整"说明书"，与此相伴随的是，大肠杆菌、酵母、果蝇、小鼠等一系列模式生物的基因组也陆续得到了完整解析。这就好比，我们第一次可以完整地观看诸多物种遗传信息之书微缩胶片的每一个细节，每一个字，相比于之前只是对于这些巨著的极少数片段有所了解，这是一种怎样伟大的进步呀！人类基因组计划还极大地促进了相关技术的发展，例如一次可以测定上百亿个碱基的第二代测序技术（Sanger 测序一次只能测定约几百个碱基）等，都是在这一时期蓬勃发展起来的。可以说，人类基因组计划是生命科学领域的一场革命，在解读生命天书的历史上，该计划将我们带进了基因组时代的大门。

遗传信息数据库

就像信息时代的任何领域一样，伴随着技术的发展，有海量的信息产生出来。这些信息的合理储存、结构化和可利用性就成为了一个产业成熟与否的标志，生命科学也面临同样的问题。特别是人类基因组计划之

图 10.3　作为人类基因组计划发起者和首任负责人的詹姆斯·沃森

后，伴随着先进的测序技术，生命科学领域产生了信息爆炸。为了应对这一问题，美国（GenBank）、欧洲（EMBL）和日本（DDBJ）先后建立了自己的生命科学信息数据库并进行了同步化建设。目前，这几个数据库存储着数以万计的基因组、数千万蛋白质、上亿DNA 序列以及这些数据之间相互关联的复杂信息。可以说，这些数据库就是生命科学领域的国家图书馆，存储着人类目前理解生命之书的很大一部分知识。同时，科学家们也开发了先进的计算工具以便这些信息的利用。例如，通过一种叫做 BLAST 的计算机程序，我们可以在几分钟的时间对于人类目前已知的绝大部分基因序列进行检索，寻找数据库中和新发现的 DNA 序列亲缘关系最近的序列，从而推断新发现序列的潜在功能。目前，因为技术的发展，这一图书馆的规模正在以指数速度快速增长，很多前所未有的知识，例如，人类祖先的近亲，尼安德特人的基因组信息，或者地球上最神秘的地域，

大洋深处的古细菌基因组等也被收藏进了这座生命科学的圣殿。

10.1.2　遗传物质的操作

和人类对于生命之书的解读一样，人类关于重写生命之书的美好梦想，在半个多世纪的发展历程中，也从蹒跚学步的婴儿长成了英姿勃发的少年。

限制性内切酶

在 20 世纪 70 年代以前，人类还不具备在分子水平上对于遗传物质，也就是 DNA 片段进行操作的任何能力，而当时斯坦福大学科学家保罗伯格为这一方向打开了突破口（图 10.4）。他利用当时新发现的一种酶，限制性内切酶，对于一段 DNA 序列和另一段 DNA 序列分别进行切割之后，再将二者连接起来，从而形成重组的 DNA 分子。这一发现的奥秘在于限制性内切酶会特异性的识别几个碱基长度的序列，并在此切割双链DNA，从而形成一个序列特异的黏性末端（其中的一条 DNA 链多出了几个碱基，这几个

图 10.4　限制性内切酶和重组 DNA 技术之父：保罗伯格

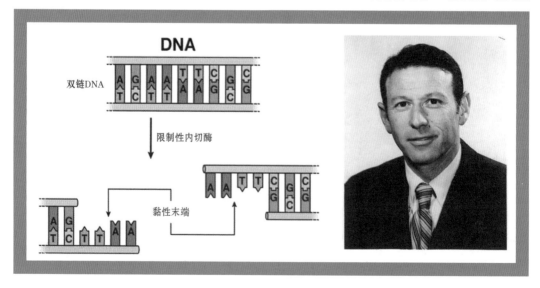

碱基的序列对于不同的限制性内切酶是不同的）。这样，两段 DNA 利用同样的限制酶进行切割之后，就产生了可以互相匹配的黏性末端，从而进行高度特异性的连接。伯格教授的工作使得人类历史上第一次掌握了相关的工具，可以对 DNA 序列按照自身的设想进行拼装。这一工作打开了重组 DNA 技术的大门，让我们初步具备了操作遗传物质的能力。伯格教授也因为这一贡献获得了1980 年的诺贝尔生理学和医学奖（和之前提到的桑格教授，以及哈佛大学的吉尔伯特教授分享）。

聚合酶链式反应（PCR）

所谓巧妇难为无米之炊，要操作遗传物质，首要的一点就是获得足够的遗传物质以便后续处理。在 PCR 技术发明以前，人们只能利用生物体（主要是细菌）自身的 DNA 复制能力，扩增目标 DNA 序列，得到相应的遗传材料，这一步骤无疑耗时耗力。为了提高这一步骤的效率，一些聪明的科学家想到了在试管里模拟生物体内 DNA 复制的机制，从而短时间内得到大量的遗传材料。

我们知道，DNA 由两条链构成，复制双链 DNA 的第一步就是打开 DNA 双链，让其变成单链才能让执行复制的 DNA 聚合酶接近。图 10.5 是 Taq DNA 聚合酶的分子结构。生物体内执行这一功能的是一套复杂的分子机器，在试管里复制这套系统面临着非常大的挑战，因此，一个更聪明的办法是直接利用高温实现 DNA 双链的解链。然而，让 DNA 聚合酶在高温下仍旧保持良好的活性，是这种策略面临的主要困难。科学家通过筛选得到的一株耐高温菌中的 DNA 聚合酶具有优良的高温耐受性，以此巧妙地解决

了这一问题。这一突破使得 PCR 技术变成了每个生物实验室的常规技术之一，科学家可以利用该技术在几个小时的时间内将纳克级别的 DNA 模板扩增数万倍，极大地方便了生物学研究，该研究获得了 1993 年的诺贝尔化学奖。PCR 技术好像书写工具中的墨水，为我们书写自己的生命之书提供了方便可靠的原始材料。

DNA 合成和组装技术

PCR 技术虽然很出色，但它也仅仅能够完成对特定 DNA 模板的扩增，属于量变。对于一些不易获得的甚至人类自己设计的 DNA 序列，我们需要一种质变的技术，可以从无到有地得到这些序列，这就引出了 DNA 合成技术。通过将一两百个碱基长度的单链 DNA 进行拼装，目前成熟的商用化技术已经能够合成几千甚至上万个碱基长度的 DNA 序列，而且其成本也已经降到了普通实验室或者商业机构可以接受的水平。通过 DNA 序列的合

图 10.5   Taq DNA 聚合酶的分子结构

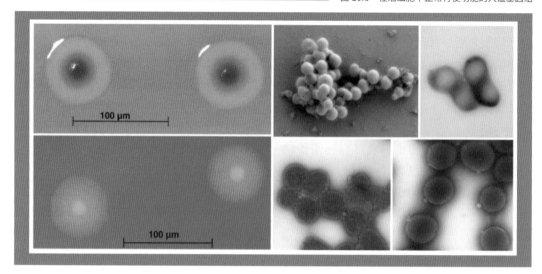

图 10.6　在活细胞中正常行使功能的人造基因组

成，科学家现在可以方便地获得之前遥不可及的 DNA 序列，甚至根据自己的目标设计全新的 DNA 序列，人类操纵遗传物质的水平再次产生了飞跃。然而，基因合成技术仍然受到长度的制约，为了在更大尺度上得到行使功能的 DNA 序列，我们需要将合成并且 PCR 扩增的 DNA 片段组装起来。DNA 组装技术好像盖起高楼大厦所不可或缺的混凝土，将一砖一瓦的原料紧密地黏合在一起。

近年来，DNA 组装技术也获得了长足的进步，许多新方法的出现使得科学家们摆脱了利用限制性内切酶进行组装所受到的种种限制（DNA 片段内部不能有酶切位点，多片段的组装无法找到有效的限制性内切酶，多片段组装效率低下等），使得我们按照自己的意愿在高层次上组装 DNA 片段的能力得到了极大提高，一些基因组级别的组装工作尤其彰显了这一点。其中的一个里程碑事件是 2010 年美国的克雷格文特尔团队设计改造并化学全合成了丝状支原体的基因组，并且证明其在去掉了遗传物质的细胞内可以完全正常地行使功能（图 10.6）。之后又有许多突破性进展陆续出现，2014 年，第一个人工设计并合成的真核生物染色体（啤酒酵母的三号染色体）被证明可以在活体细胞内完全替代原有染色体的功能。

基因组编辑技术

以上这些技术，赋予了人类撰写自身生命之书的钢笔和墨水，大家肯定也发现了，拥有一个有力的修改工具就成了眼下的当务之急。如果我们对于一部书的某一章节突然想到了更好的设计，一件得心应手的修改工具无疑将给我们带来极大的助力。而事实上，人类为了寻找这件神器已经花费了几十年的时间。一件这样的神器必须具备以下几个特点，首先，它能够自动寻找一部儿亿字节的著作中待修改处所在的页码和行数；其次，这件工具必须特异性极高，不会对书里的其他地方带来影响；再次，它必须高度有效，即使同时修改成百上千的生命之书也毫无压力，不会留下任何漏网之鱼；最后，这件工具需要简单易得，作为一件亲民的装备给予每个玩家以平等的地位。直到近年来，科学家们才找到了一个初步符合以上要求的神器，也就是 CRISPR/Cas 系统。该系统通过一个核糖核酸（RNA）分子作

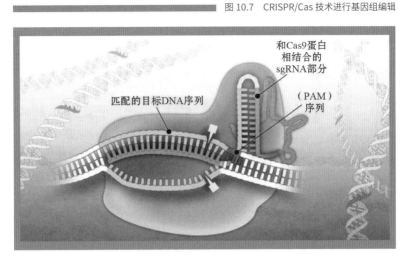

为探测工具和目标区域的 DNA 序列互补配对，从而吸引一个蛋白质伙伴切割这一区域的 DNA 双链，再结合之前已经发展较为成熟的同源重组技术，人工设计的修改片段就会替换掉原来的 DNA 序列，实现干净、高效和无缝的序列替换。更神奇的是，该系统可以同时向多个目标发起进攻并保持一样的高效，正因为这一点，它被赋予了一个炫酷的名字，基因组编辑（图 10.7）。这项技术的出现让整个生物学界陷入了疯狂，人们无不期盼着这项技术可以帮助我们随时随地地按自己的意愿改写生命天书。

10.1.3　现代微生物细胞工厂构建的技术路线

　　神器在手，天下我有。有了上面的这些神装，现在就要把它们合为一体，大杀四方了。今天所谈到的微生物细胞工厂，正是这些技术组合在一起所奉献的一部伟大作品。建立一个运转良好的微生物细胞工厂，依赖于设计、构建、调试三个基本步骤。在第一阶段，上文提到的遗传信息解析帮助科学家了解每一个基因元件的功能。这样，根据我们的目标，一般是一个特定的化合物分子，

我们可以像设计一个化工厂的生产线一样，在已有数据库中寻找构筑这条生产线所需要的每一个零部件（基因元件），并将其排列组合起来，这样就完成了基本的设计，科学家们所希望微生物行使的功能就如此编写在了一本由四种字符构成的设计说明书上。之后的构建阶段，利用 DNA 合成技术、PCR 扩增技术和 DNA 组装技术，我们可以将设计从图纸变为现实，并期待它真的和设计一样，完美地行使功能。最后的调试阶段，我们往往会发现这些设计并不完美，有很多可以改进之处，这时候就要有请基因组编辑技术登场亮相了，通过修改设计说明书，科学家们所构筑的细胞工厂可以一步一步地逼近完美，最终实现从简单原料到复杂产品的设计性能。分子生物技术发展的历史，就这样完美地浓缩在了一个小巧的微生物细胞工厂内，让人不得不感叹人类技术的进步和造化的神奇。

　　下面就让我们走进微生物细胞工厂，看看它怎么化腐朽为神奇，将简单的原料变成复杂产品的吧。

10.2 微生物细胞工厂的大事业

10.2.1 能源细胞工厂

谈到能源问题，我们不得不提起于 19 世纪最后 30 年至 20 世纪初的第二次工业革命。伴随着电力的广泛应用、内燃机和新交通工具的创造以及化学工业的建立，人类跨入了电气时代。以石油、煤、天然气等不可再生能源为动力，人类的物质文明高度发展。但是，随着对能源需求的日益增大，目前有限的传统能源确实已经有面临枯竭的危机。同时，因为其大量使用，温室效应、环境污染等问题也层出不穷。近年来，国内较直观的 PM2.5 超标问题，从环保部门及相关专家的研究结果来看，大量燃煤和汽车尾气对其形成有很大贡献。因此，除了尽可能节约现有能源的使用外，寻找新的绿色能源、解决能源短缺问题刻不容缓。近年来，在所有形式的新能源中，以微生物细胞工厂为背景的生物能源以其绿色、高效、环保且易于与现有能源体系结合等优点受到了广泛关注，也取得了很多成就。

我们知道，微生物和人类一样，是具有生命的生物体。它们或以现有生物质为食，或以太阳能、化学能为直接能源，在体内进行着成百上千的代谢反应。在原有代谢网络的基础上，我们还可以利用现有的分子操作技术在细胞工厂内合理地规划出目的产品的生产流程，生产出各种各样的化学品。这其中自然也包括可以作为传统能源替代品的燃料化学品，包括乙醇、丙醇、丁醇、异戊醇、脂肪酸酯（生物柴油）、脂肪醇、烷烃和烯烃等。其中，研究较多的是乙醇和长链醇。

生物乙醇

在生活中，我们很早就已经发现了能将各种生物质发酵转化为乙醇的微生物。其发酵得到的生物乙醇作为燃料酒精已经在各个国家得到了广泛关注。与传统能源相比，生物乙醇无毒无害，且其生产原料：生物质存量丰富，仅以木质纤维素为例，据统计每年通过光合作用合成的木质纤维素达 2×10^{11}t，通过光合作用固定的太阳能 4×10^{21}J。如果算上玉米、甘蔗等作物，其原料来源则更为客观。第一代生物乙醇的制备主要以玉米、甘蔗为原料，工艺较为简单，使其产量迅速上升。但由于存在着与人争粮的问题，第一代制备技术无法大规模地推广。因此，以木质纤维素为原料的第二代生物乙醇制备技术得到了科学家们广泛的关注。由于木质纤维素复杂的结构，除需要严格的预处理技术之外，发酵工程中所用菌株的性质也对发酵效率有着重要的影响。目前对于利用木质纤维素生产乙醇的菌种研究主要集中于酿酒酵母、运动发酵单胞菌、大肠杆菌和克雷伯氏杆菌等。前两者能够高效地利用葡萄糖发酵得到乙醇，但却不能发酵大量存在于纤维素水解物中的五碳糖（尤其是木糖）；后两者具有较宽的底物谱，但乙醇并不是它们的主要代谢产物。因此，科学家们正在采用基因工程的手段尝试在菌株中加入新的代谢通路，以期搭建新的适合发酵木质纤维素水解物的微生物细胞工厂。截至 2009 年为止，科学家们已经把重组后 4 种菌株发酵木糖制备乙醇理论产率分别提升到了 85%，94%，90%，95%，实际产率也都到达了 40% 左右。

长链醇

尽管生物乙醇技术已经获得了巨大的成功，还存在着一些缺点，比如能量密度低、蒸气压高、腐蚀性强等问题。这都可能阻碍其进一步发展。相比之下，丁醇克服了乙醇的缺点，具有更加良好的运用潜力。其他更长链的醇也是如此。

来自于美国加州大学洛杉矶分校的 Liao 教授在这方面进行了许多工作。

在自然界中，已经有天然的 1- 丁醇生产途径存在了。传统的 1- 丁醇都是由梭状芽孢杆菌发酵生产的，通常伴随着很多其他副产物。由于菌种本身生长缓慢，并且有时以孢子形式存在，基于梭状芽孢杆菌发酵生产 1-丁醇的工业化存在许多问题。相比之下，大肠杆菌繁殖速度快，是已经发展好的工业底盘菌，它的生理特性认识以及基因操作技术都比较完备。因此，Liao 教授决定利用大肠杆菌内构建一个 1- 丁醇生产工厂。在对比分析两菌的代谢网络之后，Liao 教授从两者共有的中间产物出发，通过质粒将梭状芽孢杆菌中与 1- 丁醇生产有关的 6 个基因导入了大肠杆菌体内使后者获得了从葡萄糖生产 1- 丁醇的能力（图 10.8）。

由于支链醇相比于直链醇具有更高的辛烷值，因此 Liao 教授又对如何利用大肠杆菌细胞工厂得到支链长链醇展开了研究。

图 10.8　大肠杆菌 1- 丁醇细胞工厂构建示意图

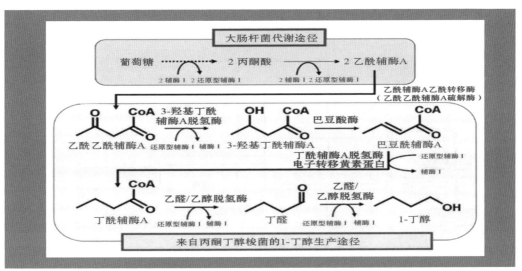

在大肠杆菌中存在复杂的氨基酸合成路径，其中间产物常常涉及 2- 酮酸类化合物，如2- 酮丁酸、3- 甲基 -2- 酮戊酸、苯丙酮酸等。因此，Liao 教授向大肠杆菌内导入了植物、真菌、酵母常见的底物谱较广的 2- 酮酸脱羧酶（KDCs），辅以醇脱氢酶（ADHs），得到了 1- 丁醇、异丁醇、2- 甲基 -1- 丁醇、3- 甲基 -1- 丁醇和 2- 苯基乙醇等多种高级醇

（图 10.9）。通过对上游路径的改造，某一种 2- 酮酸产量可以得到增加，进而得到较纯的单一醇类。在尝试过的 KDCs 中，来自乳酸乳球菌的 KVID 酶效果较好。

在上述工作的基础上，Liao 教授又对更高碳数的醇发起了冲击。他先是强化了上游途径的供应，得到了较多的 3- 甲基 -2- 酮戊酸前体。之后，他又对 LeuA 酶和 KVID

图 10.9　大肠杆菌细胞工厂构建生产多种支链高级醇示意图

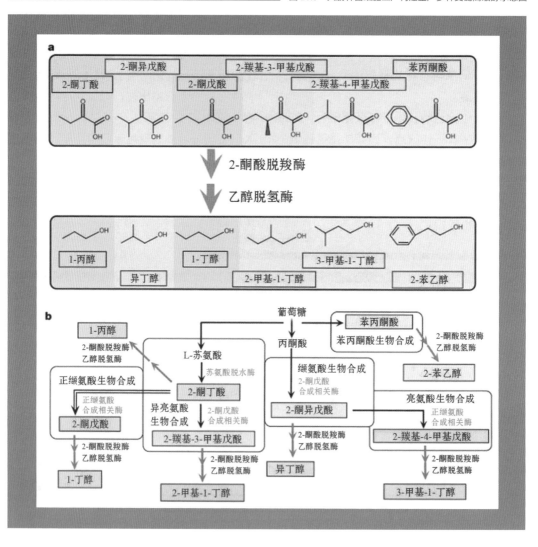

图 10.10　酶学改造生产 5~8 碳数长链醇示意图

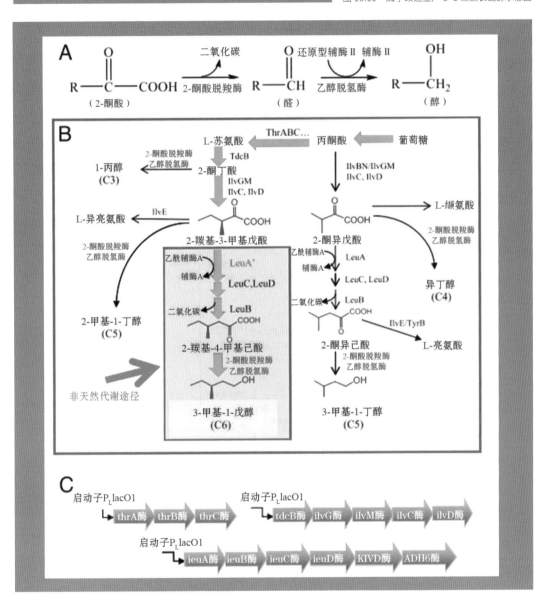

酶的活性位点进行了改造，通过扩大活性位点，使得这两种酶可以适应更大的化合物，从而得到 5~8 碳原子的醇类（图 10.10）。

其实，无论是传统能源还是生物质能，我们可以发现其根本是太阳能。基于微生物快速生长的特点，如果我们能利用它们直接将太阳能转化为各种燃料化学品，那么，我们就相当于在短短的几天内完成了几十万到几百万年间传统能源生成的过程。这将是一件多么激动人心的事！

20 世纪 70 年代，为了应对能源危机，科学家发现一种神奇的微生物——微藻。它可以通过光合作用直接将 CO_2 固定到体内转化成油脂，为我们所用。由于油脂不容易被提取利用，分离成本较高，Liao 教授想到用其生产易挥发的异丁醛。为了实现这个目标，Liao 教授分别从乳酸乳球菌、枯草芽孢杆菌和大肠杆菌中找到了这条生产线所必需的四个基因元件（*kvid*、*alsS*、*ilvC*、*ilvD*），然后通过 DNA 合成技术合成这四个基因，最后将这四个基因元件导入到微藻中组装成一条全新的生产线，如图 10.11 所示。最终，

图 10.11 微藻制备异丁醛途径

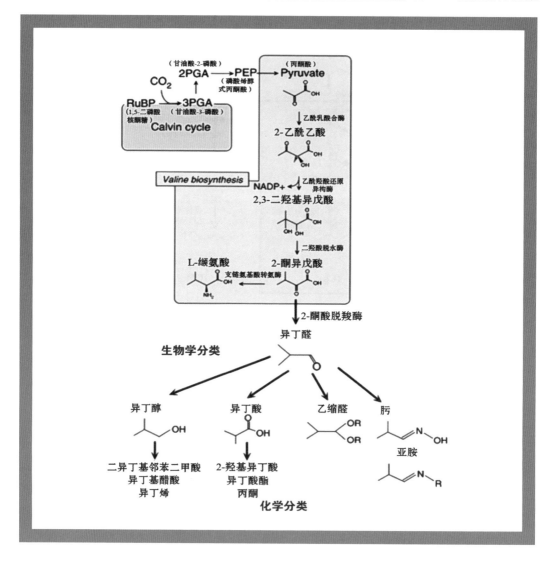

图 10.12　太阳能光伏发电偶联 *R.eustrop* 生产异丁醇示意图

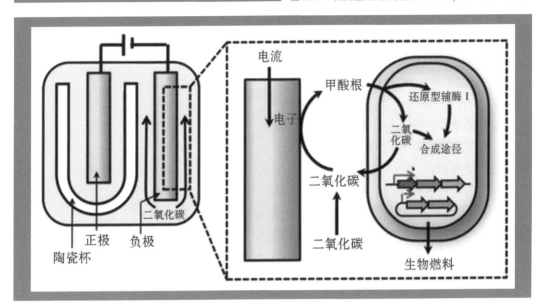

我们的微藻细胞工厂就可以通过光合作用，以 CO_2 为原料，生产出异丁醛了。得到的异丁醛分离之后可以用于进一步生产异丁醇等化合物。

但是，微藻的光合作用效率很低，上述细胞工厂的工业化十分困难。为了解决细胞工厂能量来源供给不足的问题，考虑到植物通过光合作用转化太阳能的效率不足 1%，而太阳能发电技术转化太阳能的效率可以达到 10%~45%，Liao 教授产生了一个大胆的想法，希望可以重构合适的体系，利用这些电能来固定 CO_2、驱动微生物细胞工厂，生产我们所需要的产品。首先，Liao 教授利用电化学反应将 CO_2 高效地转化为甲酸，甲酸是一种非常好的能量载体，可以为细胞提供能量。之后，Liao 教授想到一种喜欢吃甲酸的细菌 *R.eustrop*，可以将其作为细胞工厂，用于生产内燃机使用的异丁醇和 3- 甲基 -1- 丁醇。Liao 教授利用微生物细胞工厂技术，

将相关的基因元件导入到 *R.eustrop* 细胞工厂中形成异丁醇和 3- 甲基 -1- 丁醇生产线。这样，最终得到的新的微生物细胞工厂就可以偶联太阳能光伏发电直接固定 CO_2 来生产能源（图 10.12）。

10.2.2　材料细胞工厂

淀粉、纤维素等农林生物质原料中既有丰富的能量储备，也有充足的物质储备。因此，在提供新型能源的同时，生物质资源也能够用于生产我们所感兴趣的新型材料，如以 1,3- 丙二醇为代表的生物基平台化合物、以聚乳酸为代表的生物塑料等。这些来源于生物质的材料被称为生物基材料。可再生的原料特性和可降解的产品性能赋予了生物基材料极大的发展潜力，不难想象，当人类迈入后化石能源时代，煤基、石油基材料陆续谢幕之际，生物基材料将逐渐走出幕后、崭露头角，在维持环境稳态的同时，支撑起我们的品质生活。

1,3- 丙二醇

在 09 章中，曾介绍过 1,3- 丙二醇在生物炼制中的应用，这里在说一下它的其他用处。从甘油分子中随机去除一个氧，我们就能得到三碳二元醇的两兄弟1,2- 丙二醇和1,3- 丙二醇。后者是一种极为重要的聚合物单体，可以和种类繁多的多元酸、多元醇发生缩聚反应，生成性质各异的高分子共聚物，广泛用于生产复合材料、黏合剂、薄膜材料、功能涂层、铸造模具等产品，其代表性下游聚酯产品聚对苯二甲酸丙二醇酯（PTT）是一种性能优异的新型合成纤维，拥有极大的应用前景。单体的 1,3- 丙二醇也被用作有机溶剂、防冻剂和油漆助剂。

如此关键的化工产品，在工业上如何实现规模化生产呢？目前，1,3- 丙二醇的主要生产路径有三条：一是由德固赛公司（Degussa）开发的丙烯醛水合法，该方法分为两步，首先是丙烯醛与水分子在离子交换树脂上加成生成 3- 羟基丙醛，继而由镍催化剂催化 3- 羟基丙醛加氢得到终产物 1,3- 丙二醇；二是由壳牌公司（Shell）开发的环氧乙烷氢甲酰化法，两种化学合成方法只在第一步存在差异，即壳牌公司通过氢甲酰化反应利用环氧乙烷与合成气生成中间体 3- 羟基丙醛。杜邦公司（DuPont）另辟蹊径，开发了第三条路径，采用生物发酵法生产 1,3- 丙二醇的技术，通过对微生物菌株的基因改造，打通了由玉米淀粉等生物质降解产生葡萄糖，由葡萄糖转化为甘油，再由甘油脱羟基生产 1,3- 丙二醇的生物转化途径（图 10.13）。据杜邦公司的分析，该生物发酵途径相比于传统"石化路线"能够减少近四成的能源消耗，生产过程的温室气体排放也会降低 1/5，生产

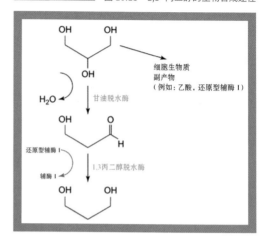

图 10.13　1,3- 丙二醇的生物合成途径

经济性与环氧乙烷法相当。美国化学学会将生物基 1,3- 丙二醇的研究成果评为"2007 Heroes of Chemistry"，以示对技术创新的肯定，也证明了大宗化工品生物制造的可行性。

尼龙

在了解了生物基材料的平台化合物后，我们将目光转向它们的下游产品，即聚酯纤维、生物塑料、树脂材料和生物橡胶，这将是生物基材料大有所为的领域。

在合成纤维工业，尼龙是具有里程碑意义的产品。自 1935 年 Wallace Carothers 在杜邦公司研制出这种化学纤维后，合成纤维领域开始大放异彩。尼龙是聚酰胺纤维的统称，高聚物分子内含有重复的酰胺键，很像生物大分子蛋白质的结构。通常人们利用二元胺与二元酸缩聚、己内酰胺开环聚合或者直接由单一氨基酸自聚得到不同性能的尼龙纤维。相比于其他所有纤维品类，尼龙具有极高的耐磨性，这使其成为应用至今的重要纤维品类。

目前，尼龙生产的主要前体物质，即

图 10.14 生物基尼龙的生产流程

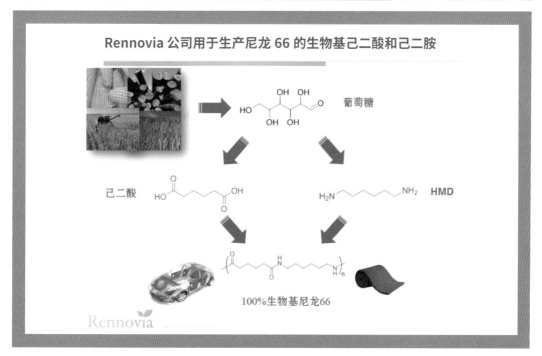

Rennovia 公司用于生产尼龙 66 的生物基己二酸和己二胺

葡萄糖

己二酸

HMD

100%生物基尼龙66

二元胺与二元酸，均来源于化石资源。既然已有研究工作改造微生物用以发酵生产这些聚合物单体，一个热切的想法是：生物基尼龙是不是很快就可以成为现实？事实亦是如此，利用大肠杆菌或谷氨酸棒状杆菌将赖氨酸转化为戊二胺、丁二胺的技术已经实现，二元酸的生产也能够在微生物体内完成，通过对发酵液进行分离回收，我们能够得到聚合物级别的二元胺和二元酸，从而完全实现生物基尼龙的生产（图 10.14）。只要能够实现我们所感兴趣的聚合物单体的生物基生产，那么由生物基聚合物代替煤基、石油基聚合物的时代也将触手可及。

异戊橡胶

异戊橡胶主要应用于轮胎生产，是一种高性能橡胶，其产量仅次于丁苯橡胶和顺丁橡胶而居合成橡胶的第三位。它具有很好的弹性、耐寒性和很高的拉伸强度。因其结构和性能与天然橡胶相似，故又称为合成天然橡胶。异戊橡胶的合成单体是异戊二烯，即2- 甲基 -1,3- 丁二烯，是一种共轭二烯烃。对于天然产物萜类化合物，它们就是以分子中含有的异戊二烯单元个数分类的。

异戊二烯是合成橡胶的一种重要单体，除用于合成异戊橡胶，还用作合成丁基橡胶的共聚单体以改进其硫化性能。随着乙烯工业的快速发展和对合成橡胶合成树脂的需求增大，异戊二烯作为一种重要的化工原料，其生产技术也受到各国的普遍重视。

传统的异戊二烯生产主要来源于石油，生产方法主要包括异戊烷、异戊烯脱氢法，化学合成法和裂解 C_5 馏分萃取蒸馏法。近

图 10.15 生物基异戊烯橡胶的生产流程

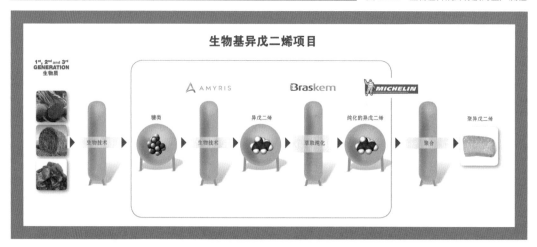

年来，利用生物法将碳水化合物转化成异戊二烯的方法也取得较大的发展。Kuzma 等人的研究显示，多种细菌（包括革兰氏阳性和阴性菌）都能生产异戊二烯，且以杆菌的异戊二烯产量最大。生物法合成的代谢基础是，微生物将碳水化合物转化为 C_5 的类异戊二烯前体 3,3- 二甲基烯丙基焦磷酸酯（DMAPP），再通过酶催化反应合成异戊二烯。通过将来源于植物等的异源异戊二烯合成酶基因在大肠杆菌体内进行表达，并通过代谢途径的匹配优化，能够实现高达 60g/L 的异戊二烯产量。进来，一些生物技术公司开始尝试生物法异戊二烯的大规模商业化生产。丹麦 Danisco 公司旗下的酶技术分部杰能科公司与轮胎和橡胶生产商固特异公司，正在开发一体化的异戊二烯生物发酵、回收和提纯系统，用于从碳水化合物生产异戊二烯，以应用于轮胎的生产（图 10.15）。

10.2.3 药物细胞工厂

植物来源的天然产物一直是人们重点关注的对象。比如著名的抗疟药物青蒿素，抗癌药物紫杉醇等。这些天然产物一般结构比较复杂，传统的获取途径都是通过直接从植物中提取的策略。比如抗癌药物紫杉醇主要是从太平洋紫杉树的树皮中提取，平均治疗一个病人需要消耗 2~4 棵树来源的紫杉醇。这些来自植物的天然产物在植物体内一般以微量形式存在，从植物中直接提取面临着低纯度、消耗大量的自然资源等问题。而且随着社会的发展和健康问题的日益突出，这些可以提供药物来源的野生资源的再生速度已经满足不了人们的需求。而且由于这些天然产物结构复杂，用化学法合成是非常困难的，成本很高，产率很低。同样以紫杉醇为例，化学合成紫杉醇需要 35~51 步的化学反应才能得到，最高收率也只有 0.4%。所以人们迫切需要一种能够高效、低成本地生产这些天然产物的方法。

进入 21 世纪以后，微生物细胞工厂技术的迅速发展为人们带来了新的希望。接下来我们将介绍 21 世纪的几个明星药物的微生物合成：青蒿素、紫杉醇、阿片类药物和肝素类药物。

青蒿素

疟疾是一个全球性的健康问题，据2010年的数据显示，疟疾全球每年有2亿的疟疾患者，每年有65.5万人死于疟疾，尤其在非洲以及一些发展中国家中尤为严重。青蒿素是一种非常有效的抗疟疾药物，最开始是由中国科学家屠呦呦等人从黄花蒿（Artemisia annua）中分离得到。黄花蒿虽然在全球都有种植，但是其青蒿素含量具有明显的地域特性，只有我国局部地区的黄花蒿中青蒿素含量较高，青蒿素在黄花蒿中的含量一般在1%以下（图10.16）。所以通过直接从黄花蒿中提取无法满足人们的需求。所以人们将目光转向了利用微生物细胞工厂来生产青蒿素。

青蒿素的合成主要涉及以下几步：法呢基焦磷酸（FPP）→青蒿二烯→青蒿酸→二氢青蒿酸→二氧青蒿酸过氧化物→青蒿素。2003年，美国加州大学伯克利分校的Keasling教授课题组将来自酵母的FPP合成涉及的8个基因以及来自黄花蒿（Artemisia annua L）的青蒿二烯合成酶基因ADS引入到大肠杆菌中，构建出一个可以从葡萄糖，甘油等碳源直接生产青蒿素前体青蒿二烯（amorphadiene）的生产线，青蒿二烯的产量可以达到112.2 mg/L。但是这样的产量还是远远不能够满足工业化的需求。而且从青蒿二烯还需要经过好几步转化才能得到青蒿素。

2006年，Keasling教授课题组在青蒿二烯合成的基础上又往前走了一大步：他们采用酿酒酵母为底盘宿主，优化了已有的FPP合成的生产线，同时引入了来自黄花蒿的三个基因：*ADS*基因、细胞色素单加氧酶*CYP71AV1*基因以及其还原伴侣基因*CPR1*，这样就得到了一个可以直接生产青蒿酸（artemisinic acid）的细胞工厂。该细胞工厂可以提供100mg/L青蒿酸产量。依然，该产量距离青蒿素的工业化生产还有一定的距离。

直到2013年，经过近7年的进一步努力，Keasling教授课题组终于取得了突破

图 10.16　青蒿素的分子结构简式及黄花蒿的照片

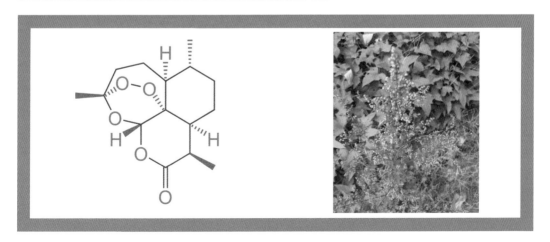

图 10.17 青蒿酸的合成途径

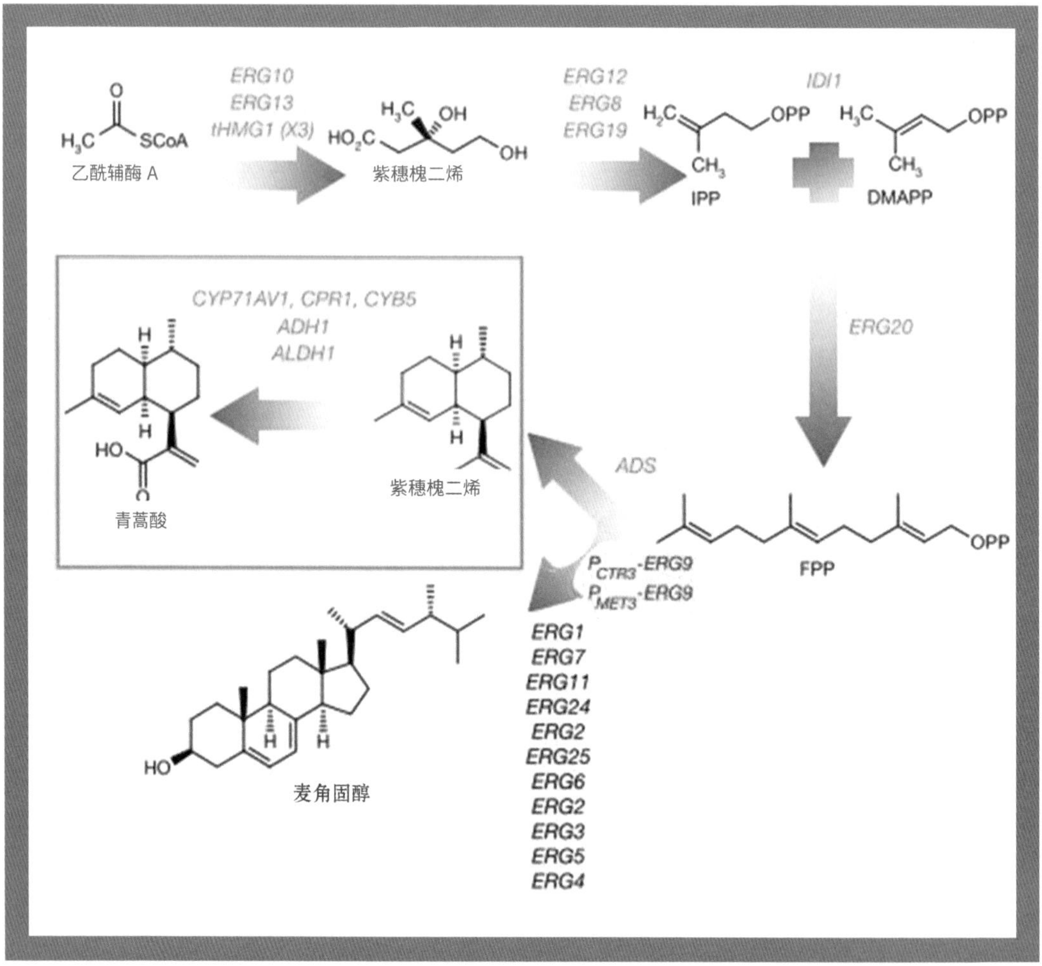

性的进展。他们进一步从黄花蒿中识别出三个针对青蒿酸合成的关键基因：细胞色素 b_5 基因 *CYB5*、醇脱氢酶 *ADH1* 基因和青蒿醛脱氢酶 *ALDH1* 基因，并进一步引入到酵母中，通过优化匹配之后，成功构建了生产青蒿酸的细胞工厂（图 10.17）。该细胞工厂在发酵时，青蒿酸的产量达到了惊人的 25 g/L。Keasling 等人利用该合成的青蒿酸再次经过化学反应最终实现了青蒿素高

效、低成本的合成。同年 4 月份，法国诺菲（Sanofi）制药公司根据 Keasling 等人的研究，当即启动了大规模的青蒿素部分合成。

紫杉醇

紫杉醇首先是从太平洋红豆杉树的树皮中分离得到的一种萜类化合物。它之所以大名鼎鼎是因为紫杉醇是目前世界上最主要、最畅销的抗癌药（图 10.18），有着巨大的需求市场。紫杉醇在植物中的含量最高也仅

图 10.18 紫杉醇的分子式及红豆杉照片

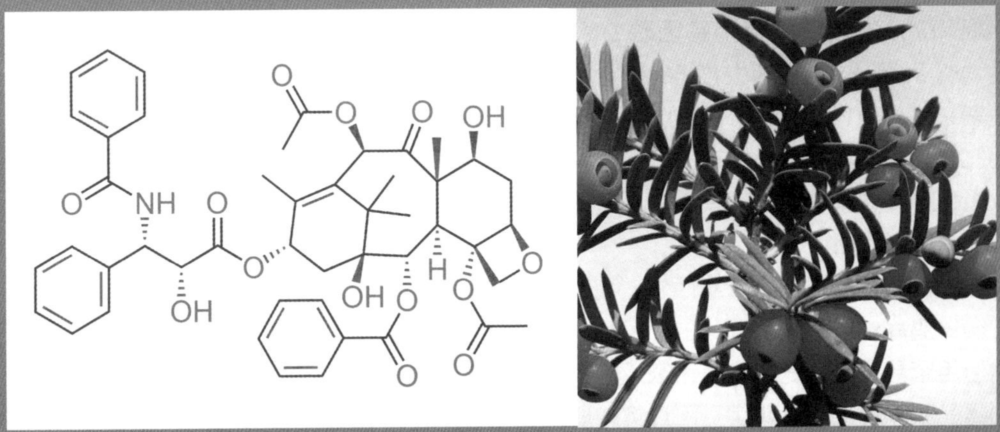

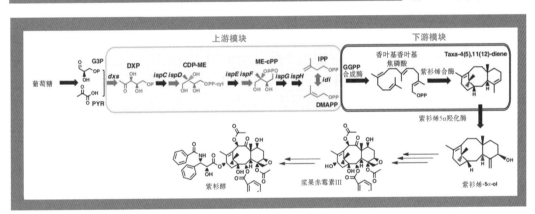

图 10.19 紫杉醇的合成途径

有 0.069%，而且也受限于生长缓慢，红豆杉树资源稀缺，所以仅仅从红豆杉树的树皮中分离制备紫杉醇是远远不够的。而且化学合成产量低，成本高，不能够有效地解决问题。所以人们开始期待利用微生物细胞工厂来直接生产紫杉醇。

2010 年，来自美国麻省理工学院的 Stephanopoulos 教授课题组在大肠杆菌中设计了一条合成紫杉醇前体紫杉二烯

（Taxa-4(5),11(12)-diene）的生产线：该生产线主要包含两个模块：上游的 IPP 和 DMAPP 的合成模块，包含大肠杆菌自身所具有的 8 个基因；下游的紫杉二烯的合成模块，包含来源于太平洋红豆杉的 2 个基因。通过优化这两个模块关键基因的表达水平，得到一条最优的紫杉二烯生产线，紫杉二烯的产量可以达到 1g/L 以上。有了充足的前体紫杉二烯的供应，Stephanopoulos

教授课题组紧接着引入了来自于太平洋红豆杉的紫杉二烯 5α- 羟化酶基因和其还原伴侣 *TCPR* 基因，将两个基因融合表达之后，得到了一个可以生产 58mg/L 5α- 羟基紫杉二烯（taxadien-5α-ol）的细胞工厂（图 10.19）。这是一个振奋人心的进步，为人们高效、低成本地生产紫杉醇指明了方向。

阿片类药物

说起阿片想必大家并不陌生，我们常把它叫做鸦片（俗称大烟）。由于阿片类物质的滥用容易成瘾，提到它时大家通常都会想到毒品和鸦片战争。其实，阿片类物质代表着一类具有鸦片剂作用的化学物质，分为天然鸦片剂（主要为罂粟中提取的生物碱，包括吗啡和可待因），半合成鸦片剂（氢可酮、海洛因等），合成鸦片剂（哌替啶、美沙酮等）和内源性鸦片肽（脑内啡、强啡肽等）。阿片类物质在临床上是可以作为药物使用的，世界卫生组织（WHO）把这类物质归为基本药物，主要用作镇痛剂，可以有效地减轻不治之症所造成的剧烈疼痛，产生欣快感，也有作为镇咳药使用如可待因，主要通过存在于中枢神经系统和消化系统的阿片类受体来起作用。

在发展中国家，镇痛药物仍处于短缺状态，WHO 估计全球有 55 亿人在中度或重度疼痛发生时仍然很少或者无法获得治疗。目前全球每年种植了大约 10 万公顷罂粟花，获得超过 800t 鸦片剂来满足医疗需求。但罂粟花的工业种植太容易受到环境因素如害虫、气象灾害等的影响，使得这种方式具有不稳定和不确定性。而尽管目前已经报道了 30 多种吗啡及其衍生物的化学合成方法，但限制于其规模可行性，目前在商业上还不具有竞争力。

事实上，以阿片类物质为代表的苄基异喹啉生物碱（BIA）在微生物细胞工厂中的合成一直是科学家们的研究兴趣。它们大多原本从植物中提取，但其合成途径十分复杂，有些植物并没有全基因组序列信息，找出催化相关合成反应的酶且让它具有高的催化活性很不简单，想要在一个本来不生产这类物质的生物中引入这些合成途径并制造我们想要的产品更是难上加难。科学家们于是决定采取"集中兵力，各个击破"的策略。一条复杂的合成途径被分成了好几段来逐一进行解决。

2008 年，Hiromichi Minami 等在大肠杆菌中实现了从多巴胺到 BIA 重要前体物 (S)-reticuline 的合成，并进一步合成出木兰花碱和金黄紫堇碱（图 10.20）。紧接着 Hawkins 和 Smolke 在酵母中实现了从上游前体物到 (S)-reticuline 的合成并找到了 (R)-reticuline 向下游吗啡喃生物碱合成的关键酶（图 10.21）。随后经过几年时间的努力，他们又成功地从蒂巴因（thebaine）出发合成了可待因和吗啡等物质。

到 2015 年 4 月，加拿大的微生物学家 Vincent Martin 组就完成了从更早的中间体 (R)-reticuline 来合成吗啡的过程（图 10.22）。

至此，要实现阿片类物质的全合成还有两个关键问题没有解决，一个是关键中间体 (S)-reticuline 向 (R)-reticuline 差向异构化，另一个就是酪氨酸经羟化酶反应选择性转化为左旋多巴。令人意想不到的是，没过多久这两个问题就都有了答案。

图 10.20　由多巴胺在大肠杆菌中合成苄基异喹啉类生物碱路线图

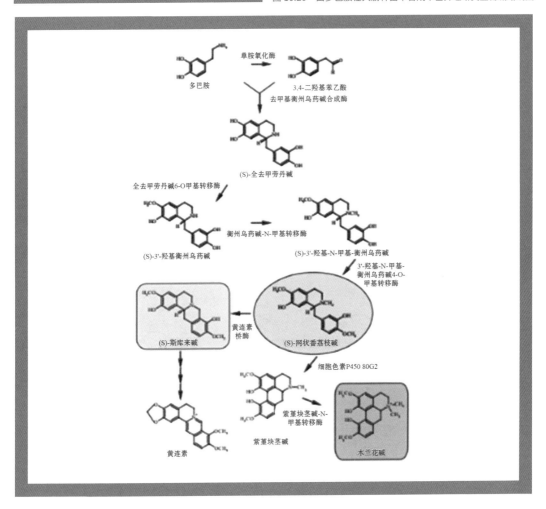

图 10.21　酵母菌中由上游前体物合成关键中间体 (S)-reticuline 路线图

图 10.22　在酵母菌中由蒂巴因合成吗啡和可待因等阿片类物质路线图

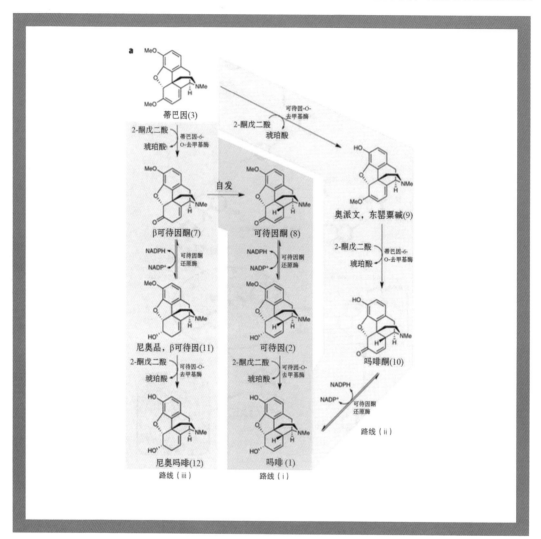

　　加州大学伯克利分校的 John Dueber 教授组首先解决了后一个问题，并于 2015 年 5 月 在 *Nature Chemical Biology* 发文宣布他们实现了酵母菌从葡萄糖到关键中间体 (S)-reticuline 的合成。为了找到合适的酪氨酸羟化酶催化这一步反应，研究者们将酵母菌工程化改造，巧妙地利用生物传感器赋予了它把左旋多巴转化为一种荧光色素 β 叶黄素的能力。这样，一旦酵母菌中有合适的羟化酶催化酪氨酸生产出左旋多巴后，它会立即转化为 β 叶黄素而显现出橙黄色，而且荧光信号的强弱与左旋多巴浓度相对应，从而便于我们找到高活性的酪氨酸羟化酶（图 10.23）。

图 10.23　DOD 转化左旋多巴为叶黄素来作为生物传感器优化酪氨酸羟化酶活性

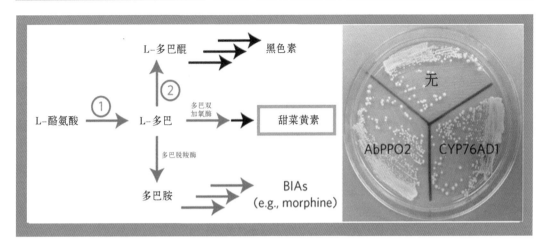

图 10.24　在酵母菌内由中间体 (R)-reticuline 合成吗啡路线图

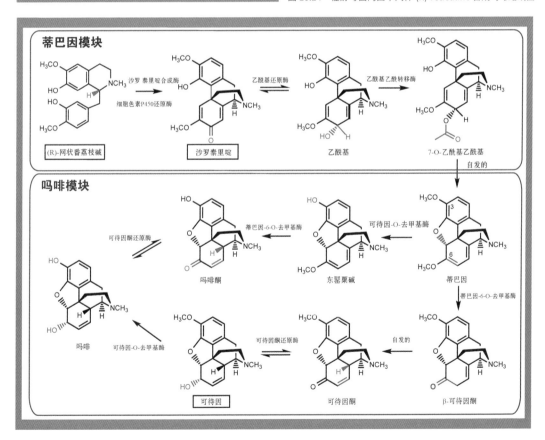

与此同时，斯坦福大学的 Smolke 教授课题组也紧紧跟上了这项工作。

不到一个月时间又传来了好消息，Winzer 等人在一种罂粟（P. somniferum）中发现了人们苦苦追寻的 (S)-reticuline 差向异构酶，另一研究组从植物转录组数据库鉴别出候选基因并从 P. somniferum cDNA 克隆出来。至此，从葡萄糖出发合成阿片类物质的各个环节已经攻破（图 10.24），但即便如此，仍有许多人预测需要几年的时间才能把这些环节全部拼起来。而事实证明，这个领域工作的推进比预期要快得多。2015 年 8 月，Smolke 课题组就实现了这一伟大工作，在酵母细胞中成功利用葡萄糖来制造蒂巴因和氢可酮，产量分别为 6.4μg/L 和 0.6μg/L。其中，蒂巴因的全生物合成途径需要表达 21 种酶，分别来源于大鼠、细菌、不同植物还有酵母本身，生产菌株中还表达了两种天然酶和抑制了一种天然酶的表达，进一步引入额外的两个酶可以合成氢可酮。而由此还能灵活地合成出一系列原本天然途径中不存在的化学结构类似的化合物，这为我们寻找和开发更安全，成瘾性更低的全新阿片类药物提供了可能（图 10.25）。

图 10.25 阿片类物质在酵母菌中全合成途径的基因来源

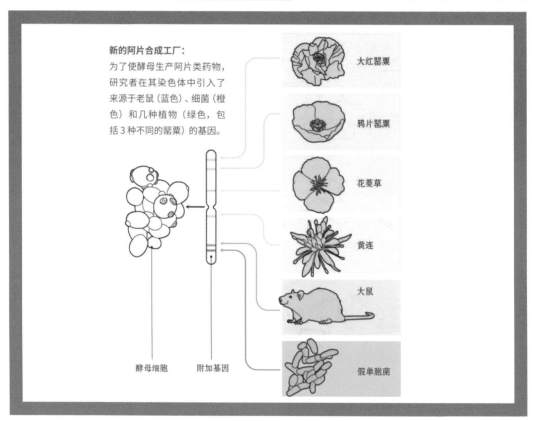

新的阿片合成工厂：

为了使酵母生产阿片类药物，研究者在其染色体中引入了来源于老鼠（蓝色）、细菌（橙色）和几种植物（绿色，包括 3 种不同的罂粟）的基因。

大红罂粟

鸦片罂粟

花菱草

黄连

大鼠

假单胞菌

酵母细胞   附加基因

虽然目前酵母菌的产量还太低，需要增加 10 万倍才能引起制药公司的兴趣。但经过酶工程、菌株工程、途径工程等一系列工程化改造是完全有望实现的。科研工作者们正在朝着这一目标大踏步地往前迈进着。

Smolke 教授说："我相信，两年内就可以更新这项技术，利用酵母大规模生产出阿片。"（图 10.26）而到那个时候，罂粟种植者们可能就要准备失业了。

图 10.26 酵母菌中重构生物合成途径从头生产阿片类分子

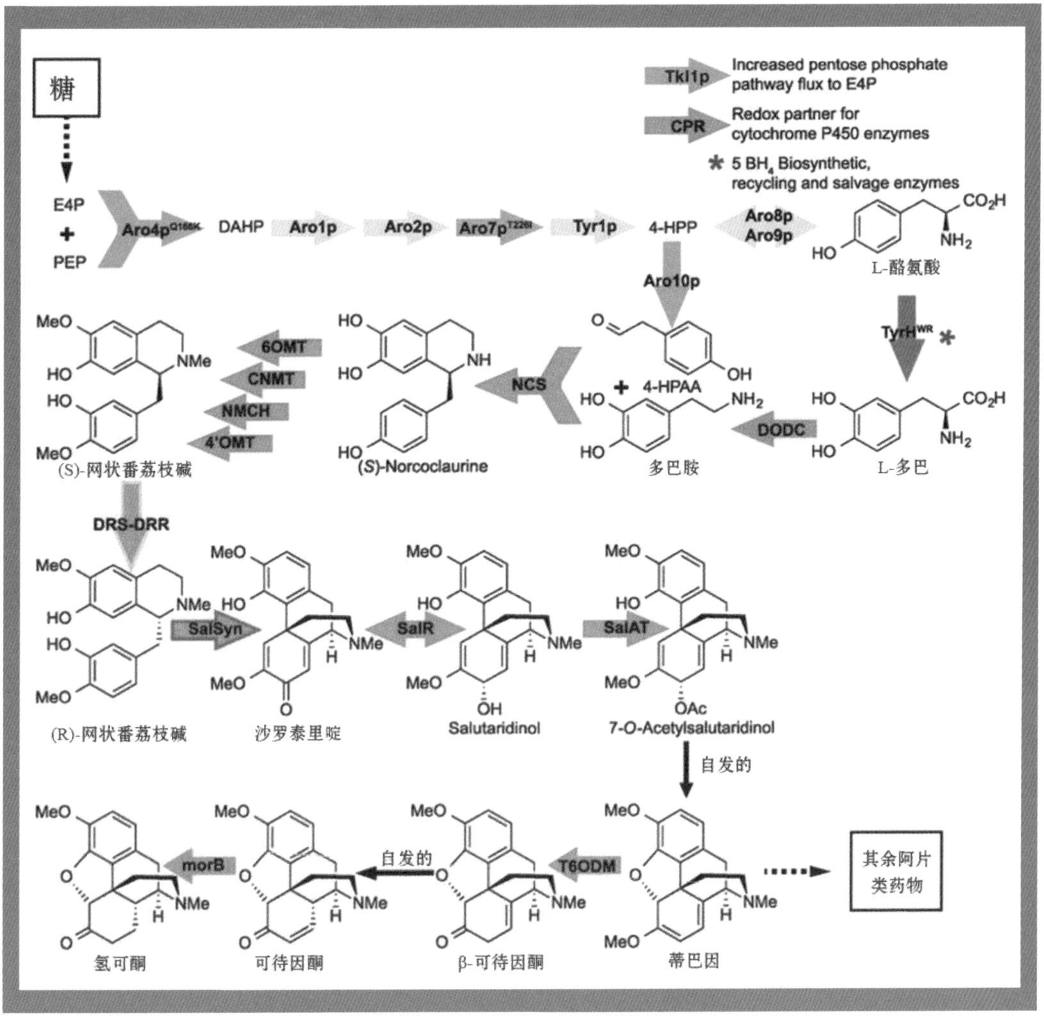

10.3 结束语

经过 20 世纪 100 年的发展，有机化学家已经能够从头设计合成任何已知结构的化学物质。我们也梦想着能够通过微生物细胞工厂的方法，合成任何我们想要合成的化学物质。而且越来越多的案例表明，利用微生物细胞工厂合成化学品具有其他方法无法比拟的优势。相信随着合成生物学，生物信息学等领域的快速发展，我们的梦想终究会成为现实。21 世纪被称为生物的世纪，这不仅仅是一种称谓，更是一种人们对于生物技术的期许，我们这一代年轻人肩负着人们对于 21 世纪的期许，所以我们需要更加充满信心和活力地奔向属于我们自己的世纪!

图片来源 （根据作者提供信息实录）

图 1.3　www.baidu.com

图 1.4　"桌面工厂"科教片

图 1.5　Janicke M T, Kestenbaum H, Hagendorf U, et al. The controlled oxidation of hydrogen from an explosive mixture of gases using a microstructured reactor/heat exchanger and Pt/Al2O3 catalyst. Journal of Catalysis, 2000, 191(2): 282～293

图 1.8　Tseng P, Murray C, Kim D, et al. Research highlights: printing the future of microfabrication. Lab on a Chip, 2014, 14(9): 1491

图 1.9　左 图 Marre S, Adamo A, Basak S, et al. Design and Packaging of Microreactors for High Pressure and High Temperature Applications. industrial & engineering chemistry research, 2010, 49(22): 11310～11320

右 图 Kralj J G, Sahoo H R, Jensen K F. Integrated continuous microfluidic liquid-liquid extraction. LAB ON A CHIP, 2007, 7(2): 256～263

图 1.10　Hessel V, Lowe H. Microchemical engineering: Components, plant concepts user acceptance - Part I. Chemical Engineering & Technology, 2003, 26(1): 13-24

图 1.11　www.baidu.com

图 1.14　Inoue T, Kikutani Y, Hamakawa S, et al. Reactor design optimization for direct synthesis of hydrogen peroxide. Chemical Engineering Journal, 2010, 160(3): 909～914

图 1.15　Sahoo H R, Kralj J G, Jensen K F. Multistep Continuous-Flow Microchemical Synthesis Involving Multiple Reactions and Separations. Angewandte Chemie International Edition, 2007, 46(30): 5704～5708

图 1.16　Wang K, Lu Y, Luo G. Strategy for Scaling-up of a Microsieve Dispersion Reactor. CHEMICAL ENGINEERING & TECHNOLOGY, 2014, 37(12): 2116～2122

图 1.18　"桌面工厂"科教片

图 4.1~ 图 4.24　http://baike. Baidu. com; http://so.hudong.com/s/tupian

图 5.1　天极数码, 天极网官方 APP, http://wap.yesky.com/diy/harddisk / 174/11488174_2. shtml

图 5.2　中关村在线,http://detail.zol. com.cn/picture_index_34/index338083. shtml#/&pn=3

图 5.3　当代化学译丛,《分子器件与分子机器——纳米世界的概念和前景》（原著第 2 版）/（意）巴尔扎尼等 (Balzani, V.) 著；马骧，田禾译，上海：华东理工大学出版社,2009.8, ISBN 978-7-5628-2610-1.P3

图（理查德·费曼）Nobelprize.org The Official Web Site of the Nobel Prize, http://www.nobelprize.org/nobel_prizes/physics/ laureates/1965/feynman-bio.html

图 5.4　新浪科技时代 ,http://tech.sina.com.cn/d/2007-12-28/10201942898.shtml.

图 5.7　Engadget 中 国 版 ,http://cn.engadget.com/2007/03/28/scientists-forge-molecular- sized-scissors/

图 5.8　Wiley 出版社 ,Takahiro Muraoka, Kazushi Kinbara, Atsushi Wakamiya, Shigehiro Yamaguchi, Takuzo Aida, Crystallographic and Chiroptical Studies on Tetraarylferrocenes for Use as Chiral Rotary Modules for Molecular Machines, Chemistry A European Journal, (2007), 13, 1724-1730.

图 5.9　The Royal Society of Chemistry （英国皇家化学会）杂志 , Chemical Communications, 2007, Issue 11 封面 , http://pubs.rsc.org/en/content/articlelanding/ 2007/cc/b702656k/unauth#!divAbstract

图 5.11　Elsevier 出版社 ,Xuan Shen, Akio Nakashima, Kazunori Sakata, Mamoru Hashimoto, The first one-dimensional polymer containing non-planar macrocyclic ligand 5,14-dihydro-6,8,15,17-tetramethyldibenzo[b,i][1,4,8,11]tetraazacyclotetradecine, Inorganic Chemistry Communications, (2004), 7(5), 621-624

图 5.12　美国化学会 ,T. Ross Kelly, Richard A. Silva, Harshani De Silva, Serge Jasmin, Yajun Zhao, A Rationally Designed Prototype of a Molecular Motor, Journal of the American Chemical Society, (2000), 122, 6935-6949.

图 5.13　纳米车研究者、美国莱斯大学 James M. Tour 教授课题组网页 ,http://www.jmtour.com/images/Nanocars/NanoCarNOtriangle600dpi.jpg

图 5.14　和 讯 网 ,http://m.hexun.com/news/2010-12-29/126475359.html

图 6.3　LG 官网 http://www.lg.com/cn/tvs/lg-55EA9800-CA-oled

图 6.4　论 文 网 站 http://www.doc88.com/p-6327323547563.html

图 6.25　品科技网 http://news.pconline.com.cn/342/3425163.html

图 6.26　三 联 网 http://www.3lian.com/show/2011/09/6942.html

图 6.29　Holst Centre 会议报告

图 6.30　太 平 洋 汽 车 网 http://www.pcauto.

com.cn/tech/243/2438947.html

图 7.1~ 图 7.2 http://image.baidu.com

图 7.7 http://image.baidu.com

图 7.8 www.ido.3mt.com.cn

图 7.9 www.nipic.com

图 7.10 www.image.baidu.com

图 7.12 www.image.baidu.com

图 7.19 www.image.baidu.com

图 7.24~ 图 7.25 www.image.baidu.com

图 7.26 www.3lian.com

图 7.27 www.image.baidu.com

图 8.3 www.image.baidu.com

图 8.4 http://belcher10.mit.edu

图 10.16 左图 http://baike.baidu.com/pictur e/108690/108690/0/3b292df5e0fe9925e0f761 ed34a85edf8cb17197.html?fr=lemma&ct=sing le#aid=0&pic=3b292df5e0fe9925e0f761ed34a 85edf8cb17197

右 图 http://baike.baidu.com/link?url=ADaqjlz wCIA5MwdwbmMygkkiqfJwpetE0BStfdZMdU 0f67OypgDgXLwo7FNkozKPiOoOrNkdAe83PB x6P5z-ZK

图 10.18 左图 http://image.baidu.com/search/ detail?ct=503316480&z=0&ipn=d&word=%E

7%B4%AB%E6%9D%89%E9%86%87& step_word=&pn=4&spn=0&di=1770644 32050&pi=&rn=1&tn=baiduimagedetail &is=0%2C0&istype=0&ie=utf-8&oe=utf- 8&in=&cl=2&lm=-1&st=undefined&cs =687008267%2C1183544468&os=146 417695%2C4171087622&adpicid=0&l n=1953&fr=&fmq=1440334861412_R& ic=undefined&s=undefined&se=&sme =&tab=0&width=&height=&face=unde fined&ist=&jit=&cg=&bdtype=0&obju rl=http%3A%2F%2Fwww.ichemistry. cn%2Fstructure%2F33069-62-4. gif&fromurl=ippr_z2C%24qAzdH3FAzdH 3Fooo_z%26e3Btvij4tfp6y_z%26e3Bv gAzdH3Fvij4tfp6yAzdH3Fnnaml-md-9_ z%26e3Bip4&gsm=0

右 图 http://baike.baidu.com/picture/ 25454/25454/0/9864a2319c85f2b45fdf 0e27.html?fr=lemma&ct=single#aid=0& pic=9864a2319c85f2b45fdf0e27

参考文献

01　桌面工厂

[1] 陈光文，袁权．微化工技术 [J]．化工学报，2003,54(4):427-439．

[2] 陈光文，赵玉潮，乐军，等．微化工过程中的传递现象 [J]．化工学报，2013,(01):63-75．

[3] 林秉承．微纳流控芯片实验室 [M]．北京：科学出版社，2013：第 1 版．

[4] Ehrfeld W,Hessel V,LÖwe H. Microreactors-New Technology For Modern Chemistry[M].Weinheim: WILEY-VCH Verlag Gmbh,2000:1-2.

[5] Hessel V,Lowe H.Microchemical Engineering:Components,Plant Concepts User Acceptance-Part I[J]. Chem Eng Technol,2003,26(1):13-24.

[6] 骆广生，王凯，吕阳成，等．微尺度下非均相反应的研究进展 [J]．化工学报，2013,(01):165-172．

[7] 骆广生，王凯，徐建鸿，等．微化工系统内多相流动及其传递反应性能研究进展 [J]．化工学报，2010,(07):1621-1626．

[8] Janicke M T,Kestenbaum H,Hagendorf U,et al.The Controlled Oxidation Of Hydrogen From An Explosive Mixture Of Gases Using a Microstructured Reactor/Heat Exchanger And Pt/Al2O3 Catalyst[J].

Journal Of Catalysis,2000,191(2):282-293.

[9] Marre S,Adamo A,Basak S,et al.Design And Packaging Of Microreactors For High Pressure And High Temperature Applications[J]. Industrial & Engineering Chemistry Research, 2010,49(22):11310-11320.

[10] Tseng P,Murray C,Kim D,et al.Research Highlights:Printing The Future Of Microfabrication[J]. Lab On a Chip, 2014, 14(9): 1491.

[11] Kralj J G,Sahoo H R,Jensen K F.Integrated Continuous Microfluidic Liquid-Liquid Extraction[J].Lab On a Chip,2007,7(2):256-263.

[12] Wang K,Lu Y,Luo G.Strategy For Scaling-Up Of a Microsieve Dispersion Reactor[J]. Chemical Engineering & Technology, 2014, 37(12):2116-2122.

[13] Sahoo H R,Kralj J G,Jensen K F.Multistep Continuous-Flow Microchemical Synthesis Involving Multiple Reactions And Separations[J]. Angewandte Chemie International Edition, 2007, 46(30):5704-5708.

[14] Inoue T,Kikutani Y,Hamakawa S,et al.Reactor Design Optimization For Direct Synthesis Of Hydrogen Peroxide[J].Chemical Engineering Journal,2010,160(3):909-914.

02　电力银行

[1] http://www.pbs.org/now/shows/223/

electric-car-timeline.html.

[2] Pavlov D.Lead-Acid Batteries:Science And Technology[M].Oxford:Elsevier,2011:3-12.

[3] http://www.redtenergy.com/technology/history.

[4] Skyllas-Kazacos M,Chakrabarti M H, Hajimolana S A,et al.Progress In Flow Battery Research And Development[J], Journal Of The Electrochemical Society,158(8) R55-R79 (2011).

[5] 孟琳.锌溴液流电池储能技术研究和应用进展[J].储能科学与技术,2013,2(1):35-41.

[6] 胡英瑛,温兆银,芮琨,等.钠电池的研究与开发现状 [J],储能科学与技术,2013,2(1):35-41.

[7] http://energystorage.org/energy-storage/technologies/sodium-sulfur-nas-batteries.

[8] Li Y,Dai H.Recent Advances In Zinc–Air Batteries[J], Chemical Society Reviews, 43(15):5257-5275(2014).

03　智能释药

[1] Saltzman W M.Drug Delivery:Engineering Principles For Drug Therapy[M].London: Oxford University Press,New York, 2001.

[2] Li XL, Jasti B R.Design Of Controlled Release Drug Delivery Systems[M].New York:Mcgraw-Hill,2006.

[3] Mitra A K,Lee C H,Cheng K.Advanced Drug Delivery[M].[S.l.]:Wiley,2014.

[4] Ranade V Vcannon J B.Drug Delivery Systems[M].3rd Ed.[S.l.]:CRC Press,2011.

[5] Shargel L,Wu P S,Yu A B. 应用生物药剂学与药物动力学 . 李安良，等，译 . 北京：化学工业出版社 ,2006.

[6] Davis M E.Brewster M E.Cyclodextrin-Based Pharmaceutics:Past,Present And Future[J].Nature Reviews Drug Discovery,2004,3(12):1023-1035.

[7] Peppas N A,Sahlin J J.Hydrogels As Mucoadhesive And Bioadhesive Materials:A Review[J].Biomaterials, 1996, 17(16):1553-1561.

[8] Langer R.Drug Delivery And Targeting [J],Nature,1998,392(6679):S5-10.

[9] Maeda H.Macromolecular Therapeutics In Cancer Treatment:The EPR Effect And Beyond[J].Journal Of Controlled Release, 2012,164(2):138-144.

[10] Ganta S,Devalapally H,Shahiwala A.A Review Of Stimuli-Responsive Nanocarriers For Drug And Gene Delivery[J]. Journal Of Controlled Release, 2012, 126(3):187-204.

[11] Xu S,Olenyuk B Z,Okamoto C T,et al. Targeting Receptor-Mediated Endocytotic Pathways With Nanoparticles: Rationale

And Advances[J]. Advanced Drug Delivery Reviews, 2013, 65(1):121-138.

[12] Van Der Meel R,Vehmeijer L J C,Kok R J,et al.Ligand-Targeted Particulate Nanomedicines Undergoing Clinical Evaluation:Current Status[J]. Advanced Drug Delivery Reviews, 2013, 64(10): 1284-1298.

[13] Rashmi S,Nitin J,Deepak K.An Insight To Osmotic Drug Delivery[J]. Current Drug Delivery,2012,9(3):285-296.

[14] The Mechanisms Of Drug Release In Poly(Lactic-Co-Glycolic Acid)-Based Drug Delivery Systems-A Review.[s.n.].

[15] Fredenberg S,Wahlgren M,Reslow M,et al.International Journal Of Pharmaceutics. 2011,415(1/2):34-52.

05 分子机器

[1] 巴尔扎尼 (Balzani V), 克雷迪 (Cred A), 文图里 (Venturi M). 分子器件与分子机器——通向纳米世界的捷径 [M]. 田禾 , 王利民 , 译 . 北京 : 化学工业出版社 ,2005.

[2] 巴尔扎尼 (V Balzani), 克雷迪 (A Cred), 文图里 (M Venturi.). 分子器件与分子机器——纳米世界的概念和前景 [M]. 马骧 , 田禾 , 译 . 上海 : 华东理工大学出版社 .2009.

[3] [日] 化学同人编集部 . 最新分子マシ

ン――ナノで働く "高度な機械" を目指して [M]. [S.l.] 化学同人 ,2008.

[4] Kottas G S,Clarke L I,Horinek D, et al. Artificial Molecular Rotors[J].Chem Rev, 2005, 105:1281-1376.

[5] Rkay E,Leig D A h,Zerbetto F.Synthetic Molecular Motors And Mechanical Machines[J]. Angew Chem Int Ed,2007,46:72-191.

[6] Grill L,Rieder K H,Moresco F,et al.Rolling a Single Molecular Wheel At The Atomic Scale[J]. Nature Nanotechnology,2007,2:95-98.

[7] Muraoka T,Kinbara K,Wakamiya A,et al.Crystallographic And Chiroptical Studies On Tetraarylferrocenes For Use As Chiral Rotary Modules For Molecular Machines[J].Chem Eur J, 2007,13:1724-1730.

[8] Muraoka T,Kinbara K,Aida T.Reversible Operation Of Chiral Molecular Scissors By Redox And UV Light[J]. Chem Commun, 2007:1441-1443.

[9] Muraoka T,Kinbara K,Kobayashi Y,et al.Light-Driven Open-Close Motion Of Chiral Molecular Scissors[J]. J Am Chem Soc, 2003, 125:5612-5613.

[10] Tsuda A,Osuka A.Fully Conjugated Porphyrin Tapes With Electronic Absorption Bands That Reach Into Infrared[J].Science,

2001, 293:79-82.

[11] Lehn J M.Supramolecular Chemistry-Scope And Perspectives Molecules Supermolecules And Molecular Devices(Nobel Lecture)[J]. J Angew Chem Int,1998,27:89-118.

[12] Liddell P A,Kodis G,Andréasson J,et al. Photonic Switching Of Photoinduced Electron Transfer In a Dihydropyrene — Porphyrin — Fullerene Molecular Triad[J]. J Am Chem Soc, 2004,126:4803-4811.

[13] Kelly T R,Silva H De,Silva R A,Nature, 1999,401:150-152.

[14] Kelly T R,Silva R A,Silva H De,et al.A Rationally Designed Prototype Of a Molecular Motor[J].J Am Chem Soc,2000,122:6935-6949.

[15] Shirai Y,Osgood A J,Zhao Y,et al.Surface-Rolling Molecules[J].J Am Chem Soc, 2006, 128:4854-4864.

[16] Shirai Y,Osgood A J,Zhao Y,et al. Directional Control In Thermally Driven Single-Molecule Nanocars[J].Nano Lett,2005,5:2330-2334.

[17] http://www.google.com.hk/.

[18] http://www.wikipedia.org/.

06 OLED 之梦

[1] 城户淳二 . 有机电致发光 : 从材料到器件 [M]. 北京 : 北京大学出版社，2012:15-16.

[2] 陈金鑫 , 黄孝文 .OLED 梦幻显示器 : 材料与器件 [M]. 北京 : 人民邮电出版社，2011:1-3.

[3] 黄维 . 有机电子学 [M]. 北京 : 科学出版社，2011:30-39.

[4] 大连理工大学无机化学研究室 . 无机化学 [M].5 版 . 北京 : 高等教育出版社 ,2006.

[5] 王荣顺 . 结构化学 [M]. 北京 : 高等教育出版社，2003.

[6] 申霖 . 红色有机电致磷光器件的研究 [D]. 天津理工大学，2008.

[7] 黄春辉，李富友，黄维 . 有机电致发光材料与器件导论 [M]. 上海 : 复旦大学出版社，2005.

[8] [作者不详].Gaussian03 使用说明 (中译本). [出版地不详].

[9] Meijere A,F Diederich.Metal-Catalyzed Cross Coupling Reactions[M]. Weinheim:Wiley-VCH,2004.

[10] Tang C W,Vanslyke S A,Chen C H.[文章名不详][J].J Appl Phys,1989,65:3610.

07 复合材料

[1] Partridge I K.Advanced Composites[M]. London And New York: Elsevier Applied Science,1989.

[2] Kroschwitz J I.High Performance Polymers And Composites[M].New York: John Wiley & Sons,1991.

[3] 倪礼忠 , 陈麒 . 复合材料科学与工程 [M].

北京：科学出版社，2002.

[4] 倪礼忠，陈麒. 聚合物基复合材料 [M]. 上海：华东理工大学出版社，2007.

[5] 倪礼忠，周权. 高性能树脂基复合材料 [M]. 上海：华东理工大学出版社，2010.

[6] Dai Zeliang,Chen Qi,Ni Lizhong,et al.Curing Kinetics And Structural Changes Of a Di[(N-m-Acetenylphenyl) Phthalimide] Ether/[(Methyl)Diphenylacetylene] Silane Copolymer[J]. Journal Of Applied Polymer Science, 2006, 100:2126-2130.

[7] Zhou Quan,Feng Xia,Ni Lizhong,et al. Novel Heat Resistant Methyl-Tri (Phenylethynyl) Silane Resin:Synthesis, Characterization And Thermal Properties[J]. Journal Of Applied Polymer Science, 2006, 102:2488-2492.

[8] Quan Zhou,Zuju Mao,Lizhong Ni,et al.Novel Phenyl Acetylene Terminated Poly(Carboranesilane):Synthesis,Characterization,And Thermal Property[J]. Journal Of Applied Polymer Science,2007,104:2498-2503.

[9] Quan Zhou,Lizhong Ni.Bismaleimide-Modified Methyl-Di(Phenylethynyl) Silane Blends And Composites: Cure Characteristics, Thermal Stability, And Mechanical Property[J]. Journal Of Applied Polymer Science 2009, 112(6):3721-3727.

[10] Chen Mingfeng,Zhou Quan,Ni Lizhong,et al.Synthesis,Cure And Pyrolysis Behavior Of Heat-Resistant Boron-Silicon Hybrid Polymer Containing Acetylene[J].Journal Of Applied Polymer Science 2012,126(4):1322-1327.

08　病毒制造

[1] Goodsell D S.Bionanotechnology Lessons From Nature[M]. 北京：化学工业出版社,2006,11.

[2] Flynn C E,Lee S W,Peelle B R,et al. Viruses As Vehicles For Growth, Organization And Assembly Of Materials[J]. Acta Mater, 2003, 51:5867-5880.

[3] Lee Y J,Lee Y,Oh D,et al.Biologically Activated Noble Metal Alloys At The Nanoscale: For Lithium Ion Battery Anodes[J].Nano Letters, 2010,10(7):2433-2440.

[4] Mao C,Solisd J,Reiss B D,et al.Virus-Based Toolkit For The Directed Synthesis Of Magnetic And Semiconducting Nanowires[J]. Science,2004,303(9):213-217.

[5] Ki Tae Nam,et al.Virus-Enabled Synthesis And Assembly Of Nanowires For Lithium Ion Battery Electrodes[J].Science, 2006,

312(5775): 885-888

[6] Neltner B,Peddie B,Xu A,et al.Production Of Hydrogen Using Nanocrystalline Protein-Templated Catalysts On M13 Phage[J].ACS Nano,2010,4(6),3227-3235.

[7] Ling T, Yu H,Shen Z,et al.Virus-Mediated FCC Iron Nanoparticle Induced Synthesis Of Uranium Dioxide Nanocrystal[J].Nanotechnology, 2008, 19(11):115608-115613.

[8] Bakhshinejad B,Karimi M,Sadeghizadeh M.Bacteriophages And Medical Oncology: Targeted Gene Therapy Of Cancer[J]. Med Oncol, 2014,31.

[9] Feng G K,Liu R B,Zhang M Q,et al.SPECT And Near-Infrared Fluorescence Imaging Of Breast Cancer With a Neuropilin-1-Targeting Peptide[J].J Control Release, 2014,192:236-242.

[10] Mark D,Haeberle S,Roth G,et al. Microfluidic Lab-On-a-Chip Platforms:Requ-irements, Characteristics And Applications[J].Chem Soc Rev, 2010,39:1153-1182.

[11] Yacoby I,Bar H,Benhar I.Targeted Drug-Carrying Bacteriophages As Antibacterial Nanomedicines[J].Antimicrob Agents Ch, 2007, 51:2156-2163.

[12] Nam Y S,Magyar A P,et al.Biologically Templated Photocatalytic Nanostructures For Substained Light-Driven Water Oxidation[J].Nature Nanotechnology,2010,5:340-344.

[13] Jin-Woo Oh,Woo-Jae Chung,et al.Biomimetic Virus-Based Colourimetric Sensors[J].Nature Communications,2014,5(3):3043-3043.

[14] Zhang S,Nakano K,Yu H,et al.Bio-Nano Complexes Of Zvfenps/Fe-S-M13 And Cd(II)/Cd-S-M13 Accelerate Cd(II)Reduction By FeNPs Through Dual Dispersing And Separate Deposition[J].Materials Research Express,2014,015043.

[15] http://www.wikipedia.org/.

09　生物炼制

[1] [作者不详]. 生物炼制产品与技术 [M]. 鲍杰，高秋强，曹学君，等，译 . 上海：上海科学技术出版社，2012.

[2] 卡姆 . 生物炼制 - 工业过程与产品 [M]. [译者不详]. 北京： 化学工业出版社，2007.

[3] 曲音波 . 木质纤维素降解酶与生物炼制 [M]. 北京 : 化学工业出版社，2011.

[4] Vishnu Menon,Mala Rao.Trends In Bioconversion Of Lignocellulose:Biofuels,Platform Chemicals & Biorefinery Concept[J].Progress In Energy And Combustion Science,38(4),522-550.

[5] Liu Shijie,Lawrence P Abrahamson, Scott Gary M.Biorefinery: Ensuring Biomass As a Sustainable Renewable Source Of Chemicals, Materials,And Energy[J]. Biomass And Bioenergy, 2012,39,1-4.

10 细胞工厂

[1] WATSON J D,CRICK F H C.Molecular Structure Of Nucleic Acids[J].Nature, 1953,171(4356):737-738.

[2] SANGER F,NICKLEN S,COULSON A R. DNA Sequencing With Chain-Terminating Inhibitors[J]. Proceedings Of The National Academy Of Sciences, 1977, 74(12): 5463-5467.

[3] HUMAN GENOME SEQUENCING CONSORTIUMINTERNATIONAL.Finishing The Euchromatic Sequence Of The Human Genome.[J].Nature,Macmillian Magazines Ltd., 2004, 431(7011):931-945.

[4] PRÜFER K,RACIMO F,PATTERSON N,et al.The Complete Genome Sequence Of a Neanderthal From The Altai Mountains[J].Nature, Nature Publishing Group,a Division Of Macmillan Publishers Limited.All Rights Reserved., 2014, 505(7481): 43-49.

[5] SPANG A,SAW J H,JØRGENSEN S L,et al. Complex Archaea That Bridge The Gap Between Prokaryotes And Eukaryotes[J].Nature, Nature Publishing Group,a Division Of Macmillan Publishers Limited.All Rights Reser-ved., 2015, 521(7551):173-179.

[6] JACKSON D A,SYMONS R H,BERG P. Biochemical Method For Inserting New Genetic Information Into DNA Of Simian Virus 40: Circular SV40 DNA Molecules Containing Lambda Phage Genes And The Galactose Operon Of Escherichia Coli[J]. Proceedings Of The National Academy Of Sciences, 1972, 69(10): 2904-2909.

[7] SAIKI R K,SCHARF S,FALOONA F,et al. Enzymatic Amplification Of Beta-Globin Genomic Sequences And Restriction Site Analysis For Diagnosis Of Sickle Cell Anemia. [J]. Science(New York,N.Y.), 1985,230(4732): 1350-1354.

[8] KIM Y,EOM S H,WANG J,et al.Crystal Structure Of Thermus Aquaticus DNA Polymerase[J]. Nature, 1995,376(6541):612-616.

[9] GIBSON D G,YOUNG L,CHUANG R-Y,et al.

Enzymatic Assembly Of DNA Molecules Up To Several Hundred Kilobases[J].Nature Methods, Nature Publishing Group, 2009, 6(5): 343–345.

[10] GIBSON D G,GLASS J I,LARTIGUE C,et al.Creation Of a Bacterial Cell Controlled By a Chemically Synthesized Genome[J].Science (New York,N.Y.), 2010,329(5987):52–56.

[11] ANNALURU N,MULLER H,MITCHELL L A, et al.Total Synthesis Of a Functional Designer Eukaryotic Chromosome[J]. Science, 2014,344(6179):55–58.

[12] JINEK M,CHYLINSKI K,FONFARA I,et al.A Programmable Dual-RNA-Guided DNA Endonuclease In Adaptive Bacterial Immunity[J]. Science(New York,N.Y.), 2012, 337(6096): 816–821.

[13] DOUDNA J A,CHARPENTIER E.The New Frontier Of Genome Engineering With CRISPR-Cas9[J].Science, 2014, 346(6213): 1258096.

[14] ZHU-BO D A I,XIN-NA Z H U,XUE-LI Z. 合成生物学在微生物细胞工厂构建中的应用 [J]. 2013,25(10).

[15] 田双起 , 王振宇 , 左丽丽，等 . 木质纤维素预处理方法的最近研究进展 [J]. 资源开发与市场 , 2010,26(10):903–908.

版权声明

　　本书文字内容绝大部分是作者或作者所在单位的原创，其中也有来自合作单位和合作个人的贡献。限于篇幅，全书正文之后仅列出部分参考文献，在此谨对所有贡献者表示衷心的感谢！

　　本书所有插图除作者原创外，大部分来源于已有刊物或互联网，有些插图还根据需要做了修改和调整。因为时间和精力条件所限，作者和编者无法逐一追溯和查证图片的原始出处和著作权人，故将图片来源统一列在全书正文之后以方便查阅。有主张权利者请同清华大学出版社编辑部联系。在此，作者和编者也一并表示深深的谢意！

编者

2016 年 4 月